Der Weltklimavertrag

Janine Bentz-Hölzl

Der Weltklimavertrag

Verantwortung der internationalen Gemeinschaft im Kampf gegen den Klimawandel

Janine Bentz-Hölzl
Ingolstadt, Deutschland

Dissertation Katholische Universität Eichstätt-Ingolstadt/ 2013

Erstgutachter: Prof. Dr. Dr. Manfred Brocker
Zweitgutachter: Prof. Dr. Reto Luzius Fetz
Datum der mündlichen Prüfung: 29. Januar 2013

ISBN 978-3-658-04145-8 ISBN 978-3-658-04146-5 (eBook)
DOI 10.1007/978-3-658-04146-5

Die Deutsche Nationalbibliothek verzeichnet diese Publikation in der Deutschen Nationalbibliografie; detaillierte bibliografische Daten sind im Internet über http://dnb.d-nb.de abrufbar.

Springer VS

Gedruckt auf säurefreiem und chlorfrei gebleichtem Papier

Springer VS ist eine Marke von Springer DE. Springer DE ist Teil der Fachverlagsgruppe Springer Science+Business Media.
www.springer-vs.de

Für meinen Ehemann

und besten Freund

Markus

Inhalt

Abkürzungsverzeichnis

AOSIS	Alliance of Small Island States: Allianz der kleinen Inselstaaten
Ar4	Fourth Assessment Report: Vierter Sachstandsbericht
AWG-KP	Ad Hoc Working Group on Further Commitments for Annex I Parties under the Kyoto Protocol
AWG-LCA	Ad Hoc Working Group on Long-term Cooperative Action under the Convention
BAFU	Bundesamt für Umwelt
BIP	Bruttoinlandsprodukt
BMU	Bundesministerium für Umwelt, Naturschutz und Reaktorsicherheit
BMZ	Bundesministerium für wirtschaftliche Zusammenarbeit und Entwicklung
BPB	Bundeszentrale für politische Bildung
CAIT	Climate Analysis Indicators Tool
C&C	Contraction and Convergence
CDM	Clean Developement Mechanism
CERF	Central Emergency Response Fund: Zentraler Fonds für die Reaktion auf Notsituationen
CH_4	Methan
CO_2	Kohlenstoffdioxid
CO_2-e/ CO_2-eq	CO2-Äquivalent
COP	Conference of the Parties
CSD	Commission on Sustainable Development: Kommission für nachhaltige Entwicklung
DEHSt	Deutsche Emissionshandelsstelle
DGVN	Deutsche Gesellschaft für die Vereinten Nationen e.v.
DKKV	Deutsches Komitee Katastrophenvorsorge
EU	Europäische Union
FAO	Food and Agriculture Organization of the United Nations: Ernährungs- und Landwirtschaftsorganisation der Vereinten Nationen
FAZ	Frankfurter Allgemeine Zeitung
FCKW	Fluorchlorkohlenwasserstoffe
FKW	Fluorkohlenwasserstoffe
G77	Gruppe der 77
GDP	Gross domestic product: Bruttoinlandsprodukt
GEC	Global Environmental Court: Globaler Umweltgerichtshof
GEO	s. WEO
GEOSS	Global Earth Observation System of Systems
GHG	greenhouse gas
Gt	Gigatonne (eine Milliarde Tonnen)
HFCs	hydrofluorocarbons: H-FKW (teilfluorierte Kohlenwasserstoffe)
H-FKW	teilfluorierte Kohlenwasserstoffe
H_2O	Wasser
ICCPR	International Covenant on Civil and Political Rights: Internationaler Pakt über bürgerliche und politische Rechte

ICESCR	International Covenant on Economic, Social and Cultural Rights: Internationaler Pakt über wirtschaftliche, soziale und kulturelle Rechte
IEA	International Energy Agency: Internationale Energieagentur
IFAD	International Fund for Agricultural Development: Internationaler Fonds für landwirtschaftliche Entwicklung
IOM	International Organization for Migration: Internationale Organisation für Migration
IPCC	Intergovernmental Panel on Climate Change: Zwischenstaatlicher Ausschuss für Klimaänderungen (Klimarat der Vereinten Nationen)
ISDR	International Strategy for Disaster Reduction
IWF	Internationaler Währungsfonds
JI	Joint Implementation
Mt	Megatonne (eine Million Tonnen)
NGO	Non-Governmental Organization: Nichtregierungsorganisation (NRO)
N_2O	Lachgas
OCHA	Office for the Coordination of Humanitarian Affairs: Amt für die Koordinierung humanitärer Angelegenheiten
OCE	Organization for Climate and Environment: Organisation für Klima und Umwelt
ODA	Official Development Assistance: Öffentliche Entwicklungszusammenarbeit
OECD	Organisation for Economic Co-operation and Development: Organisation für wirtschaftliche Zusammenarbeit und Entwicklung
PFCs	perfluorocarbons: P-FKW (Perfluorkohlenwasserstoffe)
P-FKW	Perfluorkohlenwasserstoffe
PIK	Potsdam Institut für Klimafolgenforschung
ppm	parts per million (Teile von einer Million)
REDD	Reducing Emissions from Deforestation and Degradation
SF_6	Schwefelhexafluorid
SPM	Summary for Policymakers: Zusammenfassung für politische Entscheidungsträger
SRES	Special Report on Emission Scenarios
SYR	Synthesis Report: Synthesebericht
SZ	Süddeutsche Zeitung
TFI	Task Force on National Greenhouse Gas Inventories
THG	Treibhasugas
UBA	Umweltbundesamt
UN	United Nation: Vereinte Nationen
UNCED	United Nations Conference on Environment and Development: Konferenz der Vereinten Nationen über Umwelt und Entwicklung
UNDP	United Nations Development Programme: Entwicklungsprogramm der Vereinten Nationen
UNDRO	United Nations Disaster Relief Organization: Organisation der Vereinten Nationen für Katastrophenhilfe
UNEP	United Nations Environment Programme: Umweltprogramm der Vereinten Nationen
UNEO	United Nations Environment Organization: Umweltorganisation der Vereinten Nationen
UNESCO	United Nations Educational, Scientific and Cultural Organization: Organisation der Vereinten Nationen für Erziehung, Wissenschaft und Kultur
UNFCCC	United Nations Framework Convention on Climate Change: Klimarahmenkonvention der Vereinten Nationen

UNHCHR	United Nations High Commissioner for Human Rights: Hoher Kommissar der Vereinten Nationen für Menschenrechte
UNICEF	United Nations Children's Fund
UNOCHA	United Nations Office for the Coordination of Humanitarian Affairs
WBGU	Wissenschaftliche Beirat der Bundesregierung Globale Umweltveränderungen
WEO, bzw. GEO	World Environment Organisation, bzw. Global Environment Organisation: Weltumweltorganisation
WFP	World Food Programme: Welternährungsprogramm
WGI	Arbeitsgruppe I zum Vierten Sachstandsbericht
WGII	Arbeitsgruppe II zum Vierten Sachstandsbericht
WGIII	Arbeitsgruppe III zum Vierten Sachstandsbericht
WHO	World Health Organization: Weltgesundheitsorganisation
WiWo	WirtschaftsWoche
WMO	World Meteorological Organization: Weltorganisation für Meteorologie
WTO	World Trade Organization: Welthandelsorganisation
WWF	World Wide Fund for Nature
ZBW	Deutsche Zentralbibliothek für Wirtschaftswissenschaften

1 Einleitung

Die Rettung der Erde ist vorerst verschoben[1]. Ganz oben auf der politischen Agenda stehen stattdessen die internationale Finanz- und Bankenkrise, die Euro-Schulden-Krise und der Kampf gegen den internationalen Terrorismus. Doch das Potential für Konflikte und ökonomische Krisen aufgrund der Auswirkungen des anthropogen verursachten Klimawandels wird in den nächsten Jahren drastisch ansteigen. Dann jedoch hat die internationale Staatengemeinschaft ihre letzte Chance präventiv zu handeln vergeben.

Die Menschheit steht mehr denn je vor einem Scheideweg. Sie kann die Erde als etwas Endliches und Schützenswertes anerkennen und danach streben, den Reichtum der Ökosysteme auch für nachfolgende Generationen zu bewahren. Oder sie setzt ihren Raubzug auf die letzten Ressourcen fort – mit fatalen Konsequenzen für den Planeten Erde. Welchen Weg die Menschen wählen, wird sich 2015 entscheiden, wenn alle Staaten der Erde einen Weltklimavertrag unterzeichnen sollen. Gelingt dies nicht, werden die sozialen, ökonomischen und ökologischen Folgen umfassend sein: „Süßwasservorräte gehen zur Neige, Ökosysteme brechen zusammen. Millionen Menschen werden unter Hunger, Krankheiten oder Seuchen leiden. Ganze Regionen werden unbewohnbar und Flüchtlingsströme rasant zunehmen“[2] (Brocker, Bentz-Hölzl 2012, S. 252).

„Die Gefahren des Klimawandels gehören zu den größten Herausforderungen für die Menschheit im 21. Jahrhundert“[3]. Seit Beginn der Industrialisierung haben vor allem die Industriestaaten durch die Verbrennung fossiler Energieträger große Mengen Treibhausgase emittiert, die den natürlichen Treibhauseffekt verstärken und zu einem Wandel des Klimasystems führen. Der daraus resultierende Temperaturanstieg entspricht keiner natürlichen Entwicklung, sondern ist anthropogenen Ursprungs. Der übermäßige Beitrag der Industriestaaten zum Klimawandel steht in direkter Relation zu ihrem heutigen Wohlstand. Dagegen sind die Kosten des Klimawandels primär von den Entwicklungsländern zu tragen, da diese am stärksten von den Folgen der Erwärmung betroffen sind. Sie liegen oftmals in Regionen, die außerordentlich störanfällig auf steigende Temperaturen reagieren. Zudem sind die häufig in relativer und extremer Armut

---

1 In Anlehnung an Michael Bauchmüller: „Also wird erstmal der Euro gerettet, die Erde hingegen muss sich gedulden“ (Süddeutsche Zeitung, Nr. 139, 19.06.2012, S.6).

2 Übersetzung aus dem Englischen.

3 Angela Merkel (Stern. URL: http://www.stern.de/panorama/friedensnobelpreis-eu-und-usa-gratulieren-600036.html).

lebenden Bewohner besonders vulnerabel gegenüber Klimaveränderungen. Diese Konstellation lässt ein Gerechtigkeitsdefizit erkennen, das die politische Reaktion auf den Klimawandel erschwert.

Die internationale Klimapolitik muss an folgender Zielsetzung ausgerichtet werden: Um einen gefährlichen und unkontrollierten Klimawandel (vgl. Kap. 3.4) zu vermeiden, sollte ein Anstieg der globalen Durchschnittstemperatur um über 2°C im Vergleich zum vorindustriellen Niveau verhindert werden. Die Kooperation aller Staaten ist notwendig, um gemeinsam den Umfang globaler Emissionen zu reduzieren. Durch sogenannte Emissionsrechte oder -zertifikate soll der Zugang zur bisher kostenlos genutzten Ressource Atmosphäre begrenzt und unter den Staaten aufgeteilt werden. Zusätzlich sind präventive und adaptive Maßnahmen zu treffen, da die nicht mehr vermeidbaren Folgen des Klimawandels für zahlreiche Menschen eine existentielle Bedrohung darstellen. Angesichts der Gegenüberstellung der Industriestaaten als Verursacher des Klimawandels mit den Entwicklungsländern als Opfer steigender Temperaturen stellt sich die Frage nach der gerechten Verteilung der Kosten globaler Klimapolitik[4].

Ziel der vorliegenden Forschungsarbeit wird es erstens sein, die ethischen Implikationen des Klimawandels darzulegen und eine Politik der Nachhaltigkeit ethisch zu begründen.

Zweitens sollen die Grundlagen für einen Weltklimavertrag definiert werden. Voraussetzung dafür ist ein globaler Konsens, der nur dann denkbar ist, wenn die Verteilung der Emissionszertifikate den fundamentalen Prinzipien der Gerechtigkeit entspricht und ein faires „burden sharing" zu erwarten ist. Insbesondere gilt es hierbei die moralische Verpflichtung der Industrieländer darzulegen und die heterogene Verteilung der Folgen des Klimawandels zu berücksichtigen.

Der theoretische Gerechtigkeitsanspruch wird jedoch ohne Reflexion auf die politische Wirklichkeit ein leeres Versprechen bleiben. Darum ist ein drittes Ziel dieser Arbeit, Institutionen vorzuschlagen, die für die Verwirklichung und langfristige Durchsetzung einer gerechten Klimapolitik notwendig sind.

1.1 Klimagerechtigkeit: Forschungsstand und Kritik

Der Begriff Gerechtigkeit wird in der klimapolitischen Diskussion unreflektiert und ohne semantische Definition verwendet. Auf den jährlich stattfindenden UN-Klimakonferenzen dient der Rückgriff auf den Begriff der „Gerechtigkeit"

4 Die Gegenüberstellung von Industriestaaten und Entwicklungsländern stellt eine Verallgemeinerung dar. Der Beitrag einzelner Staaten zum Klimawandel wird in Kap. 5.2.1 und Kapitel 5.2.2 genauer untersucht.

der politischen Instrumentalisierung und der Durchsetzung von Partikularinteressen. Klimagerechtigkeit wird zu einem Leitbegriff[5] stilisiert, ohne sich auf ein allgemein gleiches Verständnis von gerechter Klimapolitik geeinigt zu haben.

Für den ehemaligen deutschen Bundesumweltminister Norbert Röttgen ist der Klimawandel eine „Frage der Gerechtigkeit", da „Menschen, Regionen und Länder vom Klimawandel" bedroht seien, „die zu diesem Problem so gut wie nichts beigetragen haben". In der globalen Klimapolitik gehe es darum, „an einer gerechteren Welt mitzuwirken, in der alle Chancen haben und in der wir uns entfalten können"[6]. Die indische Umweltministerin Jayanthi Natarajan forderte von der globalen Gemeinschaft im Vorfeld von Durban, „[to] find a solution to the entire issue of climate change"[7] und kritisierte Vorschläge, nach denen Klimapolitik zu Gunsten wohlhabender Staaten gestaltet werden müsse. Eine ungleiche Verteilung von Emissionszertifikaten sei „aus Gründen der Gerechtigkeit nicht zu akzeptieren" (Hansen 2009). Sowohl Indien als auch Deutschland setzen sich für das sogenannte Pro-Kopf-Prinzip und damit für eine Gleichverteilung von Emissionszertifikaten ein: Alle Staaten sollten in Relation zu ihrer Bevölkerungsgröße das gleiche Recht zum Ausstoß von Treibhausgasen besitzen (vgl. PIK 2010, S.19). Nach Auffassung der „Gruppe der 77"[8] stünden dagegen allein die Industriestaaten in der Verantwortung zur Finanzierung von Klimaschutzmaßnahmen. Sie müssten ihre Emissionen radikal reduzieren und zusätzlich Investitionen zum Schutz armer Staaten vor den Folgen des Klimawandels treffen. Der Aufruf „Afrikas Stimme gegen den Klimawandel"[9] nimmt neben den Industriestaaten auch die Schwellenländer und die Staaten Afrikas in die Verantwortung. Gemeinsam müsse man den Klimawandel mindern und die Anpassungsfähigkeit Afrikas an die Klimaveränderungen gewährleisten. Während China sich auf sein „Recht auf Entwicklung" beruft und für sich ein überdurchschnittliches Kontingent an Emissionszertifikaten beansprucht (Götze 2009), fordern Vertreter afrikanischer Staaten von den aufstrebenden Schwellenländern, „einen verträglicheren Entwicklungspfad" einzuschlagen und attestieren der Weltgemeinschaft eine „moralische Pflicht" (Heinrich-Böll-Stiftung 2007, S.17-18) zum Handeln.

---

5 Germanwatch. URL: http://germanwatch.org/de/download/3080.pdf

6 Rede von Bundesumweltminister Dr. Norbert Röttgen anlässlich der IX. KAS-Völkerrechtskonferenz „Umweltschutz als Aufgabe der Völkergemeinschaft" (BMU. URL: http://www.bmu.de/presse/reden/archiv/doc/48345.php).

7 Goswami 2011.

8 Die G77 setzt sich aus 132 Entwicklungsländern aus Afrika, Lateinamerika und Asien zusammen (Gruppe der 77. URL: http://www.g77.org/doc/members.html).

9 Umweltaktivisten aus allen Teilen Afrikas unterstützen „Afrikas Stimme gegen den Klimawandel" (vgl. Heinrich-Böll-Stiftung 2007), unter anderem auch Negusu Aklilu Woldemedhin (Mitglied der „Civil Society Advisory Group on International Environmental Governance").

Der klimapolitische Diskurs veranschaulicht das Bedürfnis nach einer gerechten Klimapolitik, die das Ungleichgewicht zwischen Verursachern und Leidtragenden, zwischen wohlhabenden Industriestaaten und armen Entwicklungsländern kompensiert. Klimagerechtigkeit ist immer auch eine Frage globaler Gerechtigkeit – nicht zuletzt da die Folgen des Klimawandels zu zahlreichen Menschenrechtsverletzungen (bedroht sind z.B. das Recht auf Leben oder das Recht auf körperliche Unversehrtheit, vgl. Kap. 5.1) und zu einem Anstieg der in extremer Armut lebenden Menschen führen werden. Trotzdem wurde der Diskurs in Politik und Wirtschaft anfänglich von nicht-normativen Disziplinen dominiert. Große mediale Resonanz erzeugte beispielsweise der ökonomische Disput zwischen Nicholas Stern (2007 und 2009) und Bjorn Lomborg (2002 und 2008). Während der Stern-Report vor den Folgekosten eines unbegrenzten Klimawandels warnt, verwehrt sich Lomborg gegen eine Klimahysterie und prognostiziert, dass die Kosten für die Reduzierung der weltweiten Emissionen die Folgekosten der Erderwärmung übersteigen werden. Doch die Gegenüberstellung von Nutzen und Kosten von Klimaschutzmaßnahmen bleibt moralisch unbefriedigend (vgl. Kap. 5.1), da sie keine Antwort auf die ethische Dimension des Klimawandels geben kann. Weder werden die Kompensationsansprüche der Entwicklungsländer gegenüber den wohlhabenden Staaten thematisiert, noch immaterielle Ziele und Werte diagnostiziert. Sollte der Ressourcen-Reichtum der Erde für zukünftige Generationen bewahrt bleiben? Bildet die Vielfalt von Pflanzen und Tieren einen Wert, der mit Geld aufgewogen werden kann? Damit Klimagerechtigkeit nicht zu einer inhaltslosen Floskel verkümmert, bedarf es einer ethischen Betrachtung des anthropogenen Klimawandels mit Hilfe eines normativen Ansatzes.

Trotz der vielfältigen Auswirkungen der Klimaerwärmung auf die Erde erfolgte die „Entdeckung“ dieses Forschungsthemas durch die Sozial-, Geistes- und Kulturwissenschaften[10] mit einiger Verzögerung[11]. Obwohl das Intergovernmental Panel on Climate Change (IPCC) seinen ersten Sachstandsbericht bereits 1990 veröffentlichte, vermochte erst der vierte Sachstandsbericht von 2007 eine spürbare Reaktion innerhalb der normativen Disziplinen auszulösen[12].

10 Zum Beitrag der Philosophie zur klimapolitischen Debatte vgl. Gardiner 2010; Shue 2010; Vanderheiden 2008a und 2008b.

11 In dem Sammelband „Climate Ethics. Essentials Readings“ bezeichnet der Mitherausgeber Stephen Gardiner die beteiligten Autoren als „first generation of philosophers working on climate change“ (Gardiener 2010a/ S. ix) und reklamiert, dass „the literature on these topics is still underdeveloped“ (Gardiner 2010a/ S. x). Als Vorgänger kann der 2002 veröffentlichte Sammelband „Climate Change Policy: A Survey“ (Hrsg. Schneider, Stephen H.) bezeichnet werden.

12 Wegweisend sind Sammelbände wie „Political Theory and Global Climate Change“ (Vanderheiden 2008a), „Climate Ethics: Essential Readings“ (Caney, Simon; Gardiner, Stephen; Jamieson, Dale 2010), „Human Rights and Climate Change” (Humphreys, Stephen

Darin heißt es, dass „[der] größte Teil des beobachteten Anstiegs der mittleren globalen Temperatur seit Mitte des 20. Jahrhunderts […] sehr wahrscheinlich durch den beobachteten Anstieg der anthropogenen Treibhausgaskonzentrationen verursacht" ist[13] (IPCC (dt.)[14], AR4, SYR SPM, Abs. 2, S. 6).

Das bedeutet natürliche Ursachen hierfür können weitgehend ausgeschlossen werden, was die Frage nach der intra- und intergenerationellen Verantwortung von Individuen und Staaten in den Mittelpunkt des Diskurses rückt. Soll Klimapolitik ethischen Wertmaßstäben genügen, setzt dies die moralische Begründung von Rechten und Pflichten der verschiedenen Akteure voraus.

Dennoch finden sich in den politischen Fachzeitungen weltweit nur vereinzelt Artikel zur Klima- und Umweltpolitik (Barry 2008, S. viii)[15]. John Barry kritisiert, dass trotz dringendem Handlungsbedarf in der Klimapolitik der politiktheoretische Diskurs auf „comforting debates" über bekannte Theoretiker wie Rawls oder Habermas beschränkt sei. „It is perhaps a mark of the increasingly abstract character of most (Western) contemporary political theory that it seems to continue to proceed blissfully ignorant of the looming, multifaceted, and potentially catastrophic threat of climate change" (Barry 2008, S. viii)[16].

Zu den wenigen Ausnahmen kann Simon Caney (Caney 2009 und 2010; vgl. Kap.5.1) gezählt werden, der für die Notwendigkeit von Klimaschutzmaßnahmen und die umfassende Reduzierung des globalen Treibhausgasbudgets nicht ökonomische, sondern – unter Rückgriff auf die Menschenrechte – normativ-ethische Argumente anführt.

Das Gros der wenigen philosophischen Beiträge wird dagegen von der Frage nach der Ausgestaltung einer gerechten Klimapolitik dominiert und zielt darauf ab, einen gerechten Verteilungsschlüssel für die begrenzte Aufnahmekapazität der Atmosphäre zu finden.

Das bereits erwähnte Pro-Kopf-Prinzip (vgl. Kap. 8.1), welches von diversen Institutionen (wie dem Wissenschaftlichen Beirat Globale Umweltverände-

---

2010).

13 Die Kategorie „sehr wahrscheinlich" entspricht einer Wahrscheinlichkeit von über 90 % (vgl. IPCC AR4, SYR, SPM, Glossar, S.99).

14 Vgl. Fußnote 19.

15 Im englischsprachigen Raum hat sich die Bezeichnung *green political theory* oder *environmental political theory* durchgesetzt. In Deutschland nimmt die umweltethische Diskussion nur eine Randstellung ein. In den Bereich der Umweltethik fallen auch tier- und ökoethische Theorien (vgl. Krebs 2007; Attfield 2008; Baxter 2005, Carter 1999, Dobson 1993 und 2000), die sich vom Anthropozentrismus der traditionellen Ethik entfernen.

16 Nach Meinung von Harald Welzer, Hans-Georg Soeffner und Dana Giesecke liegt die bisherige Zurückhaltung der Sozial-, Geistes- und Kulturwissenschaften zum Teil an dem entwickelten Selbstverständnis der Disziplinen, die sich selbst einen eher reflexiven Charakter zuschrieben. Sie neigten dazu, sich von den aktuellen Problemstellungen der Gesellschaft zu distanzieren und wenig kritisches Potential zu entwickeln (Welzer, Soeffner, Giesecke 2010, S. 13-15).

rungen der Bundesregierung oder dem Potsdam-Institut für Klimafolgenforschung) und Philosophen (z.B. Singer 2004; Jamieson 2010) favorisiert wird, sieht eine Verteilung der Emissionszertifikate nach dem Bevölkerungsanteil der Länder vor und steht damit in Konkurrenz zu alternativen Konzepten wie dem Prinzip „the-polluter-pays“ (z.B. Baer, Athanasiou, Kartha, Kemp-Benedict 2010; vgl. Kap. 8.3.1). Letzteres fokussiert die historische Verantwortung der Industriestaaten und fordert, dass diese als Verursacher des Klimawandels ihren Emissionsausstoß gegen Null reduzieren und zusätzlich Projekte zur Vorbeugung von Klimaschäden in armen Staaten realisieren. Während das Prinzip „the-polluter-pays“ korrektive Gerechtigkeitsansprüche in den Mittelpunkt stellt, kann das Pro-Kopf-Prinzip einem distributiven Gerechtigkeitsansatz zugeordnet werden. Daneben finden sich noch eine Reihe weiterer Prinzipen, wie beispielsweise der „Contraction and Convergence“-Ansatz (z.B. Global Commons Institute; vgl. Kap. 8.2.1), der „Common but differentiated Convergence“-Ansatz (z.B. Höhne, Elzen, Weiss 2006; vgl. Kap. 8.2.1) oder das Prinzip „the-beneficiary-pays“ (z.B. Neumayer 2000; vgl. Kap. 8.2.2).

Die Vielfalt der verschiedenen Prinzipien lässt sich dadurch erklären, dass jeweils ein anderes Verständnis von globaler Gerechtigkeit zu Grunde liegt, ohne dieses näher zu definieren. Für Paul Baer sind zum Beispiel Staaten generationsübergreifende Einheiten. Demnach hätten die Entwicklungsländer bis heute weit weniger von der atmosphärischen Kapazität genutzt als die Industrieländer. Um das Volumen ausgestoßener Treibhausgase anzupassen, sollten allein die Industriestaaten ihren Emissionsausstoß reduzieren (z.B. Baer, Athanasiou, Kartha, Kemp-Benedict 2010). Hingegen unterscheidet Neumayer zwischen Generationen und räumt ein, dass sich die Verantwortung der heute in den Industriestaaten lebenden Bürger nicht aus ihrem direkten Beitrag, sondern aus ihrer vorteilhaften Lage begründe. Sie profitierten von dem Unrecht ihrer Vorfahren, da sie die Vorteile der Industrialisierung (z.B. Wohlstand, Bildung, etc.) genössen (Neumayer 2000, p. 188-189; vgl. Kap. 8.3.2). Dieter Birnbacher verfolgt einen utilitaristischen Ansatz und argumentiert dafür, dass die bloße Fähigkeit zu handeln der korrektiven Verantwortung überzuordnen sei. Die Pflichten der Industriestaaten in der Klimapolitik würden sich, ebenso wie in der Armutspolitik, nicht aus ihrer Mitverantwortung, sondern aus ihrem Wohlstand heraus begründen (Birnbacher 2010; Shue 2010a; vgl. Kap.8.3.4).

Aus dieser kurzen Gegenüberstellung der verschiedenen Argumentationslinien lässt sich ein erster Kritikpunkt an der aktuellen Klimadiskussion aufzeigen: Es mangelt an fundierten Untersuchungen, wie sich der Klimawandel in den Diskurs um globale Gerechtigkeit einordnen lässt.

Das Konzept „Gerechtigkeit“ bezeichnet „jede Teilmenge moralischer Forderungen, welche die wechselseitigen Rechte und Pflichten der Menschen innerhalb einzelner zwischenmenschlicher Handlungen, regelmäßiger sozialer Beziehungen oder dauerhafter gesellschaftlicher Verhältnisse betreffen und darauf abzielen, einen bei unparteiischer Betrachtung allgemein annehmbaren Ausgleich zwischen den divergierenden Interessen der Beteiligten herbeizuführen" (Koller 2001, S.7; vgl. Joób 2008, S. 44). Das Konzept globaler Gerechtigkeit kann von *gewöhnlichen* Gerechtigkeitskonzepten differieren, wenn im Vergleich zu staatlichen Systemen auf internationaler Ebene geringere Anforderungen zu erfüllen sind, um den Maßstäben der Gerechtigkeit zu genügen (vgl. Kap. 6.2.5). Eine ethische Betrachtung des Klimawandels erfordert folglich die Festlegung von Pflichten, die Institutionen (und Personen) im globalen System zu erfüllen haben. Welche generelle Verantwortung tragen Staaten gegenüber anderen Staaten? Wodurch entstehen Pflichten zwischen Staaten und sind diese distributiver oder korrektiver Natur? Neben der räumlichen Dimension muss, speziell mit Blick auf den Klimawandel, auch die zeitliche Dimension von Gerechtigkeit ins Auge gefasst werden: Gerechte Verhältnisse sind nicht nur zwischen Staaten, sondern – und vielleicht sogar vorrangig – zwischen Generationen herzustellen. Welche Rechte besitzen zukünftige Generationen gegenüber der heutigen Generation? Wie kann die historische Gerechtigkeit (Verantwortung aufgrund eines in der Vergangenheit begangenen Unrechts) mit dem generationsübergreifenden Gebilde des Staates in Einklang gebracht werden? Nur wenn man diese Fragen beantwortet, lässt sich das Ausmaß der Verantwortung der Industriestaaten gegenüber den Entwicklungsländern in der Klimapolitik bestimmen.

Dafür ist es notwendig, verschiedene Arten von Gerechtigkeit anzuerkennen. Nach der aristotelischen Unterscheidung (Aristoteles, Nik. Eth. V; vgl. Höffe 1996, p. 226-232) geht es bei der *iustitia distributiva* um die „Verteilung von Rechten und Pflichten, Gütern und Lasten" (Hügli, Lübcke 1991, S. 210) nach dem Prinzip der „geometrische[n] Proportionalität" (Horn, Scarano 2002, S. 28). Den Rekurs auf distributive Gerechtigkeitsansprüche findet man in der klimapolitischen Debatte zum Beispiel beim Pro-Kopf-Prinzip oder beim Prinzip des „Grandfathering"[17] (z.B. Posner, Weisbach 2010; vgl. Kap. 8.2.1), wobei ersteres den gleichen Zugang zur Ressource Atmosphäre, letzteres eine Gleichverteilung der Lasten fordert. Von der *iustitia distributiva* ist die *iustitia commutativa* oder *correctiva* zu unterscheiden, „die den Tausch verschiedenartiger Dinge [...], die Wiedergutmachung von Schaden und die Strafe bei Rechtsverletzungen [betrifft]" (Hügli, Lübcke 1991, S. 210). Sie folgt dem Prinzip „arith-

17 Das Prinzip des „Grandfathering" (Großvaterrechte) steht für eine Verteilung der Emissionszertifikate, die sich nach dem bisherigen Anteil der Staaten am globalen Emissionsausstoß richtet. Staaten, die bisher in einem größeren Umfang emittiert haben, sollten auch zukünftig einen größeren Anteil an der atmosphärischen Restkapazität erhalten (Wuppertal Institut für Klima, Umwelt, Energie 2006, S.92).

metischer Gleichheit“ (Horn, Scarano 2002, S. 28), weshalb bei einem Tausch Gabe und Gegengabe gleichwertig sein sollte. Bei unfreiwilligen Transaktionen im Fall eines Verbrechens fordert die korrektive Gerechtigkeit, dass der Schädiger dem Geschädigten einen äquivalenten Ausgleich für dessen Schaden leistet (Horn, Scarano 2002, S. 28-29). In der Klimapolitik werden korrektive Ansprüche seitens der Entwicklungsländer gegenüber den Industriestaaten erhoben. Da die industrialisierten Staaten den anthropogenen Klimawandel herbeigeführt haben, sollten sie die entstehenden Schäden kompensieren. Auch die Tauschgerechtigkeit gewinnt in der Klimapolitik an Bedeutung, da für die Reduzierung des weltweiten Treibhausgasausstoßes ein globaler Emissionshandel eingeführt werden soll, der den Handel mit Zertifikaten zwischen Staaten ermöglicht. Eine gerechte Klimapolitik sollte folglich zwischen der distributiven und korrektiven Gerechtigkeit vermitteln, da keine der beiden Unterarten der Gerechtigkeit priorisiert werden kann[18].

Die vorliegende Forschungsarbeit verfolgt die Hypothese, dass durch den Klimawandel Rechte und Pflichten entstehen, die einem genauen Bestimmungsgrad unterliegen und damit in die Kategorie der vollkommenen Rechte und Pflichten fallen.

Der begriffliche Ursprung von vollkommenen und unvollkommenen Pflichten ist bei Cicero zu finden, der zwischen „officia media“ und „officia perfecta“ unterscheidet. Doch erst durch die Naturrechtsphilosophen wie Hugo Grotius und Samuel Pufendorf entwickelte sich ein Pflichten-Dualismus nach dem heutigen Verständnis. Unvollkommene Pflichten sind gekennzeichnet durch einen freiwilligen Charakter, während vollkommene Pflichten sich durch ihre Erzwingbarkeit auszeichnen (Kersting 1989, Sp.433-434). Immanuel Kant ordnet die vollkommenen Pflichten den Rechtspflichten, die unvollkommenen Pflichten dagegen den Tugendpflichten zu. Damit einher geht die Grenzziehung zwischen negativen „Unterlassungspflichten“ und positiven „Begehungspflichten“ (Kant in Kersting 1989, Sp. 434), die sich auch in der zeitgenössischen Menschenrechtsdebatte (negative Freiheitsrechte, positive Wohlfahrtsrechte; vgl. Gosepath 1998; Lohmann 1998) widerspiegelt. Unvollkommene Pflichten sind in ihrem Grad und ihrer Art unbestimmt, so dass keine objektive Beurteilung über ihren genauen Umfang möglich ist (Kersting 1989, Sp.434). Sie sind supererogatorisch, d.h. sie können „nicht von Seiten Dritter eingefordert werden“ (Hahn 2009a, S. 21). Konträr dazu lassen vollkommene Pflichten keinen Raum für

18 Die Verteilungsgerechtigkeit erhält jedoch ein besonderes Gewicht, da „alle Tausch-, Herrschafts- und Unrechtsverhältnisse bereits irgendeine Anfangsverteilung der Rechte und Pflichten der beteiligten Personen voraussetzen und darum nur dann als gerecht gelten können, wenn schon jene Anfangsverteilung als gerecht betrachtet werden kann, d.h. den Erfordernissen der Verteilungsgerechtigkeit entspricht“ (Koller 2001, S. 19).

Willkür, sondern unterliegen einer engen Verbindlichkeit und sind daher überprüfbar. Ihnen korrespondieren vollkommene Rechte, die von spezifischen Personen oder Institutionen eingefordert werden (Kersting 1989, Sp. 434-440).

Für Klimagerechtigkeit ist es dementsprechend notwendig, die durch den anthropogenen Klimawandel entstehenden vollkommenen Rechte und Pflichten zu identifizieren und den entsprechenden Akteuren zuzuordnen. Dabei ist nicht ausgeschlossen, dass ein Akteur zugleich Träger von vollkommenen Pflichten und Rechten ist. Wie im Zuge dieser Arbeit nachgewiesen wird, haben Entwicklungsländer Pflichten gegenüber zukünftigen Generationen, obwohl sie zugleich ein Recht auf Kompensation gegenüber den Industriestaaten besitzen.

Der philosophische Diskurs ist ferner dafür zu kritisieren, dass sich der Anspruch an Klimagerechtigkeit nur auf die Verteilung von Emissionsrechten bezieht. Die Reduzierung des globalen Treibhausgasausstoßes und die damit verbundene Vergabe von Nutzungsrechten an der Ressource Atmosphäre deckt jedoch nur einen Strang der internationalen Klimapolitik ab. Zusätzlich sind Maßnahmen zu etablieren, um die Vulnerabilität armer Staaten zu verringern, gleichzeitig die Anpassungsfähigkeit der in Armut lebenden Menschen zu steigern und Wiederaufbau- und Hilfsmaßnahmen nach dem Eintreten von Katastrophen zu gewährleisten (vgl. Kap. 4.6). Die armen Staaten können diese Aufgaben nicht alleine bewältigen, da sie weder über das notwendige Know how, noch über die finanziellen Mittel verfügen (vgl. Kap. 5.3). Die Verteilung der Kosten für die Durchführung präventiver und adaptiver Projekte wurde bisher nicht ausreichend diskutiert. Da aber ein Großteil der Adaptionsstrategien bereits vor 2050 umzusetzen ist (Meyer 2007, S. 9-10), kann auch in diesem Bereich die Frage nach einer fairen Kostenverteilung nicht nachfolgenden Generationen überlassen werden. Ein Weltklimavertrag sollte die Verantwortung der Staaten nicht nur hinsichtlich *mitigation* (Minderung des Klimawandels durch globale Treibhausgasreduktion) sondern auch in Bezug auf *adaptation* (Prävention und Katastrophenschutz) bestimmen. Ein weiteres Ziel der Forschungsarbeit besteht folglich darin, vollkommene und unvollkommene Rechte und Pflichten im Bereich *adaptation* festzulegen und in ihrem tatsächlichen Bestimmungsgrad zu definieren. Vereinzelte Akte der freiwilligen Hilfe oder die sporadische Finanzierung von Klimaprojekten sind ungenügend, da durch den anthropogenen Klimawandel die Menschen in den Entwicklungsländern in ihrem Recht auf Leben und körperliche Unversehrtheit bedroht sind.

Darüber hinaus gilt es auch die Frage zu stellen, ob eine Verknüpfung von Klimapolitik mit Armutspolitik nötig ist. Der Klimawandel wird die Situation der in Armut lebenden Menschen radikal verschlechtern. Bis 2050 wird beispielsweise der Zugang zu Nahrung und Wasser in den Staaten südlich der Sahara wesentlich knapper. Vor allem niedrigliegende Küstengebiete wie in Pakistan sind zudem von Überschwemmungen bedroht. Zusätzlich werden sich durch die steigenden Temperaturen Krankheitserreger schneller verbreiten und die Zahl der Hurrikans und Taifune ansteigen (vgl. Kap. 5.3).

Philosophisch-theologische Studien (Lienkamp 2009; Scharpenseel, Wallacher 2009; Edenhofer, Wallacher, Reder, Lotze-Campen 2010) haben die Problematik der Weltarmut stärker in den Fokus gerückt. Demnach begründet Armut in den Entwicklungsländern allein und schon von sich her eine weitreichende Verpflichtung der Industriestaaten in der Klimaschutzpolitik.

Johannes Müller fordert zum Beispiel eine „»armenorientierte Klimapolitik«, die einen Vorrang für die Ärmsten in der Entwicklungspolitik impliziert" (Müller 2009, S.47). Nur die Industriestaaten und die reichen Bürger der Dritten Welt könnten „ihren Lebensstandard einschränken […], ohne auf Wohlstand verzichten zu müssen" (Müller 2009, S.52). Nach Auffassung von Lukas Meyer sollten „Ungleichheiten in der die Lebenschancen bestimmenden Ausstattung mit Gütern, die sich dem bloßen Zufall verdanken" (Meyer 2009, S. 94), nach Möglichkeit ausgeglichen werden. Bei der Verteilung von Emissionsrechten sollten die Entwicklungsländer daher bevorzugt werden, um einen Ausgleich für die emissionsbedingten Vorteile der Bürger in den Industriestaaten zu schaffen. Die Verfasser von „Global aber Gerecht" (Edenhofer, Wallacher, Reder, Lotze-Campen 2010) plädieren für einen *Global Deal*, der Klimapolitik mit Armutsbekämpfung gleichsetzt: „Die Grundidee besteht darin, mit Hilfe des Emissionshandels Vermögen global umzuverteilen und so eine Voraussetzung dafür zu schaffen, die anderen globalen Probleme zu bewältigen" (Edenhofer, Wallacher, Reder, Lotze-Campen 2010, S. 174).

Obwohl Armut ein im Vergleich sehr viel älteres Forschungsgebiet globaler Gerechtigkeit ist, lassen sich zahlreiche Parallelen zur Klimaproblematik ausmachen. Hier wie dort geht es um die Bewertung und Durchsetzung distributiver und korrektiver Gerechtigkeitsansprüche zwischen Staaten und Individuen. Angesichts der Auswirkungen der Klimaerwärmung auf die vorherrschende Armut, kann eine klimagerechte Politik die Problematik der Weltarmut nicht außer Acht lassen. Stattdessen muss sich *adaptation* zwangsläufig an der Entwicklungspolitik orientieren, um das Risiko von Menschenrechtsverletzungen durch klimatisch bedingte Folgen so gering wie möglich zu halten. Sollte man Armutspolitik deshalb mit Klimapolitik gleichsetzen oder ihr gegenüber sogar priorisieren? Welche Pflicht obliegt der internationalen Gemeinschaft zur Armutsbekämpfung? Ist es moralisch vertretbar, das langfristige Projekte in der Klimaschutzpolitik auf das Überleben der Menschen künftiger Generationen abzielen, obwohl bereits heute zahlreiche Menschen existentiell bedroht sind?

Die Forschungsarbeit will eine Brücke zwischen klima- und entwicklungsorientierten Ansätzen schlagen und untersuchen, inwiefern die in der Klimapolitik anzuerkennenden Rechte und Pflichten durch jene der Armutspolitik tangiert werden (vgl. Kap. 7).

Kritik an der aktuellen Klimadebatte kann nicht zuletzt ausgeübt werden, da derzeit keine Studien existieren, die sich mit der Realisierbarkeit klimapolitischer Ziele auseinandersetzen. Allein der Wissenschaftliche Beirat der Bundesregierung *Globale Umweltveränderungen* (WBGU) hat die Gründung einer Weltklimabank vorgeschlagen, deren Aufgabe in der Einführung und Koordination des weltweiten Emissionshandels bestünde. Klimapolitik besteht jedoch nicht nur aus *mitigation*, sondern auch aus *adaptation*. Ein bloßes Verteilungsinstrument wie die Weltklimabank bildet eine unzureichende Antwort auf die vielschichtigen Anforderungen der Klimapolitik. Außerdem fehlen Institutionen für die langfristige Umsetzung und Durchsetzung der in einem Weltklimavertrag beschlossenen Ziele. Aus diesem Grund wird in der vorliegenden Forschungsarbeit der Vorschlag unterbreitet, zwei neue Institutionen, eine „Organization for Climate and Environment" sowie einen „Global Environmental Court" ins Leben zu rufen.

Möglichkeiten und Grenzen interdisziplinärer Forschung

Das Forschungsthema Klimawandel ist in seiner Beschaffenheit interdisziplinär und für die Natur-, Wirtschafts- und Sozialwissenschaften von großem Interesse. Die mit den klimatischen Prozessen verbundenen Fragestellungen sind noch lange nicht umfassend beantwortet und doch von zentraler Bedeutung. Jeder Beitrag kann als ein Puzzlestück verstanden werden, das dieses Forschungsfeld komplementiert und zusammen mit den anderen Puzzlestücken die ökologischen, ökonomischen und sozialen Dimensionen des Klimawandels abbildet.

Die vorliegende Forschungsarbeit ist der praktischen Philosophie (angewandte Ethik) zugeordnet. Durch einen normativen Ansatz sollen die gerechtigkeitsethischen Implikationen des Klimawandels dargestellt und politische Handlungsdirektiven für den globalen Klimaschutz erarbeitet werden.

Dagegen ist der Klimawandel ein naturwissenschaftliches Ereignis, das mittels empirischer Daten nachgewiesen wird. Es gibt viele Forschungsarbeiten, die zeigen, worin sich die klimatischen Veränderungen bereits heute spiegeln, welche Folgen die steigenden Temperaturen auf Natur und Mensch haben und mit welchen Kosten der Klimawandel verbunden sein wird. Diese Datenbasis bildet die Grundlage, auf die ein philosophischer Forschungsansatz Bezug nehmen muss.

Die Folgen des Klimawandels bilden insofern den Ausgangpunkt der Arbeit. Sie führen zu weitreichenden Veränderungen auf der Erde und berühren wesentliche Belange des humanen Lebens und Überlebens. Da der Klimawandel teilweise anthropogenen Ursprungs ist und folglich keine rein natürliche Entwicklung vorliegt, entstehen hier Ansprüche und Verantwortungen, die es einzuordnen und von einem ethischen Standpunkt her zu bewerten gilt.

Diese Beziehung zwischen Klimawandel einerseits und sozialen Folgen andererseits führt mich zu einer neuen Problemstellung. Denn ich kann nicht über Verantwortung von Staaten und Individuen diskutieren, ohne den Ursprung des Problems selbst zu behandeln. In der Konsequenz muss ich zumindest eine kleine Einführung in das Phänomen Klimawandel geben, was von einigen Naturwissenschaftlern und speziell den Klimatologen und Geographen kritisch beäugt werden könnte. Ist man als Sozialwissenschaftler in der Lage Aussagen zum Klimawandel zu treffen? Ich möchte deshalb an dieser Stelle unterstreichen, dass im Folgenden keine eigenen Forschungsergebnisse über den Klimawandel präsentiert werden. Stattdessen soll die naturwissenschaftliche Basis für eine normative Betrachtung geschaffen werden, wofür ich mich auf die Ergebnisse und Publikationen des IPCC [19] sowie namhafter Wissenschaftler stützen werde. Trotzdem wird man dieses Vorgehen meinerseits unter Umständen anzweifeln, denn der Klimawandel ist kein Faktum wie die Aussage, dass sich die Erde um die Sonne dreht. Es gibt eine nicht unbedeutende Lobby von Klimaskeptikern, die Existenz und Umfang des Klimawandels bestreiten. Auch diesen Diskurs kann man als Außenstehender nur bedingt verfolgen. Gerade deshalb möchte ich in dieser Arbeit auf den Stand der Klimaforschung eingehen, um erstens Arbeitsmethoden, Funktion und Bedeutung des IPCC darzulegen und um zweitens die Kritik am IPCC und an der „Theorie“ des Klimawandels aufzuzeigen. Die Leserinnen und Leser sollen hiermit zur Kenntnis nehmen, dass es auch gegenläufige Meinungen gibt und der Klimawandel nicht wie ein abgeschlossenes Kapitel in einem Lehrbuch betrachtet werden kann. Wie jede Wissenschaft durchläuft auch die Klimatologie unterschiedliche Stadien im Forschungsprozess. Thesen und Gegenthesen werden aufgestellt, bis neue Methoden neue Erkenntnisse ermöglichen und die Datenbasis weiter absichern. Doch während die

19 Die in der Forschungsarbeit verwendeten Daten und Grafiken sind dem vierten Sachstandsbericht des IPCC aus dem Jahr 2007 entnommen. Als Quellenangabe wird die Abkürzung *IPCC, AR4, (...), 2007* verwendet. Die deutsche IPCC-Koordinierungsstelle hat eine deutsche Übersetzung des IPCC Syntheseberichts (Deutsche IPCC-Koordinierungsstelle: Klimaänderung 2007. Synthesebericht. Berlin 2008) sowie der Zusammenfassungen für politische Entscheidungsträger der drei Arbeitsgruppen (zum Beispiel: IPCC: Zusammenfassung für politische Entscheidungsträger. In: Klimaänderung 2007: Wissenschaftliche Grundlagen. Beitrag der Arbeitsgruppe I zum Vierten Sachstandsbericht des Zwischenstaatlichen Ausschusses für Klimaänderung (IPCC). Deutsche Übersetzung durch ProClim-, österreichisches Umweltbundesamt, deutsche IPCC-Koordinationsstelle. Bern/Wien/Berlin 2007) herausgegeben. Die Berichte stimmen inhaltlich mit den Originalen überein.
Für ein besseres Verständnis wird an einigen Stellen aus den deutschen Übersetzungen zitiert. Hier wird die Abkürzung IPCC (dt.), AR4, (…), 2007 verwendet (s. a. Abkürzungsverzeichnis).

soziologisch-normative Untersuchung des Klimawandels noch in ihren Anfängen steckt, hat die Klimatologie – so viel kann an dieser Stelle schon voraus geschickt werden – in den letzten Jahrzehnten umfangreiche Fortschritte erzielt.

1.2 Aufbau und Methode der Forschungsarbeit

In der Forschungsarbeit kommt die kritisch-hermeneutische Methode zur Anwendung. Der Aufbau lässt sich inhaltlich in vier Teile untergliedern.

Der *erste Teil* der Forschungsarbeit (Kapitel 2 bis 5) besitzt einen einführenden Charakter und untergliedert sich zum einen in die Themenbereiche Klimaforschung und Klimawandel, in denen jeweils grundlegendes Wissen vermittelt werden soll. Zum anderen werden Ziele, Erfolge und Versäumnisse der internationalen Klimapolitik erörtert. Nachdem der naturwissenschaftliche und politische Rahmen abgesteckt ist, erfolgt im fünften Kapitel die Hinführung zum zentralen Forschungsthema Klimawandel und globale Gerechtigkeit. Klimaschutzmaßnahmen sind ethisch geboten, um die fundamentalen Rechte gegenwärtiger und zukünftiger Generationen zu schützen. Um eine gerechte Verteilung der Kosten internationaler Klimapolitik herausarbeiten zu können, sind alle relevanten Akteure (Individuen und Staaten) auf ihrem Beitrag zum anthropogen Klimawandel sowie hinsichtlich der entstehenden Kosten durch die Folgen der Klimaveränderung zu untersuchen. Darüber hinaus ist ein besonderes Augenmerk auf die Gruppe der in Armut lebenden Menschen zu werfen. Anhand der vier Bereiche Nahrungssicherheit, Wasserknappheit, Gefahr für die Gesundheit und Migrationszwang sollen die Auswirkungen des Klimawandels für diese Gruppe sowie jene Faktoren, die zu dem hohen Ausmaß an Verwundbarkeit beitragen, expliziert werden.

Die enge Vernetzung des Klimawandels mit der Armutsproblematik gibt im *zweiten Teil* (Kapitel 6 und 7) Anlass zu einem Exkurs. Die Forschungsarbeit will die besondere moralische Relevanz von Armut anerkennen und aus einer liberalen Position zwischen Klimapolitik und Armutspolitik vermitteln. Im Kontext der Verteilung von Rechten und Pflichten soll die Verantwortung der entwickelten Staaten dahingehend geprüft werden, ob und in welchem Umfang ihnen eine Verpflichtung zur Armutsbekämpfung auferlegt werden sollte. Dazu soll die Methode eines ideengeschichtlichen Vergleichs angewendet werden, indem das utilitaristische Konzept von Peter Singer dem liberalen Menschenrechtsansatz von Thomas Pogge gegenüber gestellt wird[20].

20 Zu den Gründen, die die Auswahl von Pogge und Singer für den Vergleich rechtfertigen s. Kap. 5.3.

Nach dem individualethischen Ansatz von Singer tragen die Bürger wohlhabender Staaten eine generelle Beseitigungsverantwortung von extremer Armut, auch wenn diese nicht zu den moralisch verwerflichen Zuständen beigetragen haben. Seine Argumentation gleicht jenen Ansätzen, die eine armutsorientierte Klimapolitik vorschlagen. Der institutionelle Ansatz von Pogge fokussiert dagegen korrektive Gerechtigkeitsansprüche und rückt damit in die Nähe des Prinzips „the-polluter-pays". Demnach tragen Nationen Rechte und Pflichten. Ihnen ist nur dann eine Ergebnisverantwortung anzulasten, wenn sie zur Ungerechtigkeit in einem anderen Staat beitragen haben.

Nach diesem Exkurs folgt der dritte Teil (Kap. 8 und 9) der Forschungsarbeit, der eigentliche Hauptteil. Mit Hilfe der Ergebnisse aus dem zweiten Teil sollen die im Klimadiskurs hervorgebrachten Prinzipien kritisch beleuchtet werden. Ziel ist es, die Rechte und Pflichten der Staaten in der Klimapolitik zu definieren.

Auf einen individualethischen Ansatz muss an dieser Stelle verzichtet werden (vgl. Kap. 9), da sonst der Rahmen dieser Arbeit gesprengt würde. Jeder Mensch beeinflusst durch sein individuelles Kaufverhalten oder seinen Lebensstil den Ausstoß von Treibhausgasen. Eine individuelle Ethik, die zu einem klimafreundlichen und moralisch vertretbaren Verhalten anleitet, wäre insofern erforderlich. Doch die Herausforderungen der Klimapolitik sind umfassend und können nicht durch einzelne Appelle an Wirtschaft oder Bürger gelöst werden. Stattdessen ist die internationale Kooperation aller Staaten notwendig, deren differenzierte Verantwortung in dieser Arbeit nachgewiesen werden soll.

Im klimapolitischen Diskurs lassen sich die miteinander konkurrierenden Prinzipien danach unterscheiden, ob sie eine historische Gerechtigkeitsperspektive wählen oder nur einen Blick auf die aktuellen Verhältnisse werfen. In der Forschungsarbeit kann das Dilemma zwischen korrektiven und distributiven Gerechtigkeitsansprüchen dadurch aufgelöst werden, dass neben *mitigation* auch der Bereich *adaptation* einbezogen wird. Ergebnis ist das duale Konzept *Indiko,* das die Grundpfeiler eines ethisch vertretbaren Weltklimavertrages definiert.

Der vierte und letzte Teil der Forschungsarbeit (Kapitel 10 und 11) verlässt den philosophisch geführten Diskurs über Klimagerechtigkeit und will stattdessen eine politikwissenschaftliche Debatte über die Realisierungschancen globaler Klimapolitik eröffnen, da diese sich verschiedenen Anreizen zum Trittbrettfahren ausgesetzt sieht. Sowohl die mit Klimapolitik verbundenen Kosten, als auch der zeitliche Rahmen gefährden die Umsetzung eines Weltklimavertrages. Insbesondere fehlen Institutionen zur Überwachung, Durchsetzung und Koordinierung klimapolitischer Maßnahmen. Das gegenseitige Misstrauen zwischen den Staaten wird dadurch geschürt, dass keine Garantien existieren, ob alle Staaten sich an die vereinbarten Reduktionsziele halten. Auch bei der Durchführung präventiver und adaptiver Maßnahmen sind berechtigte Zweifel angebracht, ob bei der Verteilung von Geldern tatsächlich die ärmsten und bedürftigsten Staaten profitieren. Zudem ist die Gefahr groß, dass Klimaschutz stets den nachfolgenden Generationen (oder Regierungen) überlassen wird und Klimaversprechen deshalb nicht umgesetzt, sondern aufgeschoben werden.

Daraus lässt sich schließen, dass der Abschluss eines Weltklimavertrages mit der Gründung von zwei neuen supranationalen Institutionen einhergehen sollte. Die Organisation für Klima und Umwelt (OCE) sowie der Globale Umweltgerichtshof (GEC) sind notwendig, um Klimagerechtigkeit herzustellen und die vom Klimawandel bedrohten Menschenrechte weltweit zu stärken. Das Forschungsprojekt wird Aufbau und Funktion beider Institutionen darlegen. Aufgrund der weitreichenden Kompetenzen von OCE und GEC wird in einem letzten Kapitel die Frage erläutert, ob Klimapolitik auf eine weltweite Innenpolitik und auf der von Otfried Höffe konzipierten föderalen Weltrepublik hinausläuft.

2 Klimaforschung

2.1 Kritik am IPCC

Der international geführte Diskurs um den Klimawandel beherbergt großen politischen Sprengstoff. Die gravierenden ökologischen, ökonomischen und sozialen Implikationen der globalen Erwärmung haben die Frage nach der Verantwortung sowohl innerhalb als auch zwischen den Staaten aufgeworfen. Wissenschaft, speziell die Klimaforschung, hat einen anderen Stellenwert bekommen und sieht sich nunmehr mit neuen Herausforderungen konfrontiert. Wurden wissenschaftliche Ergebnisse bislang in den eigenen Reihen diskutiert, um sie dann einem Fachpublikum zu unterbreiten, ist das heutige Interesse an der Klimaforschung ein gesamtgesellschaftliches Phänomen. Neueste Erkenntnisse werden auf breiter Ebene diskutiert und, oftmals unverstanden, in den Medien zitiert oder auch kritisiert. Gleichzeitig verweisen die politischen Entscheidungsträger auf die aktuellen Forschungsergebnisse, um Maßnahmen zum Klima- und Umweltschutz zu rechtfertigen. Doch die Klimaforschung hat ebenso mächtige Gegner. Zu diesen zählen beispielsweise Öl exportierende Staaten oder Lobbyisten von Energiekonzernen, die die Existenz des Klimawandels bestreiten, die Folgen der globalen Erwärmung verharmlosen oder auf die Kosten von Klimaschutzmaßnahmen verweisen (Beck 2010, S. 17-19). Immer wieder wird die Frage nach der Sicherheit der Daten der Klimaforschung erhoben.

Die Klimawissenschaft ist eine sehr junge Wissenschaft. Erst 1957 nahm Charles Keeling die weltweit erste Kohlenstoffdioxid-Messung in Hawaii vor. In den 1960ern ermöglichte der technische Fortschritt tiefere Bohrungen in den Eisschichten von Grönland. Die im Eis gespeicherten Informationen ließen erstmals darauf schließen, dass das Klima sich innerhalb kurzer Zeitabschnitte fundamental ändern konnte. Im Jahr 1987 veröffentlichte Wallace S. Broecker im Magazin *Nature* einen Artikel, indem er über die Auswirkungen der zunehmenden Treibhausgase auf das Klimasystem als Ganzes und die möglichen Folgen des anthropogenen Klimawandels im Speziellen referierte. Das mediale und politische Interesse wurde durch die Forschungsergebnisse der East Anglia Universität in England geweckt, nach dem in den 1980ern die fünf wärmsten Jahre in der Geschichte 130-jähriger Temperaturmessung erfasst wurden. Das Jahr 1988 kann rückblickend als das Gründungsjahr internationaler Klimapolitik beschrieben werden. In Toronto fand die erste Klimakonferenz statt und das Umweltprogramm der Vereinten Nationen (UNEP) sowie die Weltorganisation für Meteorologie (WMO) gründeten das Intergovernmental Panel on Climate Change (IPCC), das 1990 seinen ersten Sachstandsbericht veröffentlichte (Hulme 2009, S. 59-65).

Heute steht das IPCC, auch Weltklimarat genannt, im Mittelpunkt des wissenschaftlichen, politischen und medialen Interesses. Es soll Prognosen über die Folgen des Klimawandels abgeben und die Risiken der Klimaveränderung für den Menschen darlegen. Zu seinen Aufgaben zählt die Dokumentation des aktuellen Wissenstands zum anthropogenen Klimawandel, die Zusammenfassung der Ergebnisse in Form von Statusberichten und die Ausarbeitung von Handlungsempfehlungen.

Ihre zentrale Stellung hat die Organisation seit ihrer Gründung zur Zielscheibe von Klimaskeptikern werden lassen. Anfang der 90er Jahre versuchten die Gegner der Klimaforschung die Autorität des IPCC zu untergraben. Die Organisation vollzog daraufhin einen Strukturwandel und entschied sich, zukünftige Ergebnisse in demokratischer Übereinkunft zu veröffentlichen, um „mit einer Stimme im Namen der Wissenschaft zu sprechen" (Beck 2010, S.18). Als Reaktion auf den zweiten Bericht im Jahr 1995 und der Verabschiedung des Kyoto-Protokolls 1997 organisierten amerikanische Wissenschaftler und Medien („Wall Street Journal", „New York Times") eine Gegenkampagne, in der sie das IPCC beschuldigten, etablierte Verfahren zur Begutachtung von wissenschaftlichen Ergebnissen umgangen zu haben sowie politisch motivierte Berichte verfasst zu haben. Um diesen Vorwürfen zukünftig zu entgehen etablierte das IPCC formale Ordnungen und neue, bzw. modifizierte Verfahren, um die Qualitätssicherung der Forschungsergebnisse gewährleisten zu können (ebd., S. 16-18).

Daraus hat sich die heutige Struktur und Arbeitsweise des IPCC entwickelt. Die Organisation besteht aus einem Gremium, das sich aus Hunderten von Forschern und den Regierungen der WMO- und UNEP-Mitgliedstaaten zusammensetzt. Das IPCC veröffentlicht keine eigenen Forschungsergebnisse, sondern sammelt und dokumentiert die weltweit existierende Literatur zum Klimawandel. Es arbeitet interdisziplinär, so dass alle wissenschaftlichen, technologischen und sozio-ökonomischen Aspekte des Klimawandels Beachtung finden. Die periodisch erscheinenden Sachstandsberichte werden in drei Arbeitsgruppen erstellt, einem intensiven, dreistufigen Begutachtungsverfahren unterworfen und dann der Öffentlichkeit zur Verfügung gestellt. Die erste Arbeitsgruppe beschäftigt sich mit den „Wissenschaftlichen Grundlagen von Klimaänderung", die zweite Arbeitsgruppe mit „Auswirkungen, Anpassung und Verwundbarkeiten" und die dritte Arbeitsgruppe mit der „Verminderung des Klimawandels". Zusätzlich zu den Arbeitsgruppen gibt es die Task Force on National Greenhouse Gas Inventories, die für verbesserte Verfahren in der Berechnung der nationalen Treibhausgasemissionen zuständig ist[21].

Maßgeblichen Einfluss auf die Debatte in den USA hatten die Ereignisse im Jahr 2007, als der Friedensnobelpreis an Al Gore zusammen mit dem Weltklimarat vergeben und der vierte Sachstandsbericht des IPCC veröffentlicht wurde. Darin wird nachgewiesen, dass der anthropogene Klimawandel mit einer Wahrscheinlichkeit von über 90 % auf menschliche Aktivitäten zurückzuführen ist. Zumindest in der Öffentlichkeit haben hochrangige Politiker und Wissenschaftler den Einfluss des Menschen auf das Klima seitdem nicht mehr bezweifelt. Erst der gescheiterte Klimagipfel 2009 in Kopenhagen hat den Klimaschutz-Gegnern neuen Auftrieb verschafft. Sie richten ihre Kritik vorrangig gegen die wissenschaftliche Beweisführung des Weltklimarats oder starten Feldzüge gegen einzelne IPCC-Autoren (Beck 2010, S.18-19). So wurde beispielsweise Phil Jones der Vorwurf der Datenmanipulation gemacht, als Unbekannte die Computer des Klimaforschungs-Instituts der Universitiy of East Anglia gehackt hatten und tausende von Emails ins Internet gestellt wurden. Die gestohlenen Dokumente sollten belegen, dass Phil Jones als Chef des Climate Research Unit (CRU) vorsätzlich Daten verfälscht oder verschwiegen habe, die gegen die These des Klimawandels gesprochen hätten (Schrader 2010). Die Debatte wurde zusätzlich angeheizt, als man feststellte, dass der IPCC-Bericht 2007 einige Unstimmigkeiten aufwies und zum Beispiel das Abschmelzen der Gletscher im Himalaya auf das Jahr 2035 statt richtigerweise auf 2350 prognostizierte (Beck 2010, S. 16). Daraufhin wurden in Zusammenarbeit mit der Universitiy of East Anglia zwei Untersuchungskommissionen eingesetzt, die jedoch das Forscherteam um Jones von dem Vorwurf des wissenschaftlichen Fehlverhaltens freigesprochen und die wissenschaftlichen Resultate bestätigt haben. Allerdings bemängelte man den Umgang des CRU mit Kritikern, da man auf Nachfragen sehr abwehrend reagiert hätte (Schrader 2010). Unterstützt wurde das IPCC zudem durch zahlreiche Wissenschaftler aus Deutschland (z.B. das Deutsche Klima-Konsortium), den USA und den Niederlanden, die in offenen Briefen die Grundannahmen des vierten Sachstandsberichts verteidigten, auch wenn die Verfahren zur Qualitätsabsicherung des IPCC nicht 100-prozentig greifen würden (Beck 2010, S. 20).

21 Deutsche IPCC Koordinierungsstelle. URL: http://www.de-ipcc.de/de/119.php#Die_IPCC-Arbeitsgruppen_und_Task_Forces

2.2 Argumente der Klimaskeptiker

Die Kritik am IPCC und seinen Autoren symbolisiert den Kampf um die öffentliche Meinung, der zwischen Wissenschaftlern, Umweltorganisationen, Politikern, Lobbyisten der Wirtschaft und privaten Klimaschutz-Gegnern ausgetragen wird. Den Regierungen kommt dieser Streit entgegen, verlagert er doch die Diskussion in das IPCC und entlastet damit die politischen Entscheidungsträger, auf die der Druck zur Durchführung von notwendigen, aber einschneidenden Reformen abnimmt.

Grundsätzlich wird die Klimadiskussion in den USA noch immer kritischer als in Europa geführt, wobei zwischen wissenschaftlichen Fachkreisen und der medialen Berichterstattung zu differenzieren ist. So hat eine Metastudie der University of California 636 Artikel zum Thema Klimawandel, die in bekannten US-Tageszeitungen im Zeitraum 1988-2002 erschienen sind, untersucht. Ungefähr die Hälfte aller Artikel hat die Frage nach der Existenz eines anthropogenen Klimawandels offen gelassen und sowohl Thesen dafür als auch dagegen präsentiert. Des Weiteren haben gezielte Desinformationskampagnen der Wirtschaft in den USA wesentlich mehr Erfolg als in Europa, wenngleich Klimaskeptiker auf beiden Seiten des Atlantik auffindbar sind. Die Gegner von Klimaschutzmaßnahmen (s. Böttiger 2008) bestreiten entweder die globale Erwärmung an sich („Trendskeptiker"), den Einfluss des Menschen auf das Klima („Ursachenskeptiker") oder die Schwere der Folgen für das Leben auf der Erde („Folgenskeptiker") (Rahmstorf; Schellnhuber 2007, S. 82-85). Das deutsche Umweltbundesamt hat eine „Skeptiker-Broschüre"[22] erstellt, in der die wichtigsten Zweifel an der Klimaforschung zusammengefasst, in 5 Themenkomplexe eingeteilt („Wesentliche Voraussetzungen für Klimaänderungen sind nicht erfüllt", „Treibhauseffekt ist nicht treibende Kraft für Klimaänderungen", „Es gibt gar keinen Treibhauseffekt", „Klimamodelle sind zur Beschreibung der Realität grundsätzlich ungeeignet bzw. unzulänglich" und „Mangelnde Übereinstimmung von Beobachtungsdaten untereinander, sowie zwischen Beobachtungsdaten und Ergebnissen der Modellsimulationen") und schließlich entkräftet werden.

In der vorliegenden Forschungsarbeit muss ich auf eine Vertiefung der dargestellten Klimadiskussion verzichten. Die folgenden Kapitel werden lediglich klimatologische Grundlagen vermitteln, um darauf aufbauend die normativen Implikationen des Klimawandels aufzeigen zu können.

22 Umweltbundesamt 2004; UBA. URL: http://www.umweltbundesamt.de/klimaschutz/klimaaenderungen/faq/antworten_des_uba.htm

3 Klimawandel

3.1 Der natürliche Treibhauseffekt

In einem ersten Schritt muss der Begriff „Klima" definiert werden, der vom Begriff des „Wetters" zu differenzieren ist. Im Fokus der Wetterforschung stehen einzelne Wetterphänomene, die innerhalb eines kurzen Zeitraums auftreten. Die Vorhersagbarkeit über den Verlauf des Wetters ist limitiert und kann in der Regel nicht über 14 Tage hinausgehen. Das Klima umfasst größere Zeiträume – der Bezugszeitraum beträgt im Normalfall 30 Jahre – und beobachtet gemittelte Größen wie beispielsweise die Jahresmitteltemperatur. In der Klimaforschung können sowohl einzelne Orte als auch großflächige Regionen untersucht werden. Ziel ist es, das Abweichen von Mittelwerten (z.B. eine extreme Dürre) vorherzusagen (Latif 2009, S. 11) und die Funktionsweise des Klimasystems inklusive dem Zusammenspiel von Klimafaktoren (z.B. Sonnenstrahlung, Reliefsituation, atmosphärische Zirkulation) und Klimaelementen (z.B. Atmosphäre, Ozeane, Biosphäre) zu verstehen (Kappas 2009, S. 86-90).

Gleicht das Wetter einem chaotischen System, das durch Zufallsschwankungen geprägt ist, zeichnet sich das Klima durch Stabilität aus. Änderungen des Klimasystems sind auf Änderungen in der Energiebilanz der Erde zurückzuführen: „Die von der Erde ins All abgestrahlte Wärmestrahlung muss die absorbierte Sonnenstrahlung im Mittel ausgleichen. Wenn dies nicht der Fall ist, ändert sich das Klima" (Rahmstorf; Schellnhuber 2007, S. 12-13).

Die Sonne ist der Energielieferant der Erde. Die von ihr ausgehende Strahlung wird zu 30 % in den Weltraum reflektiert, während 70 % im Klimasystem der Erde genutzt wird. An der Erdoberfläche wird die Strahlung vor allem in Wärme umgewandelt und durch Ozean und Atmosphäre innerhalb des Klimasystems verteilt. Die Erdoberfläche und die Atmosphäre strahlen wiederum Energie an das Weltall ab. Doch im Gegensatz zur kurzwelligen Sonneneinstrahlung, gehen von der Erde langwellige Infrarotstrahlungen aus (Fabian 2002, S. 43).

Entsprechend dem Erhaltungssatz der Energie, muss die „auf der Erde ankommende Sonneneinstrahlung abzüglich des reflektierten Anteils [...] gleich der von der Erde abgestrahlten Wärmestrahlung" (Rahmstorf; Schellnhuber 2007, S. 13) sein. Eine Abweichung in der Energiebilanz kann erstens aus einer veränderten Umlaufbahn der Sonne resultieren. Zweitens kann der Anteil der Albedo, also der zurück gespiegelten Strahlung variieren, der von Helligkeit und

Bewölkung der Erdoberfläche und damit von Eisbedeckung, Landnutzung und Verteilung der Kontinente abhängig ist. Als drittes wird die Energiebilanz von den in der Atmosphäre vorfindbaren absorbierenden Gasen, den sog. Treibhausgasen und Aerosolen beeinflusst (Rahmstorf; Schellnhuber 2007, S. 13).

Ausgehend von der Strahlungsmenge der Erde kann man Rückschlüsse auf die an der Erdoberfläche herrschenden Temperaturen ziehen. Demnach müsste die Temperatur im Mittel bei - 18°C liegen. Tatsächlich beträgt die mittlere Temperatur an der Erdoberfläche +15°C und liegt damit 33°C über den physikalischen Berechnungen (Hupfer; Kuttler, S. 55ff.). Ursache dafür ist der natürliche Treibhauseffekt: Die Strahlungsbilanz wird durch die Existenz der Treibhausgase beeinflusst, indem diese die kurzwellige Sonnenstrahlung auf den Weg zur Erde durchlassen, die langwellige terrestrische Wärmestrahlung jedoch blockieren, besser gesagt absorbieren. Die von den Gasen absorbierte Wärme wird dann in alle Richtungen abgestrahlt; folglich auch in Richtung Erdoberfläche. Dort kommt jetzt nicht mehr nur die Sonnenstrahlung, sondern auch die Wärmestrahlung der Gase an. Um ein Gleichgewicht herzustellen erhöht sich die Wärmestrahlung der Erdoberfläche: Es kommt zu einem Wärmestau und die Temperatur steigt. Die wichtigsten Treibhausgase sind Wasserdampf (H_2O), Kohlenstoffdioxid (CO_2), Methan (CH_4) und Stickstoffoxid (N_2O) die von Natur aus Bestandteil der Atmosphäre sind. Der Treibhauseffekt ist insofern ein natürliches Phänomen und für das Leben auf dem Planet Erde überlebenswichtig (Rahmstorf; Schellnhuber 2007, S. 30-33).

3.2 Der anthropogene Treibhauseffekt

Der Anteil an Treibhausgasen in der Atmosphäre hat seit der Industrialisierung erheblich zugenommen. Als Folge davon intensiviert sich die langwellige Strahlung, die auf die Erdoberfläche trifft, wodurch die Temperatur der Erde weiter steigt. Man spricht nunmehr von einem anthropogenen Treibhauseffekt, weil sich als Quelle dieser Treibhausgase primär menschliche Aktivitäten ausmachen lassen. Das kann am Beispiel des Kohlenstoffdioxidverdeutlicht werden: Mit einem Anteil von 60 % ist es das wichtigste Treibhausgas. Die hohe Konzentration an Kohlenstoffdioxid ist die höchste in den letzten 10.000 Jahren und mit sehr hoher Wahrscheinlichkeit sogar „einmalig in der Geschichte des Menschen" (Latif 2009, S. 59). Seit Beginn der Industrialisierung hat sich die CO_2-Konzentration der Atmosphäre von 280 ppm (parts per million) auf über 380 ppm erhöht. Diese Zunahme ist vor allem auf die Verbrennung von fossilen

Energieträgern wie Erdöl, Kohle oder Gas zurückzuführen (Kappas 2009, S. 153).

Der fossile Ursprung der Treibhausgase lässt sich wissenschaftlich nachweisen: So hat beispielsweise fossiler Kohlenstoff eine besondere Isotopenzusammensetzung. Darüber hinaus hat die CO_2-Konzentration nicht nur in der Atmosphäre zugenommen, sondern auch in den Weltmeeren, die zusammen mit der Biosphäre die andere Hälfte des vom Menschen emittierten Kohlendioxids aufnehmen. Ebenso ist bei den anderen Treibhausgasen ein kontinuierlicher Anstieg zu verzeichnen. Nur die Produktion und der Verbrauch von Fluorchlorkohlenwasserstoffen (FCKW) wurde deutlich reduziert, nachdem deren zerstörerische Wirkung auf die Ozonschicht bekannt wurde. Außerdem bleibt Wasserdampf in der Diskussion um Treibhausgase außen vor. Seine Konzentration kann vom Menschen nicht direkt beeinflusst werden und unterliegt zudem starken Schwankungen. Dagegen sind die anderen Treibhausgase von langlebiger Natur und weisen deshalb global fast die gleiche Konzentration auf (Rahmstorf; Schellnhuber 2007, S. 33-36).

3.3 Die Folgen des Klimawandels

Aus dem anthropogenen Treibhauseffekt resultieren langfristige Änderungen im Klimasystem, weshalb man auch von einem Klimawandel sprechen kann. Das vordergründige Charakteristikum des Temperaturanstiegs wird von zahlreichen, heute bereits spürbaren Auswirkungen auf das Leben auf der Erde begleitet. Eine exakte Prognose über den Verlauf des Klimawandels lässt sich indessen nicht erstellen, da dieser von sozioökomischen Entwicklungen abhängig ist. Insbesondere die Variablen *Bevölkerungsentwicklung*, *Konsumverhalten* und *Energieverbrauch* beeinflussen den Ausstoß von Treibhausgasen und folglich die Intensität des Klimawandels. Den IPCC-Berichten von 2001 und 2007 liegen vierzig SRES-Szenarien[23] („Special Report on Emission Scenarios“) zu Grunde, die sogenannte Klimaprojektionen enthalten. Darin versucht man Prognosen über den zukünftigen Klimawandel zu treffen, indem man verschiedene ökonomische,

23 Zusätzlich kann man zwischen SRES und Post-SRES (-Szenarien) differenzieren. „SRES-Szenarien sind Emissionsszenarien, die von Nakičenovič und Swart (2000) entwickelt wurden und die, neben anderen, als Basis für die Klimaprojektionen im Vierten Sachstandsbericht verwendet wurden“ (IPCC (dt.), AR4, SYR SPM, 2007 Glossar, S. 96). Post-SRES-Szenarien wurden in einer späteren Forschungsphase entwickelt. Darunter versteht man „Referenz- und Emissionsminderungsszenarien, die nach der Fertigstellung des IPCC-Sonderberichts zu Emissionsszenarien (SRES; Nakičenovič und Swart, 2000), also nach dem Jahr 2000, veröffentlicht wurden“ (IPCC (dt.), AR4, SYR SPM, 2007, Glossar, S. 95).

soziale und politische Entwicklungen einbezieht[24]. Zusammenfassend lassen sich die Szenarien in die vier Hauptgruppen A1, A2, B1 und B2 gliedern, die zwischen den Extremen totale „Umweltorientierung" oder absolute „Wirtschaftsorientierung" eingeordnet sind. Das pessimistischste Szenario A1FI (*fossil intensive*) basiert beispielsweise auf einer fossilen Energiewirtschaft und rechnet mit der höchsten CO_2-Konzentration, die im Extremfall auf nahezu 1000 ppm steigen könnte (Latif 2009, S. 156-162). Der CO_2-eq-Ausstoß[25] würde im Extremfall auf nahezu 130 Gt[26] pro Jahr ansteigen, wie Abb. 1 zeigt.

24 Die SRES-Szenarien beziehen keine zusätzlichen Klimaschutzmaßnahmen ein, die über die jetzigen hinausgehen.

25 *CO2-eq oder CO2-e ist die* Abkürzungen für *CO2-Äquivalent*. Da neben Kohlenstoffdioxid auch andere Treibhausgase existieren, werden deren Wirkungen auf die von Kohlenstoffdioxid umgerechnet und somit vergleichbar.

26 Eine Gigatonne entspricht einer Milliarde (10^9) Tonnen.

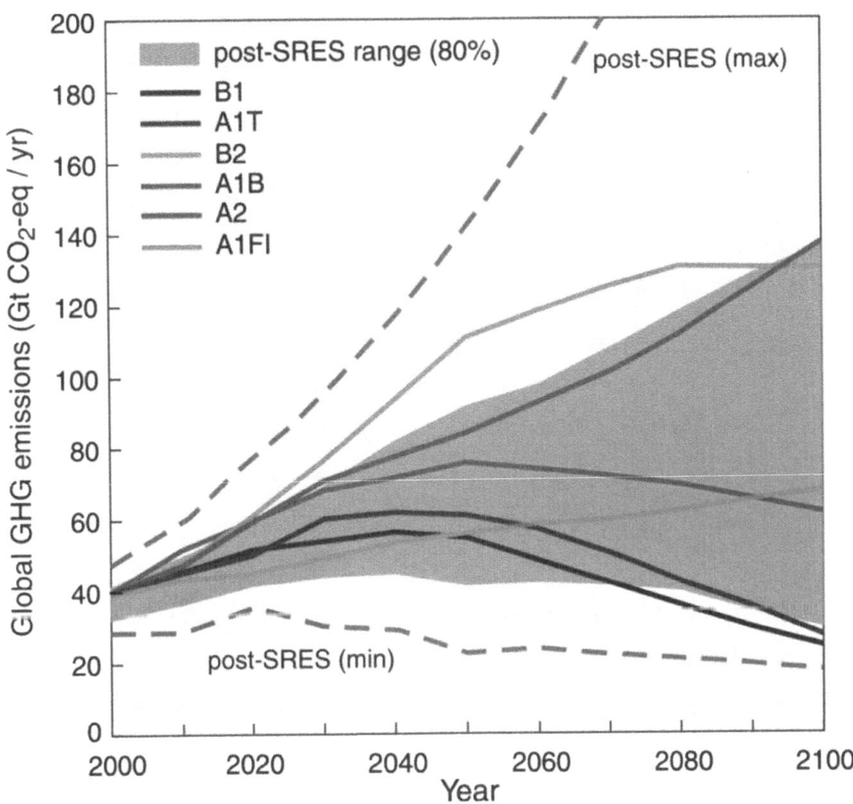

Abb. 1 Szenarien für THG-Emissionen von 2000 bis 2100 ohne zusätzliche Klimaschutzmaßnahmen (IPCC, AR4, SYR SPM, 2007, Abb. 3.1) „Weltweite THG-Emissionen (in CO2-Äq. pro Jahr) ohne zusätzliche Klimaschutzmaßnahmen: sechs beispielhafte SRES-Markerszenarien (farbige Linien) und der 80. Perzentil-Bereich neuerer Szenarien, die nach dem SRES veröffentlicht wurden (post-SRES)(grau schattierter Bereich). Gestrichelte Linien zeigen die gesamte Bandbreite der post-SRES-Szenarien. Die Emissionen decken CO2,CH4, N2O und F-Gase ab" (IPCC (dt.), AR4, SYR SPM, 2007, Abb. 3.1).

Obwohl Unsicherheiten über den genauen Verlauf des Klimawandels bestehen, sollen im Folgenden einige der wichtigsten Entwicklungen dargestellt werden:
Im Gegensatz zu einem Vulkanausbruch oder Meteoriteneinschlag ist der Klimawandel nicht unmittelbar erfahrbar. Am Eindeutigsten lässt sich das Abwei-

chen vom Normalmaß anhand der steigenden Temperaturen nachzeichnen. Die Messungen der Wetterstationen zeigen in den Jahren 1860-2004 einen deutlichen Erwärmungstrend. Seit dem Jahr 1900 hat die mittlere Temperatur um 0,7°C zugenommen. Parallel dazu ist auch die Oberflächentemperatur der Meere angestiegen, die dadurch mehr Volumen einnehmen (Rahmstorf; Schellnhuber 2007, S. 36-38). Zwischen dem Zeitraum 1995 und 2006 sind 11 der 12 Jahre als die wärmsten Jahre seit Beginn der weltweiten Temperaturmessungen, also seit 1850 einzustufen, wobei das Jahr 1998 sogar das wärmste Jahr überhaupt war. Nach den IPCC-Szenarien reicht das Spektrum der zukünftigen Erwärmung von 1,8°C bis 4,0°C [1,1-6,4°C][27] als besten Schätzwert für einen wahrscheinlichen Temperaturanstieg im Zeitraum von 1990 bis 2100. Moderate Szenarien gehen von einer Erwärmung von 3,0°C bis zum Ende des Jahrhunderts aus (Latif 2009, S. 156-165).

27 Anmerkung zum besten Schätzwert: „Im Allgemeinen werden Unsicherheitsbereiche von Ergebnissen in dieser Zusammenfassung für politische Entscheidungsträger, sofern nicht anderweitig deklariert, als 90%-Unsicherheits-Intervalle angegeben das heisst, es gibt eine geschätzte 5-prozentige Wahrscheinlichkeit, dass der Wert oberhalb des in eckigen Klammern genannten Bereichs liegen könnte und eine 5-prozentige Wahrscheinlichkeit, dass der Wert unterhalb dieses Bereichs liegen könnte. Ein bester Schätzwert ist aufgeführt sofern vorhanden"(*IPCC (dt.), AR4, WGI SPM, 2007, S. 2*).

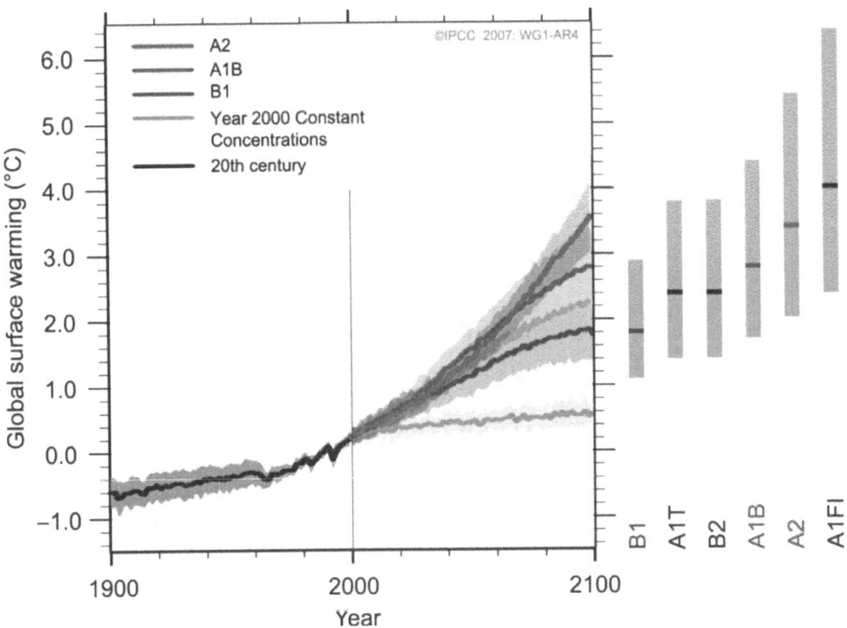

Abb. 2 Multimodell-Mittel und geschätzte Bandbreite für die Erwärmung an der Erdoberfläche (IPCC, AR4, WGI SPM, 2007, Abb. SPM 5) „Die durchgezogenen Linien sind globale Multimodell-Mittel der Erwärmung an der Erdoberfläche (relativ zu 1980–99) für die Szenarien A2, A1B und B1, dargestellt als Verlängerungen der Simulationen für das 20. Jahrhundert. Die Schattierung kennzeichnet die Bandbreite von plus/minus einer Standardabweichung der einzelnen Modell-Jahresmittel. Die orange Linie stellt das Resultat des Experiments dar, bei dem die Konzentrationen auf Jahr-2000-Werten konstant gehalten wurden. Die grauen Balken auf der rechten Seite zeigen die beste Schätzung (durchgezogene Linie innerhalb des Balkens) und die abgeschätzte wahrscheinliche Bandbreite für die sechs SRES-Musterszenarien. Die Herleitung der besten Schätzungen und wahrscheinlichen Bandbreiten in den grauen Balken beinhaltet sowohl die AOGCMs im linken Teil der Abbildung als auch die Resultate einer Hierarchie von unabhängigen Modellen sowie beobachtungsgestützte Randbedingungen“ (IPCC (dt.), AR4, WGI SPM, 2007, Abb. SPM 5)[28].

28 Das Original wurde nicht in Kursivschrift verfasst.

Der Erwärmungstrend wird von einer Reihe indirekter Indizien bestätigt. Seit über 100 Jahren stellt der zu beobachtende Rückgang der Gebirgsgletscher wie der Alpen, der Anden oder des Himalayas eine Begleiterscheinung dar (Fabian 2002, S. 187-188). Mit schwerwiegenden Folgen für die betroffenen Regionen: Da Gletscher als Wasserspeicher fungieren, die Flüsse mit Schmelzwasser versorgen, hat deren Schwund Auswirkungen auf die Landwirtschaft und die lokale Wasserversorgung, die zunehmend mit Wasserknappheit zu kämpfen haben (Rahmstorf; Schellnhuber 2007, S. 56-58). Auch das arktische Meereis ist seit den 1950er Jahren um 10 bis 15 % geschmolzen und hat deutlich an Dicke verloren (Fabian 2002, S. 187-188). Die sich verringernde weiße Eisfläche kann weniger Sonnenlicht reflektieren, wodurch die Erwärmung weiter verstärkt wird. In Alaska sind durch die steigenden Temperaturen das Habitat einer einzigartigen Tierwelt und die Existenz und Lebensform der dort lebenden Inuit bedroht. Ganze Ortschaften verlieren mit dem Eis ihren Schutz vor Wellen und Erosion und müssen deshalb wie zum Beispiel die Ortschaft Shishmaref umgesiedelt werden. Auf den kontinentalen Eisschilden in Grönland und der Antarktis lässt sich die globale Erwärmung insbesondere an den Küstenregionen beobachten. Im Normalfall schmilzt das Eis an den Randflächen, während es an anderen Stellen durch Schneefälle angereichert wird. Dieses Gleichgewicht ist vor allem in Grönland gestört, wo sich durch die zunehmenden Temperaturen die Schmelzfläche von 1979 bis 2005 um 25 % vergrößert hat. Bereits ein moderater Temperaturanstieg von 3°C würde ausreichen, um das gesamte Grönlandeis abschmelzen zu lassen. Da die Erwärmung in allen Regionen unterschiedlich ausfällt, würde dafür bereits ein *globaler* Temperaturanstieg von nur 2°C ausreichen. In der Antarktis sind die Temperaturen dagegen wesentlich niedriger, weshalb man bislang nicht von vergleichbaren Abschmelzprozessen[29] ausgeht (Rahmstorf; Schellnhuber 2007, S. 58-62).

Das Schmelzen der Gletscher und der kontinentalen Eisschilde sind zusammen mit der thermischen Expansion des Ozeans ursächlich für den Anstieg des Meeresspiegels, der damit zu einem weiteren Indiz für den Erwärmungstrend wird. Sollte das *gesamte* Festlandeis abschmelzen, würde der Meeresspiegel um nahezu 70m ansteigen[30]. Die Wahrscheinlichkeit, dass dieses Szenario eintritt,

---

29 Rahmstorf und Schellnhuber weisen aber darauf hin, dass in den IPCC Berichten die Dynamik des Eisflusses zu wenig beachtet wird, wodurch das Antarktische Eis schneller als bislang erwartet abschmelzen könnte. (Rahmstorf; Schellnhuber 2007/ S. 62-63).

30 Als Festlandeis bezeichnet man Eisflächen, die mit dem Festland verbunden sind. Dazu zählen beispielsweise die kontinentalen Eisschilde in Grönland und Antarktis, aber auch Gebirgsgletscher und Gletscher in Island. Vom Festlandeis sind schwimmende Eismassen zu unterscheiden (z.B. Eisberge am Nordpol, Schelfeis).

ist eher gering, auch wenn das Festlandeis noch zu wenig erforscht ist, um genaue Prognosen abzugeben (Fabian 2002, S. 187-188).

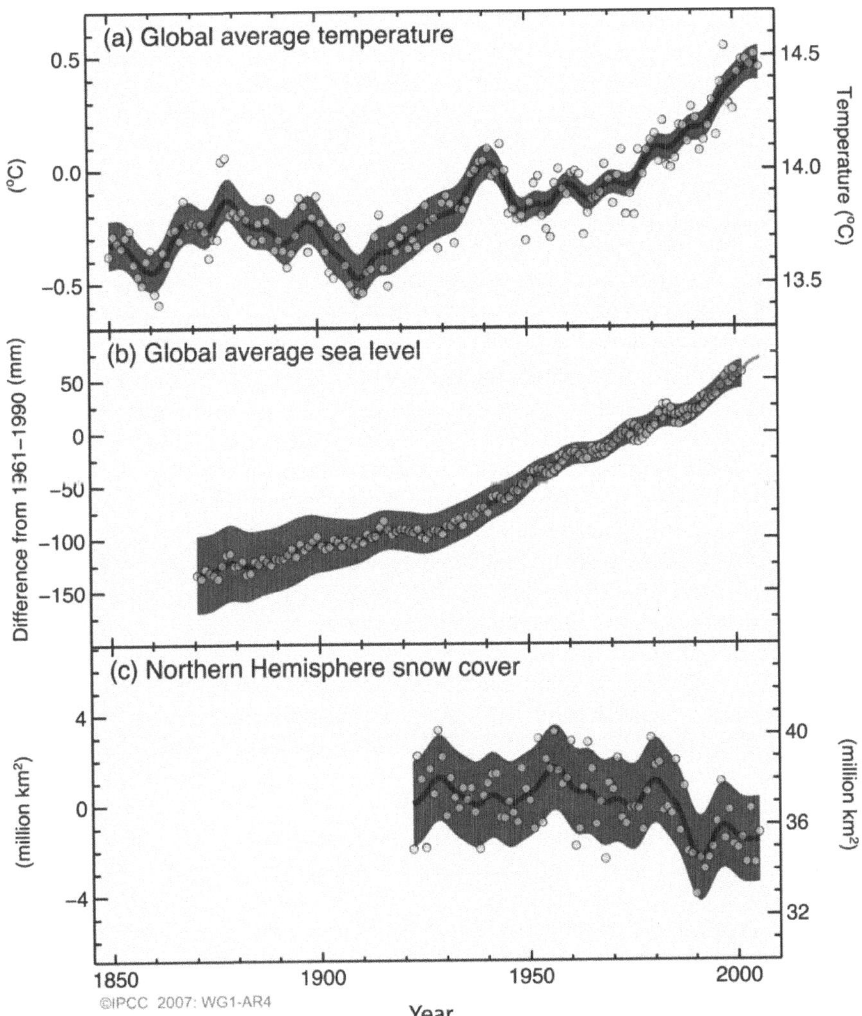

Abb. 3 Beobachtete Klimaänderungen: Änderung von Temperatur, Meeresspiegel und nordhemisphärischer Schneebedeckung (IPCC, AR4, WGI SPM, 2007,

Abb. SPM 3) „Beobachtete Änderungen (a) der mittleren globalen Erdoberflächentemperatur; (b) des mittleren globalen Meeresspiegelanstiegs aus Pegelmessungen (blau) und Satellitendaten (rot) und (c) der nordhemisphärischen Schneebedeckung im März und April. Alle Änderungen beziehen sich auf das Mittel des Zeitraums 1961–1990. Die geglätteten Kurven repräsentieren die über ein Jahrzehnt gemittelten Werte, während Kreise die Jahreswerte darstellen. Die schattierten Flächen zeigen die geschätzten Unsicherheitsbereiche aufgrund einer umfangreichen Analyse bekannter Unsicherheiten (a und b) und aus den Zeitreihen (c)" (IPCC (dt.), AR4, WGI SPM, 2007, Abb. SPM 3).

Trotzdem stellt der ansteigende Meeresspiegel eine reale Bedrohung für den Menschen dar. Von 1961 bis 2003 ist der mittlere globale Meeresspiegel im Durchschnitt um 1,8 mm pro Jahr gestiegen. In den Jahren 1993-2003 hat sich die Geschwindigkeit auf 3,1 mm pro Jahr vergrößert. Insgesamt ist der Meeresspiegel im 20. Jahrhundert um 0,17 m angestiegen (IPCC (dt.), AR4, WGI SPM, 2007, S.7). Den SRES-Szenarien folgend könnte die globale Erwärmung zukünftig zu einem Anstieg des Meeresspiegels um 0,18m bis 0,59m bis zum Jahr 2100 verglichen mit dem Zeitraum 1980-1999 führen (IPCC (dt.), AR4, WGI SPM, 2007, Tab. SPM.3). Allerdings muss darauf verwiesen werden, dass die Meeresspiegel-Projektionen mit großen Unsicherheiten verbunden sind, weil in der Forschung beispielsweise Erkenntnislücken über die Klima-Kohlenstoffkreislauf-Rückkopplungen oder über die Folgen von Abweichungen im Eisschildfluss existieren. Die untere Grenze von 0,18m ist eher unwahrscheinlich angesichts der derzeitigen Geschwindigkeit von 3mm pro Jahr. Eine Grenze nach oben lässt sich nur schwer festsetzen. Geht man von einem zunehmenden Eisabfluss in Grönland und der Antarktis mit steigenden Temperaturen aus, müsste man die Meeresspiegel-Projektionen der SRES-Szenarien um 0,1 bis 0,2m erhöhen (Latif 2009, S. 168-170). Ein vollständiges Abschmelzen des Grönlandeises würde zu einem Meeresspiegelanstieg von 7m führen (Rahmstorf; Schellnhuber 2007, S. 64). Wiederum könnte die Zunahme an Niederschlägen über der Antarktis das Abschmelzen ausgleichen, so dass sich Unsicherheiten auf Basis des heutigen Forschungsstandes nicht ausräumen lassen (Latif 2009, S. 186-170).

Der Anstieg des Meeresspiegels stellt eine existentielle Gefahr für viele Menschen dar. So sind insbesondere die Großdeltas wie Bangladesch oder Indien, kleine Inselstaaten, wie die Malediven oder Tuvalu, dessen Einwohner bereits Asyl in Australien und Neuseeland beantragt haben, sowie Küstenstädte (Amsterdam, Venedig, New York) auf der ganzen Welt bedroht (Santarius 2007, S. 18). In Afrika könnten Adaptionsmaßnahmen in Ländern mit niedrigliegenden, bevölkerungsreichen Küsten, die zukünftig durch Erosion und Überschwemmungen gefährdet sind, Kosten in Höhe von 5-10 % des BIP verursachen (IPCC (dt.), AR4, WGII SPM, 2007, S. 27).

Neben direkten Klimafolgen soll hier zusätzlich ein Ausblick auf komplexere Klimaeffekte gegeben werden. Dazu zählt u.a. die Häufung von Wetterextrema wie Stürme, Überschwemmungen oder Hitzewellen. Durch die globale Erwärmung steigt mit jedem zusätzlichen Grad die Fähigkeit der Luft, Wasser aufnehmen zu können. Der Wasserkreislauf wird stärker angetrieben und sorgt folglich in den mittleren und hohen nördlichen Breiten für mehr Niederschlag. Starkniederschläge, Überschwemmungen und zunehmende Erosion sind die Folge. Gleichzeitig wird die Niederschlagsmenge in anderen Regionen wie dem südlichen Mittelmeerraum oder den subtropischen Regionen Südamerikas, Südafrikas, Australien sowie Innerasien abnehmen.

Statistischen Angaben über die Häufigkeit von Wetteranomalien sind begrenzt, da diese sehr selten auftreten und sich in Klimamodellen nur schwer simulieren lassen. Trotzdem können Trends festgehalten werden: So hat die Niederschlagsmenge in den mittleren Breiten deutlich zugenommen und dort zu extremen Überschwemmungen geführt (Oderflut 1997, Elbflut 2002, Hochwasser in Mitteleuropa 2010). Gleichzeitig hat sich die Wahrscheinlichkeit für Hitzewellen verdoppelt. Allein die Hitzewelle 2003 hat in Europa schätzungsweise 20.000 - 30.000 Todesopfer gefordert. „Gegen Ende des Jahrhunderts könnten [...] Hitzesommer zur Normalität gehören“ (Rahmstorf; Schellnhuber 2007, S. 73). Während einige Regionen zukünftig unter zu viel Wasser leiden, müssen andere Regionen mit Dürren und Waldbränden rechnen. In den Gebieten südlich der Sahara (Nordafrika, Sahelzone) sind die Niederschläge zwischen 1955 und 1980 um 25 % auf etwa 370 mm pro Jahr zurückgegangen (Fabian 2002, S. 188-191).

Tropische Wirbelstürme gehören ebenfalls zu den Wetterextremen. Ihre Intensität und Häufigkeit ist von der Wassertemperatur abhängig. Im Atlantik ist in den letzten Jahren ein deutlicher Anstieg von Hurrikans zu verzeichnen: Im Jahr 2005 gab es nicht nur die meisten Hurrikans seit dem Beginn der Aufzeichnungen 1851, sondern auch die stärksten (Hurrikan Katrina, Rita und Wilma wurden der Kategorie 5[31] zugeordnet) (Rahmstorf; Schellnhuber 2007, S. 70-74). In Myanmar kostete der Taifun Nargis im Mai 2007 ca. 100.000 Menschen das

31 Nach der Saffir-Simpson-Skala lassen sich Hurrikans in 5 Kategorien einstufen. Die Intensität eines Hurrikans wird anhand verschiedener Merkmale wie Windgeschwindigkeit oder Zerstörungskraft gemessen. Die Stufe mit der höchsten Intensität bildet Kategorie 5. Ein Hurrikan dieser Kategorie zeichnet sich u.a. dadurch aus, dass die Windgeschwindigkeiten über 250 km/h liegen. Seine Kraft reicht aus, um zum Beispiel Häuser zu zerstören. Insbesondere Küstenregionen sind von Überschwemmungen betroffen und müssen evakuiert werden (FAZ. URL: http://www.faz.net/aktuell/gesellschaft/hurrikan-kategorien-windgeschwindigkeit-und-zerstoerungskraft-1256256.html).

Leben. „Gemessen an der Zahl der Todesopfer, waren rund neun der zehn schwersten Naturkatastrophen der vergangenen Jahre Wetterkatastrophen" (Edenhofer u.a. S. 140). Ein Zusammenhang mit dem anthropogenen Klimawandel scheint die „plausibelste Erklärung" (Rahmstorf; Schellnhuber 2007, S. 73) zu sein.

3.4 Das Risiko eines unkontrollierten Klimawandels

Die Intensität des Klimawandels hängt vom Ausmaß der globalen Erwärmung ab. Je höher die Temperaturen, desto stärker werden die Folgen des Klimawandels spürbar. Allerdings existieren gewisse Risiken, die mit ihrem Eintreten die Funktionsweise des ganzen Erdsystems verändern könnten. Diese sogenannten Kippschalter (tipping points) könnten im Fall einer unkontrollierten Erwärmung aktiviert werden und „Komponenten des Erdsystems [...] irreversibel in einen anderen qualitativen Zustand" (Edenhofer, Flachsland, Luderer 2009, S. 111) führen. Ausschlaggebend ist die Überschreitung bestimmter Schwellenwerte, wodurch plötzliche Veränderungen einsetzen und ein *gefährlicher* Klimawandel ausgelöst werden würde (Edenhofer u.a. 2010, S. 93-97).

Zu den potentiellen Kippelementen im Erdsystem wird der Amazonas Regenwald gezählt, dessen Pflanzenreichtum derzeit eine wichtige Funktion als CO_2-Senke einnimmt. Höhere Temperaturen könnten zu einer Austrocknung und schließlich zum Absterben des Regenwaldes führen, der sich demzufolge in eine CO_2-Quelle wandeln würde. Dadurch könnten plötzlich große Mengen an CO_2 freigesetzt werden, die den Temperaturanstieg zusätzlich verschärfen würden. Den gleichen Effekt hätte die Freisetzung der im sibirischen Permafrostboden gespeicherten Methangase. Unklar ist zudem wie sich die globale Erwärmung auf den Sommermonsun oder das El-Niño-Phänomen auswirken wird. Die Forscher gehen aber davon aus, dass sich noch eine Reihe weiterer bislang unbekannter tipping points im Erdsystem befinden. Um einen gefährlichen Klimawandel zu vermeiden, sollte die globale Erwärmung auf weniger als 2°C gegenüber dem vorindustriellen Niveau begrenzt bleiben (Latif 2009, S. 187-191).

4 Klimapolitik

4.1 Das 2°C Klimaziel

Maßnahmen zur Verminderung des Klimawandels sollten sich am 2°C Klimaziel[32] orientieren. Die Folgen einer Erwärmung über 2°C würden eine radikale Veränderung das Leben auf der Erde bedeuten und eine Anpassung insbesondere in den warmen Regionen unmöglich machen. Andererseits sind überambitionierte Klimaschutzziele unterhalb der Temperaturgrenze von 2°C äußerst unrealistisch. Da die Temperaturen im vorindustriellen Vergleich schon um 0,8°C angestiegen sind und zusätzlich bereits ausgestoßene Treibhausgase mit Verzögerung einen Temperaturanstieg von mindestens 0,6°C auslösen werden, stellt eine Begrenzung auf unter 2°C eine erhebliche Herausforderung für die globale Gemeinschaft dar (Edenhofer u.a. 2010, S. 93-94).

Kleine Inselstaaten, die bereits heute von den Folgen der Erwärmung betroffen sind, sowie zivilgesellschaftliche Bewegungen[33] fordern trotzdem eine Begrenzung der Erwärmung auf unter 1,5°C, bzw. der CO_2-Konzentration auf 350 ppm. Zum Vergleich: Die derzeitige CO_2-Konzentration liegt bei 387 ppm mit einem jährlichen Anstieg von 2ppm. Folglich müsste man nicht nur die globalen Treibhausgase radikal reduzieren, sondern auch das CO_2 in der Atmosphäre verringern. Dieses Vorgehen wäre mit hohen Kosten verbunden und würde das Recht auf Entwicklung armer Staaten wesentlich beschneiden. Gleichzeitig müsste man Technologien einsetzen, die mit unkalkulierbaren Risiken einhergingen. Besonders umstritten ist das sogenannte Geo-Engineering, das zum Beispiel mit Hilfe von Sonnensegeln Einfluss auf den globalen Strahlungshaushalt auszuüben vorsieht. Andere Maßnahmen, wie die Anreicherung der Atmosphäre mit Schwefelpartikeln, die zu einer Zunahme der Wolkenbildung führen sollen, sind nicht weniger umstritten (Edenhofer u.a. 2010, S. 94-97).

Vieles spricht deshalb für das 2°C Klimaziel: Einerseits entgeht man mit hoher Wahrscheinlichkeit dem Risiko eines unkontrollierbaren Klimawandels,

---

32 Das 2°C Klimaziel wird von Politikern und Wissenschaftlern gefordert. In Deutschland treten sowohl der WBGU als auch das PIK für die Begrenzung der globalen Erwärmung auf unter 2°C ein. Auf internationaler Ebene wurde das 2°C Klimaziel erstmals auf der UN-Klimakonferenz von Cancún (2010) offiziell anerkannt (vgl. Kap. 4.4; UNFCCC. URL: http://unfccc.int/meetings/cancun_nov_2010/meeting/6266.php).

33 350. URL: www.350.org; vgl. Edenhofer u.a. 2010, S. 96.

während andererseits die volkswirtschaftlichen Kosten sich in einem noch akzeptablen Rahmen bewegen. Zwar wären die Berechnungen mit hohen Unsicherheiten verbunden, aber bei einer 75-prozentigen Wahrscheinlichkeit, das 2°C-Klima-Ziel zu erreichen, läge der maximale Verlust bei ca. 2,5 % des weltweiten BIP. Damit würde sich das weltweite Wirtschaftswachstum, unter der Annahme eines kontinuierlichen Wachstums von 2-3 % p.a. bis ins Jahr 2100 lediglich um ein Jahr nach hinten verschieben. Gegenrechnen müsse man außerdem die Kosten für vermiedene Klimaschäden, wobei hier keine genauen Aussagen getroffen werden könnten (Edenhofer u.a. 2010, S. 100-101).

4.2 Mitigation: Die Reduzierung der Treibhausgasemissionen

Ein erster Pfeiler globaler Klimapolitik bildet folglich die Strategie der *mitigation*[34]: Eine Minderung des Klimawandels kann nur durch die wirksame Reduzierung der weltweiten Treibhausgasemissionen erzielt werden. Dafür muss die verbleibende Kapazität der Atmosphäre bemessen und ein globales Emissionsbudget festgelegt werden, da aus der Zunahme von Treibhausgasen ein wahrscheinlicher Temperaturanstieg abgeleitet werden kann. Derzeit stammen zwei Drittel der Emissionen aus dem Energiesektor, ein Drittel aus dem Landwirtschaftssektor und aus Landnutzungsänderungen (Edenhofer u.a. 2010, S. 93). Der Wissenschaftliche Beirat der Bundesregierung *Globale Umweltveränderungen* (WBGU) hat in dem Sondergutachten „Kassensturz für den Klimavertrag – der Budgetansatz" die Begrenzung des Gesamtbudgets auf *750* Mrd. t CO_2 bis 2050 gefordert, wenn das 2˚C Klimaziel mit einer Wahrscheinlichkeit von 67 % eingehalten werden soll.

Mitigation-Strategien sind mit einer Neudefinition der Ressource Atmosphäre verbunden. Als Allgemeingut, mit der besonderen Eigenschaft eines „life-support-common" (Baer 2010, S. 249), ist und bleibt sie „non-exludable". Doch sollen die mit ihrer kommerziellen Nutzung verbundenen Externalitäten internalisiert werden, wozu die Privatisierung der Ressource eingeleitet und entweder die Einführung einer CO_2-Steuer oder die Etablierung eines globalen Emissionshandels angestrebt wird. Während bisher die Anreicherung der Ressource Atmosphäre mit Treibhausgasen kostenlos war, sollen zukünftig die Verursacher oder Nutznießer an den entstehenden Kosten beteiligt werden, statt diese der Allgemeinheit zu überlassen. Mithilfe einer kontinuierlich steigenden CO_2-Steuer

34 *Mitigation* ist ein Wort aus dem Englischen und bedeutet übersetzt Linderung oder Milderung (s.a. *risk mitigation; climate change mitigation*) (Pons. URL: http://de.pons.eu/englisch-deutsch/mitigation).

könnte zwar die Nachfrage nach fossilen Rohstoffen schrittweise gedrosselt werden, doch bliebe das Regulierungspotential eingeschränkt. So könnten beispielsweise Rohstoffanbieter die Ressourcen schneller abbauen und verkaufen, um der Steuer zu entgehen. Das CO_2-Budget (s.u.) könnte also trotzdem überschritten werden (Edenhofer u.a. 2010, S. 99-100).

Dagegen setzt der globale Emissionshandel bei der begrenzten Aufnahmekapazität der Atmosphäre an. Es wird eine globale CO_2-eq-Höchstmenge („Peak" oder „Budget") festgelegt, die dann stufenweise abgesenkt wird. Die Begrenzung der Emissionen erfolgt durch die Einführung und Verteilung von Emissionsrechten. „Ein einzelnes Emissionsrecht berechtigt zum Ausstoß einer Tonne Kohlenstoffdioxid (t CO_2) oder einer Tonne CO_2-Äquivalent[35] (t CO_2e)" (Kappas 2009, S. 285). Ziel ist die Etablierung eines flexiblen Systems von *cap and trade*: Übersteigen die ausgestoßenen Treibhausgase eines Staates das nationale Emissionsbudget, können Regierungen zusätzliche Zertifikate von anderen Marktteilnehmern erwerben, die ihr Emissionsbudget nicht aufgebraucht haben und den Überschuss an Zertifikaten auf dem Emissionsmarkt zum Verkauf anbieten. Angebot und Nachfrage bestimmen den Preis der Emissionszertifikate, welcher die Kosten der Emissionsreduktion reflektiert. Für die Marktteilnehmer gilt es abzuwägen, ob der Kauf von Zertifikaten günstiger ist als die Durchführung von Reduktionsmaßnahmen[36].

4.3 Das Kyoto-Protokoll

Der Rio-Gipfel 1992 stellt einen ersten Meilenstein in der Geschichte des internationalen Klimaschutzes dar. Auf der Konferenz der Vereinten Nationen über Umwelt und Entwicklung (UNCED) wurde die Klimarahmenkonvention (UNFCCC – UN Framework Convention on Climate Change) unterzeichnet, mit dem Ziel, einen gefährlichen anthropogenen Klimawandel zu vermeiden. Die Vertragspartner verpflichteten sich, über die Entwicklung der Treibhausgasemissionen zu berichten und an jährlichen Treffen (Conference of the Parties – COP) zur Kontrolle und Umsetzung des UNFCCC teilzunehmen. Einen vorläufigen Höhepunkt internationaler Klimapolitik bildet das auf dem dritten COP 1997 beschlossene Kyoto-Protokoll. Es verpflichtet die sog. Annex-B-Staaten (im Wesentlichen die Industriestaaten), ihre gesamten Treibhausgas-Emissionen bis

35 Kohlenstoffdioxidwird als Vergleichswert genutzt, um anzugeben, wie viel ein Treibhausgas zum Treibhauseffekt beiträgt. Das Kyoto-Protokoll sieht eine Reduzierung der relevanten Treibhausgase CO2, CH4, N2O, FKW, H-FKW und SF6 vor (vgl. Kap. 4.3).

36 DEHSt. URL: http://www.dehst.de/DE/Emissionshandel/Grundlagen/grundlagen_node.html

2012 um durchschnittlich 5,2 % im Vergleich zum Jahr 1990 zu reduzieren und legt damit erstmals völkerrechtlich verbindliche Zielvorgaben für den Ausstoß von Treibhausgasen fest (Kappas 2009, S. 281-283). Nach dem Prinzip differenzierter Verpflichtung hat sich ein Großteil der Annex-B-Staaten, beispielsweise Staaten der EU sowie viele osteuropäische Staaten, zu einer Reduzierung der Emissionen um 8 % verpflichtet. Andere Staaten wie Japan (6 %), Kanada (6 %) oder Kroatien (5 %) müssen ihre Emissionen in einem geringeren Umfang reduzieren, während Russland, Neuseeland und die Ukraine sich lediglich verpflichteten, ihre Emissionen gegenüber 1990 zu stabilisieren. Als Gewinner des Kyoto-Protokolls könnte man Norwegen, Australien und Island bezeichnen, die ihre Emissionen um 1 %, 8 % und 10 % steigern dürfen. Die im Protokoll reglementierten Gase und Gruppen von Gasen sind Kohlenstoffdioxid (CO_2), Methan (CH_4), Lachgas (N_2O), perfluorierte Kohlenwasserstoffe (FKW), teilfluorierte Kohlenwasserstoffe (H-FKW) sowie Schwefelhexafluorid (SF_6) (Oberthür, Ott 2000, S. 173-179).

Das Kyoto-Protokoll trat allerdings erst im Februar 2005 in Kraft, da es erst dann die selbstgesetzten Bedingungen erfüllte: So mussten mindestens 55 Vertragsstaaten das Protokoll ratifiziert haben und zusätzlich die auf der Annex-I-Liste aufgeführten Industrie- und Schwellenländer für mindestens 55 % der CO_2-Emissionen aller Annex-I-Staaten (gemessen am Jahr 1990) verantwortlich sein. (Rahmstorf, Schellnhuber 2006, S. 101-103). Als letztes Industrieland weigern sich die USA noch heute das Kyoto-Protokoll zu ratifizieren, obwohl es in der Spitzengruppe der Verursacher von Treibhausgasen mit China um den ersten Platz konkurriert.

Im Kyoto-Protokoll werden die sogenannten flexiblen Instrumente angeführt, die auf kosteneffiziente Weise zur Erreichung der Emissionsreduktionsziele beitragen sollen. Dazu zählen der Handel mit Emissionsrechten, Joint Implementation und Clean Development Mechanism.

Artikel 17 des Kyoto-Protokolls bietet die Möglichkeit zum zwischenstaatlichen Emissionshandel. Derzeit existiert kein zusammenhängendes internationales Emissionshandelssystem, mit einem globalen Emissionsreduktionsziel. Die Vorgaben des Kyoto-Protokolls beschränken sich auf die Industrieländer, denen eine festgelegte Menge an Zertifikaten zugeteilt wird, die nach dem Grundsatz des *cap and trade* gehandelt werden kann. Neben einem staatlichen Handelssystem eröffnet das Kyoto-Protokoll zusätzlich die Möglichkeit, sogenannte Bubbles zu bilden, um gemeinsam Reduktionsverpflichtungen zu erfüllen[37].

Die Europäische Union hat einen Emissionshandel zwischen Unternehmen als Marktteilnehmer aufgebaut. Nach nationalen Allokationsplänen bekommen

37 DEHSt. URL: http://www.dehst.de/DE/Emissionshandel/Grundlagen/grundlagen_node.html

die Unternehmen Zertifikate zugeteilt, die ihren Emissionsumfang bestimmen. Die Unternehmen steigen damit in das System von *cap and trade* ein: Produziert ein Unternehmen mehr Treibhausgase als zugelassen, hat es die Möglichkeit, neue Zertifikate von anderen Teilnehmern zu *kaufen*, oder im umgekehrten Fall die nicht benötigten Rechte zu *verkaufen* oder als Guthaben in die nächste Verpflichtungsperiode einzubringen. Bisher haben zwei Handelsperioden stattgefunden (2005-2007 und 2008-2012). Beteiligt sind vorerst Unternehmen aus den energieintensiven Industriesektoren, wie beispielsweise Verbrennungsanlagen, Eisen- und Stahlwerke oder Glas-, Kalk-, oder Ziegelfabriken. Im Jahr 2008 beteiligten sich 11500 Unternehmen, die für 45 % der CO_2-Emissionen der EU verantwortlich waren. Ab 2013 sollen weitere Industriezweige und Treibhausgase integriert werden. Das Europäische Emissionshandelssystem soll des Weiteren um Norwegen, Lichtenstein und die Schweiz erweitert werden. Auch in Japan, Neuseeland sowie in Bundesstaaten in Australien und den USA gibt es, oder sind in naher Zukunft Handelssysteme geplant. Die sog. Linking-Direktive eröffnet die Möglichkeit, verschiedene Emissionshandelsebenen zu einem globalen System auszubauen.

Neben dem Emissionshandel führt das Kyoto-Protokoll die flexiblen Instrumente Joint Implementation (JI) und Clean Developement Mechanism[38] (CDM) an. Sie sollen dazu anspornen, Treibhausgasreduktionen dort vorzunehmen, wo es am kostengünstigsten ist. Mit Joint Implementation können Industrieländer Klimaschutzprojekte in anderen Industrieländern durchführen, um durch gemeinsames *burden sharing* Reduktionsziele zu erfüllen. Das Instrument Clean Developement Mechanism bietet Industrieländern die Möglichkeit, Treibhausgasreduktion in Entwicklungsstaaten zu fördern, mit dem Ziel einer ökonomisch und ökologisch nachhaltigen Entwicklung in den Entwicklungsländern. Als Beispiel für Klimaschutzprojekte kann der Bau von Biokraftwerken oder Windparks angeführt werden.

Auch hier ist die EU Vorreiter, indem sie die Linking-Direktive nutzt, um den unternehmerischen mit dem staatlichen Handel zu verknüpfen. Projektleiter für Joint Implementation (JI) und Clean Developement Mechanism (CDM) sind dort Unternehmen, die sich in Relation zur gespeicherten oder verminderten Menge an CO_2 Emissionszertifikate gutschreiben lassen können. Die Unternehmen können die Zertifikate dann an Staaten verkaufen, die sich im Rahmen des Kyoto-Protokolls auf Treibhausgasreduktionen verpflichtet haben. Die Staaten profitieren davon, indem sie sich die Zertifikate auf ihre vereinbarten Reduktionsziele anrechnen lassen (Kappas 2009, S. 285-289).

---

38 s. dazu Mittendorf 2004.

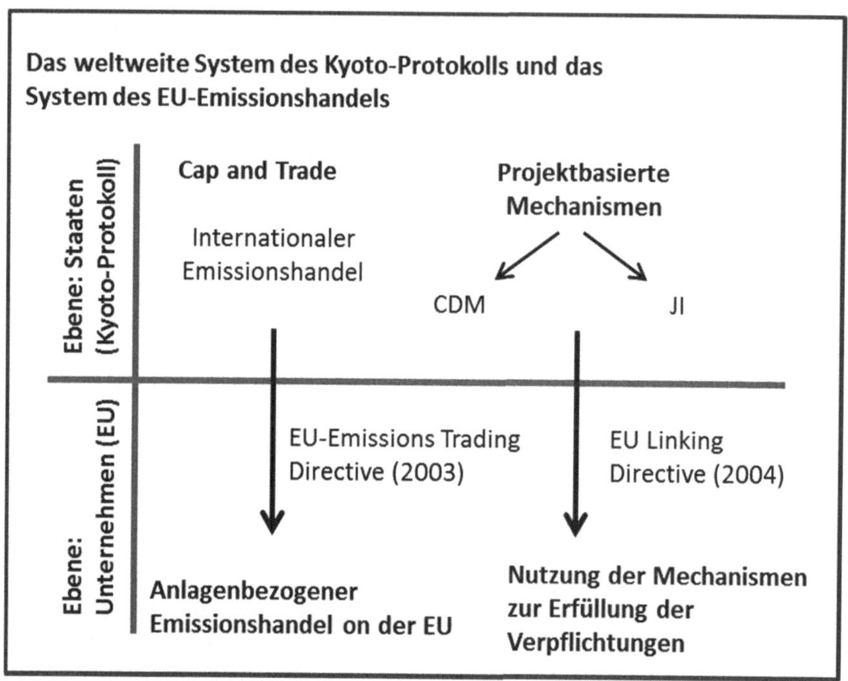

Abb. 4 Das weltweite System des Kyoto-Protokoll und das System des Europäischen Emissionshandels (Verband der Wirtschaft für Emissionshandel und Klimaschutz e.v. URL: http://www.co2ncept-plus.de/emissionshandel/welthandelssystem/) Es handelt sich um eine abgeänderte Darstellung der ursprünglichen Grafik.

4.4 Das Post-Kyoto-Abkommen

Die Verhandlungen für ein Nachfolgeabkommen des 2012 auslaufenden Kyoto-Protokolls finden auf den jährlichen UN-Klimagipfeln statt. Nach den neuen Ergebnissen des IPCC muss ein Folgeabkommen das Reduktionsniveau des Kyoto-Protokolls deutlich übertreffen, um den unkontrollierten Klimawandel zu verhindern. Folgerichtig fordert der Bericht von 2007, die Emissionen der Industrieländer bis zum Jahr 2020 um 10-40 % und bis 2050 um 40-95 %[39] – je-

39 Peter Lemke, einer der Leitautoren des Weltklimaberichts, forderte in einem Interview mit der Süddeutschen Zeitung, dass die Industriestaaten die Treibhausgasemissionen um 25-40 % bis

weils im Vergleich zum Niveau des Jahres 1990 – zu senken. Zudem hält es die Einbeziehung der Schwellen- und Entwicklungsländer in ein neues Vertragswerk für dringend erforderlich. Geringere Reduktionsziele würden einer „business-as-usual"-Strategie gleichkommen und das Risiko eines gefährlichen Klimawandels drastisch steigern (IPCC, AR4, WGIII, 2007, Abs. 13.3.3.3).

Auf politischer Ebene hat sich bisweilen nur die EU das 2°C Klimaziel auf die Fahnen geschrieben. Nach einem Beschluss des EU-Rats im Jahr 2007 verpflichtet sich die EU bis 2020 20 % weniger Treibhausgase im Vergleich zum Basisjahr 1990 zu emittieren. Das Reduktionsziel würde auf 30 % angehoben werden, sobald andere Industriestaaten ähnliche Verpflichtungen eingingen und sich darüber hinaus auch ökonomisch fortgeschrittene Entwicklungsländer beteiligten. Damit bleibt die EU noch immer hinter den Forderungen des IPCC zurück (Lienkamp 2009, S. 369-378).

Die internationale Klimapolitik droht hingegen an den divergierenden Interessen von Industrie- und Entwicklungsstaaten zu zerbrechen. Die Bali Roadmap war das Ergebnis der UN-Klimakonferenz von Bali 2008. Demnach sollte auf der Klimakonferenz von Kopenhagen 2009 ein Post-Kyoto-Protokoll verabschiedet werden. Zwar bestätigte man dort das 2°C Klimaziel, jedoch wurden keine völkerrechtlich bindenden Maßnahmen eingeleitet. Auch der folgende Klimagipfel in Cancún, Mexiko, 2010 ist an dieser Aufgabe gescheitert. Die japanische Delegation ließ im Anschluss daran verlauten, dass sie einer Fortsetzung des Kyoto-Protokolls keinesfalls zustimmen würde[40]. Die kompromisslose Haltung der Nationalstaaten gefährdete zuletzt den Klimagipfel von Durban 2011. Das Scheitern der Verhandlungen hätte die Chancen auf ein globales Klimaabkommen drastisch sinken lassen. Die Staaten konnten sich jedoch auf zwei Ergebnisse einigen. Auf der Klimakonferenz von Katar im Jahr 2012 soll erstens ein Nachfolgeabkommen des Kyoto-Protokolls entworfen werden, das eine weitere Verpflichtungsperiode ab 2013 bis 2017 (oder 2020) enthält. Zweitens haben sich die Staaten zum Ziel gesetzt, bis 2015 einen verbindlichen Weltklimavertrag auszuhandeln, der ab 2020 in Kraft treten soll. Zum ersten Mal sollte dieser auch die Reduktionziele der Nicht-Kyoto-Staaten umfassen, wobei unklar ist, ob der Weltklimavertrag parallel zum Kyoto-Prozess laufen wird oder ob man beide Verträge miteinander verschmilzt. Während die USA, China und Indien sich bislang weigerten, verbindliche Reduktionsziele zu unterschreiben, hat man sich auf dem Klimakongress von Durban auf die Rechtsformel „Vereinbarung mit Rechtskraft" (outcome with legal force) einigen können. Welche Verbindlichkeit damit tatschlich einhergeht, ist jedoch unklar.

---

zum Jahr 2020 und um 80-95 % bis zum Jahr 2050 reduzieren müssten (Lemke 2010).

40 Handelsblatt. URL: http://www.handelsblatt.com/politik/international/ausgerechnet-japan-blockiert/3671188.html

Überschattet wurden die Ergebnisse von Durban durch die Ankündigung Kanadas, aus dem Kyoto-Protokoll auszusteigen. Diesen Schritt begründete die kanadische Regierung damit, dass die beiden Hauptemittenten von Treibhausgasen, USA und China, noch immer nicht Vertragspartner des Kyoto-Protokolls seien. Tatsächlich befürchtete Kanada Strafzahlungen in Millionenhöhe, da es die im Kyoto-Protokoll vereinbarte Reduzierung der Treibhausgase um 6 % gegenüber 1990 nicht einhielt. Stattdessen lag 2011 der Treibhausgasausstoß mit 35 % gegenüber 1990 deutlich über den vereinbarten Klimaschutzzielen. Mit der Aufbereitung von Ölsanden in der Provinz Alberta wird der CO_2-Ausstoß in Kanada auch in Zukunft weiter zunehmen. Neben Kanada erwägen auch andere Industriestaaten aus dem Kyoto-Protokoll auszusteigen[41]. Russland hatte sich beispielsweise im Rahmen des Kyoto-Protokolls dazu verpflichtet, das Treibhausgasniveau von 1990 zu halten. Damit hat es mehr Emissionszertifikate erhalten, als benötigt (Kiyar 2009, S. 1): Durch den Kollaps der Sowjetindustrie und die Schließung zahlreicher Unternehmen, konnte Russland bereits ein Drittel der Emissionen „einsparen“, ohne Klimaschutzanstrengungen unternehmen zu müssen. Russland profitierte folglich von dem Verkauf seiner Emissionsrechte, die zusätzlich auf dem globalen Markt zu einem Überangebot führten. Aufgrund dessen konnten andere Staaten die Zertifikate zu niedrigen Preisen erwerben. Im Nachfolge-Abkommen sollen derartige Schlupflöcher geschlossen und nur noch tatsächlicher Klimaschutz entlohnt werden, weshalb Russland bereits angekündigt hat, das Kyoto-Protokoll vermutlich nicht fortzusetzen.

Der Vorrang nationaler und ökonomischer Interessen vor dem Klimaschutz erschwert die Verhandlungen um einen Weltklimavertrag[42], der nur durch einen globalen Konsens etabliert werden kann: Staatenübergreifend muss man sich auf ein globales Emissionshandelssystem einigen, um einen gefährlichen Klimawandel zu vermeiden. Die Position der Entwicklungsstaaten unterscheidet sich dabei grundlegend von den Industriestaaten. Während die Industriestaaten Investitionen in Klimaschutzmaßnahmen scheuen und unterstützende Maßnahmen für arme Staaten mit der Begründung ablehnen, dass der Umbau der eigenen Wirtschaft und die Einführung klimaschonender Technologien und Energien hohe Kosten verursachen werde, gehen den Entwicklungsländern die Forderungen des IPCC nicht weit genug. Die Teilnahme an einem globalen Emissionshandelssystem wird mit der Begründung abgelehnt, dass dies eine „inakzeptable Einschränkung ihrer wirtschaftlichen Wachstumsmöglichkeiten“ (Wilke 2007, S. 365)

---

41 SZ. URL: http://www.sueddeutsche.de/politik/klimaschutzabkommen-kanada-steigt-offiziell-aus-kyoto-protokoll-aus-1.1233232

42 Ein Weltklimavertrag wird im Folgenden auch als Post-Kyoto-Protokoll bezeichnet. Damit ist nicht die zweite Verpflichtungsperiode des ursprünglichen Kyoto-Protokolls zu verstehen, sondern ein globales Abkommen, dass den Vorgaben des IPCCs entsprechen sollte.

darstelle. Ihr Recht auf Entwicklung würde dadurch eingeschränkt. Außerdem seien nicht die Entwicklungsländer, sondern die Industriestaaten für den Großteil der Treibhausgasemissionen seit der Industrialisierung verantwortlich. Darum sollten auch die reichen Staaten notwendige Klimaschutzanstrengungen unternehmen und zusätzlich einen Ausgleich für durch den Klimawandel entstehende Kosten leisten[43].

„Letztlich geht es um das Bereitstellen und Verteilen von Finanzmitteln. Beides ist naturgemäß umkämpft zwischen den potentiellen Gebern, den Industriestaaten, und den potentiellen Nehmern in der wirtschaftlich noch nicht so weit entwickelten Welt" (Mihm 2010).

4.5 Mitigation: Ergänzende Maßnahmen

Ergänzend zum globalen Emissionshandel sind weitere Maßnahmen zu etablieren, die zur Minderung des Klimawandels und damit zum Einhalten des 2°C-Klima-Ziels beitragen. Eine grundlegende Weichenstellung muss im Energiesektor erfolgen, um den Strukturwandel weg von fossilen hin zu regenerativen Energien zu vollziehen. Begleitet werden muss dieser Prozess von der Förderung, Einführung und Vermarktung klimafreundlicher Technologien, um *Energieeffizienz* und *Energiesparen* zu ermöglichen (vgl. Kap. 8.3.3.2). Auf staatlicher Ebene existieren zudem Instrumente wie die Abschaffung klimaschädlicher Subventionen oder die Einführung von Energie- und Klimasteuern, mit denen man die gezielte Reduzierung des Treibhausgasausstoßes lancieren könnte.

Auf globaler Ebene muss indessen die Bedeutung der Wälder stärker in den Fokus rücken, deren Speicherfunktion sich derzeit auf etwa 603 Gt Kohlenstoff erstreckt (Lienkamp 2009, S. 86-90). Pflanzen betreiben Photosynthese, indem sie Lichtenergie in chemische Energie umwandeln. Kohlenstoffdioxid (CO_2) und Wasser (H_2O) werden zu Glucose zusammengesetzt, womit Biomasse aufgebaut werden kann. Die Formel lautet: $6CO_2$ + 12 H_2O + Strahlungsenergie der Sonne ergibt $C_6H_{12}O_6$ + $6O_2$ +$6H_2O$[44]. Kohlenstoffdioxidwird der Luft entzogen und als Traubenzucker beispielsweise im Stamm des Baumes gespeichert. Allerdings wird ein großer Teil des CO_2 nachts wieder abgegeben, so dass nur 5 % des ursprünglich absorbierten Kohlenstoffs in der globalen Biomasse verbleiben. Man spricht von einer CO_2-Senke, wenn eine Vegetation mehr Kohlenstoff aufnimmt und als Biomasse abspeichert, als sie an die Atmosphäre abgibt. Insbe-

43 Mihm 2010.
44 Umweltlexikon. URL: http://www.umweltlexikon-online.de/RUBsonstiges/Photosynthese.php

sondere die tropischen Regenwälder fungieren als Kohlenstoffspeicher der letzten Jahrtausende[45].

Doch der globale Waldbestand verringert sich rapide: „Der weltweite Nettoverlust an Wald beträgt inzwischen jährlich 7,3 Millionen Hektar […], das entspricht in etwa der Fläche Bayerns" (Lienkamp 2009, S. 86). Die schwindenden Wälder können nicht nur weniger CO_2 aus der Atmosphäre aufnehmen, sondern verwandeln sich stattdessen in eine CO_2-Quelle. Durch Holzeinschläge und Brandrodungen werden große Mengen CO_2 freigesetzt und jährlich 20 % des globalen Treibhausgasausstoßes erzeugt (Lienkamp 2009, S. 388-411).

In Südostasien wurden zwischen 1990 und 2005 über 40 Millionen Hektar Wald zerstört. Der Verlust ist u.a. zurückzuführen auf von Menschen verursachte Waldbrände, um den Regenwald in Plantagen oder in Nutzflächen umzubauen. Mit 28 Millionen Hektar wurde der größte Waldverlust in Indonesien verzeichnet (WWF 2009, S. 26). Als „unmittelbare Ursachen der Waldbrände" sind „zerstörerische Holzeinschläge, großflächige Brandrodungen durch Agrarindustrieunternehmen und der traditionelle Wanderfeldbau der lokalen Bevölkerung" (ebd., S. 27) auszumachen. Insgesamt waren im Jahr 1990 noch 11 Mrd. Tonnen Kohlenstoff in den indonesischen Wäldern gespeichert. Mittlerweile ist die Kohlenstoffmenge auf 6,7 Mrd. Tonnen geschrumpft. Weitere 55 bis 61 Mrd. Tonnen Kohlenstoff sind in den Torfböden Indonesiens gebunden (vgl. a. Taconni 2003). Welche fatalen Auswirkungen Waldbrände haben können, veranschaulichen die Waldbrände in Malaysia und Indonesien in den Jahren 1997/98, denen ca. 11,7 Mio. Hektar Wald zum Opfer fielen. Dabei wurden zwischen 0,8 und 2,5 Mrd. Tonnen Kohlenstoff freigesetzt, so dass 1997 ein „fast doppelt so hohe[r] Anstieg der atmosphärischen CO_2-Konzentration wie in den Jahren zuvor und danach" (WWF 2009, S. 27-28) registriert wurde (vgl. Lienkamp 2009, S. 86-90).

Der Verlust an bestehenden Waldflächen ist ein weiterer Ausdruck der Priorisierung wirtschaftspolitischer Interessen gegenüber dem Umweltschutz. Die Abholzung von Regenwäldern (u.a. in Brasilien) impliziert beispielsweise hohe Einnahmemöglichkeiten durch Sojabohnen- oder Palmöl-Plantagen und dem Verkauf von Tropenholz, dass allein 2005 ein globales Handelsvolumen von 38 Milliarden Dollar umfasste (Wallacher, Scharpenseel 2009, S. 35-39). Auf diesen Markt können gerade Schwellenländer nicht verzichten. Eine nachhaltige Forstwirtschaft könnte dagegen wesentlich zur Minderung des Klimawandels beitragen. Die Waldbestände zu schützen und Aufforstungsmaßnahmen zu för-

45 Lexikon der Nachhaltigkeit. URL: http://www.nachhaltigkeit.info/artikel/regenwaelder_und_co2_1183.htm

dern ist somit eine weitere Aufgabe der internationalen Gemeinschaft, deren Ziel in der Minderung des Klimawandels liegen muss.

Die Einbeziehung von Senken in ein Klimaabkommen ist trotz ihrer wichtigen Funktion für den Klimaschutz schwierig. In Art. 3 des Kyoto-Protokolls wurde festgehalten, dass „unmittelbar vom Menschen verursachte Landnutzungsänderungen und forstwirtschaftliche Maßnahmen, die auf Aufforstung, Wiederaufforstung und Entwaldung seit 1990 begrenzt sind“ (Kyoto-Protokoll, Art. 3.4 in Oberthür, Ott 2000, S. 180), berücksichtigt werden können. Zusätzlich wurde 2000 ein IPCC-Sonderbericht (IPCC 2000) zum Thema Land-use, Land-use Change and Forestry (kurz: LUCF) veröffentlicht, der jedoch keine wesentlichen Fortschritte hervorbrachte. Art. 3 erweist sich zum einen als problematisch, weil die Begriffe „Wald“, „Wiederaufforstung“, etc. nicht hinreichend definiert sind, bzw. verschiedene Definitionen miteinander konkurrieren. Zum anderen sind die Messmethoden zur Berechnung der Kohlenstoffspeicherung in biosphärischen Senken nicht ausgereift, so dass Untersuchungen zu unterschiedlichen Ergebnissen kommen oder sich gar zum Teil widersprechen. Des Weiteren ist noch offen, inwiefern andere Senken (z.B. landwirtschaftliche Böden) in die Berechnungen der Netto-Emissionen einbezogen werden können. Würde man die Zahl der Sektoren und Tätigkeiten steigern, könnte es zu einem unerwarteten Emissionsanstieg für einzelne Länder kommen. Der Klimawandel wird zu einem Anstieg der Temperaturen führen, mit der Folge, dass die Gefahr von Dürrekatastrophen steigt. Auf das Klimakonto der betroffenen Staaten würden dann zusätzliche Emissionen angerechnet werden, die auf veränderte Vegetationsformen durch Dürre, Überschwemmungen, etc. zurückführen wären (Oberthür, Ott 2000, S. 180-187). Die vorliegende Arbeit kann hier keinen Lösungsweg aufzeigen, möchte aber an anderer Stelle aus gerechtigkeitsethischen Gründen argumentieren, dass tropische Regenwälder unter einen besonderen Schutz der globalen Gemeinschaft zu stellen sind (s. Kap. 8.3.3.1).

4.6 Prävention und Adaption

Das 2°C-Klima-Ziel stellt eine Mindestforderung dar, um jenen Szenarien mit den schlimmsten Auswirkungen vorzubeugen. Trotzdem werden die steigenden Temperaturen zu global spürbaren Veränderungen des Klimas führen. Der Klimawandel lässt sich abmildern, aber nicht mehr aufhalten, so dass sich Millionen Menschen auf neue Lebensbedingungen werden einstellen müssen. *Adaptation* lautet deshalb neben *mitigation* das zweite Gebot des 21. Jahrhunderts. Es gilt, Schutzmechanismen für den anthropogenen Klimawandel zu entwickeln und umzusetzen. Finanzielle Mittel und entsprechendes Know-how sichern den reichen Industriestaaten die Fähigkeit zur Anpassung, zumal die Klimaveränderungen in den gemäßigten Breiten milder, als in anderen Weltregionen ausfallen werden. Für einen Großteil der Entwicklungsstaaten ist *adaptation* überlebenswichtig, aber ohne Hilfe von außen kaum realisierbar (Lienkamp 2009, S 455-458).

Unter *adaptation* versteht man zwei zu differenzierende Strategien im Umgang mit dem Klimawandel. Einerseits müssen präventive Maßnahmen getroffen werden, die die ökologische und humane Anpassungsfähigkeit erhöhen. „Dazu sind Anstrengungen notwendig, die die Vulnerabilität von Individuen, Bevölkerungsgruppen und Staaten, aber auch von Tieren und Pflanzen gegenüber den Folgen des Klimawandels verringern und die Resilienz, also die Fähigkeit stärken, Krisen ohne bleibende Schäden zu durchstehen“ (Lienkamp 2009, S. 458). Andererseits muss Anpassung im Sinn von nachsorgender Katastrophenhilfe gewährleistet werden. Dort wo präventive Maßnahmen nicht greifen bedarf es adaptiver Maßnahmen; ein gut funktionierendes Management, um kurz- und langfristige Auswirkungen von Klimaschäden für die Betroffenen einzugrenzen.

Adaptation ist zwar ein anerkannter Bestandteil der internationalen Klimaschutzpolitik, kann aber nur wenig Erfolge vorweisen. Im Kyoto-Protokoll wurde erstmals ein Anpassungsfonds gegründet, der sich aus zweiprozentigen Verkaufserlösen aus dem Clean Development Mechanism finanziert[46]. Im Bali-Aktionsplan wurde der Stellenwert von Anpassungsmaßnahmen offiziell mit der Reduktion von Emissionen gleichgesetzt[47], woraufhin man auf den Klimakonferenzen von Kopenhagen und Cancún die Gründung und Finanzierung des *Green Climate Fund* vereinbarte. Bis Ende 2012 soll der Fonds „mit einer Anschubfinanzierung von 30 Milliarden Dollar ausgestattet werden, und die fortlaufende Finanzierung soll dann bis 2020 auf jährlich 100 Milliarden Dollar gesteigert werden“[48].

Bislang ist jedoch noch unklar, wo der Fonds seinen Sitz haben[49] und aus welchen Mitteln er finanziert werden soll. Aber "[u]nverbindliche Absichtserklärungen reichen nicht, sie müssen rechtlich abgesichert und mit Leben gefüllt

46 BMZ. URL: http://www.bmz.de/de/was_wir_machen/themen/klimaschutz/finanzierung/anpassungsfonds/index.html

47 BAFU. URL: http://www.bafu.admin.ch/dokumentation/fokus/05968/06000/index.html?lang=de

48 DGVN. URL: http://www.klimawandel-bekaempfen.de/news0.html?&no_cache=1&tx_ttnews[tt_news]=971

49 Deutschland hat sich auf der Klimakonferenz von Durban um den Sitz des neuen Klimafonds beworben (Bundesregierung. URL: http://www.bundesregierung.de/Content/DE/Artikel/2011/12/2011-12-08-Klimafonds.html) und seine Kandidatur offiziell eingereicht.

werden"[50]. Zudem besteht die Gefahr, dass Klimaschutz auf Kosten von Armutspolitik betrieben wird und sich aus Geldern finanziert, die ursprünglich für die Entwicklungshilfe vorgesehen waren[51]. Auch aus einer ethischen Perspektive sind Anpassungsmaßnahmen weit mehr als Almosen der Industriestaaten. Da die nicht mehr vermeidbaren Folgen des Klimawandels auf menschliche Handlungen zurückführen sind, ist anzunehmen, dass sich korrektive Gerechtigkeitsansprüche der Geschädigten gegenüber den Verursachern des Klimawandels ableiten lassen. Den Fokus allein auf *mitigation* auszurichten würde bedeuten, dass die Entwicklungsländer den Großteil der Kosten aus Klimaschäden zu tragen hätten, obwohl sie selbst zum Klimawandel am wenigsten beigetragen haben.

Im Folgenden sollen vier Handlungsfelder von *adaptation* vorgestellt werden, um die ethische und politische Relevanz von Anpassungsmaßnahmen aufzuzeigen. Ziel ist es zu verdeutlichen, welche Folgen der Klimawandel für den Menschen in den Bereichen Wasser, Landwirtschaft, Ökosysteme und Wetterextreme/ Naturkatastrophen haben wird.

1. Wasser

Wasser ist eine Voraussetzung für das Leben auf der Erde. Für Pflanzen, Tiere und Menschen ist es gleichermaßen überlebensnotwendig. Der Mensch benutzt es als Trink- und Industriewasser oder setzt es in der Nahrungsmittelproduktion ein. Gleichzeitig bildet Wasser die Grundlage von Ökosystemen. Mit einem Anteil von weniger als 1 % am Wasservorkommen der Erde ist nutzbares Süßwasser jedoch ein kostbares und begrenztes Gut. (Edenhofer u.a. 2010, S. 118-119). Die Vereinten Nationen haben das Jahr 2003 als Jahr des Wassers benannt und die Jahre 2005 bis 2015 zur Wasserdekade ausgerufen. Ansteigendes Bevölkerungswachstum und steigender Verbrauch sind ursächlich für die zunehmende Wasserknappheit. Schätzungen zufolge könnten bis 2050 sieben Milliarden Menschen betroffen sein (Watzal 2006, S. 2).

Mit dem Klimawandel steigen die Temperaturen, so dass sich der Wasserkreislauf der Erde intensiviert. „[D]araus resultieren eine stärkere Verdunstung, höhere Verdunstungsverluste von Wasseroberflächen wie Seen oder Stauseen, ein höherer Bewässerungsbedarf (wenn nicht die Niederschläge gleichzeitig zunehmen) bzw. ein allgemein höherer pflanzlicher Wasserbedarf sowie ein global zunehmender Niederschlag“ (Hoff, Kundzewicz 2006, S. 15). Wasserstress und Kritikalität sind Indikatoren, die Aufschluss über die Wasserverfügbarkeit für den Menschen geben.

---

50 WWF-Klimaexpertin Regina Günther (Oekonews. URL: http://www.oekonews.at/index.php?mdoc_id=1065734).

51 Endres 2009.

Mit Wasserstress bezeichnet man den Druck auf Wasservorräte durch den Verbraucher. Steigendes Bevölkerungswachstum oder die Intensivierung der Landwirtschaft können ebenso wie steigende Temperaturen zu einer Verknappung der Wasserressourcen führen. Wasserstress tritt in Regionen auf, in denen über 40 % der Niederschläge durch den Menschen genutzt werden (Vgl. Lozán 2005, S. 14-15). Regionen wie Sub-Sahara-Afrika, Südwestasien oder südwestliche USA sind schon heute von Wasserstress betroffen. Der Klimawandel wird den Wassermangel dort weiter verschärfen (Hoff, Kundzewicz 2006, S. 16).

Kritikalität ist ein Indikator für die „Anfälligkeit einer Region oder der dort lebenden Bevölkerung gegenüber Krisen – hier insbesondere Umwelt- oder Entwicklungskrisen" (WBGU 1997, S. 463). Trockengebiete, in denen die Klimavulnerabilität besonders hoch ist, liegen vor allem in den Entwicklungsländern. Denn dort kämpft die Bevölkerung nicht nur gegen extremste Klimabedingungen, sie ist auch am stärksten auf die Landwirtschaft sowie das natürliche Ressourcenvorkommen angewiesen (Hoff, Kundzewicz 2006, S. 16).

Wasserknappheit ist ein vieldimensionales Problem. Landwirtschaft und Ernährungssicherheit sind unmittelbar von der Wasserverfügbarkeit abhängig. So basiert ein Großteil der Nahrungsmittelproduktion auf dem Regenfeldbau. Das hier verwendete, sog. „grüne" Wasser aus Niederschlägen ist vom „blauen" Wasser wie Oberflächenwasser oder Grundwasser zu differenzieren (vgl. Edenhofer u.a. 2010, S. 119). Die Bedeutung der künstlichen Bewässerungsmethoden lässt sich daran messen, dass sich 40 % der gesamten Agrarproduktion auf die Bewässerungslandwirtschaft zurückführen lassen, diese aber insgesamt nicht mehr als 16 % der landwirtschaftlichen Anbauflächen einnehmen. Besonders wichtig ist der Einsatz künstlicher Bewässerung für den Anbau der Grundnahrungsmittel Reis und Weizen, wo zwei Drittel der Produktion aus der Bewässerungslandwirtschaft stammt. Dementsprechend sind Staaten in Asien (China, Süostasien) und Nordafrika von einem gesicherten Wasserzugang in einem hohen Maß abhängig. Neben der Niederschlagsmenge wird das Pflanzenwachstum auch durch die zeitliche Verteilung der Niederschläge sowie der Adaptionsfähigkeit der Pflanze in den diversen Stadien ihrer Entwicklung bestimmt (Lotze-Campen 2006, S. 8-10). Mit 70 % hat die Landwirtschaft den größten Anteil am Süßwasserverbrauch. Weitere 20 % sind auf die Industrie und weitere 10 % auf die Haushalte zurückzuführen. Durch die wachsenden Bevölkerungszahlen und den Ausbau der Industrie in den Entwicklungsländern wird der Verbrauch dort erheblich zunehmen. Mögliche Einsparungen der Industriestaaten im industriellen Wasserverbrauch sind dagegen nur ein Tropfen auf dem heißen Stein. „In den nächsten 25 Jahren muss die weltweite Nahrungsproduktion um ca. 40 Prozent erhöht werden, bei gleichzeitiger Senkung des landwirtschaftlichen Wasserverbrauchs um 10 bis 20 Prozent" (Lotze-Campen 2006, S. 9).

Adaptation im Wassersektor umfasst Prävention- und Adaptionsmaßnahmen. In der Landwirtschaft kann die Effizienz unter Zuhilfenahme spezieller Pflanzenzüchtungen erhöht werden. So gibt es bereits heute neue Reissorten, die einen vierfachen Kornertrag bei gleichbleibendem Wasserverbrauch ermöglichen. Andererseits kann in ariden Regionen mit Hilfe von einfachen Bewässerungssystemen wie dem Auffangen und Verteilen von Regenwasser günstig das Wasserangebot erhöht und die Nahrungsmittelproduktion gesteigert werden. Mit Investitionen in neue Technologien könnte man zur Verbesserung künstlicher Bewässerungssysteme beitragen (Lotze-Campen 2006, S. 10-11). „In vielen Bewässerungssystemen erreichen nur 25 bis 30 % des zugeführten Wassers auch tatsächlich die relevanten Nutzpflanzen. Der Rest verdunstet oder versickert an verschiedenen Stellen des Systems" (Lotze-Campen 2006, S. 11). Damit sich aus der Wasserknappheit keine Wasserkrise entwickelt sind politische und institutionelle Rahmenbedingung zur Wasserregulierung notwendig. Durch Wasserrahmengesetze kann die Verschmutzung von Süßwasserressourcen vermieden werden. Gleichzeitig muss gewährleistet bleiben, dass nicht nur große Konzerne, sondern auch die Landbevölkerung Zugang zu Wasser behält. Nicht zuletzt muss Wasser als eine knappe Ressource mit einem symbolischen oder realen Preis versehen werden. In vielen Regionen ist Wasser in der Landwirtschaft kostenlos und frei von Nutzungsrechten. Übernutzung und Verschwendung sind die Folge, die oftmals von Staaten durch Subventionen für die landwirtschaftliche Wassernutzung noch verstärkt wird. In Indien hat beispielsweise die Subventionierung von Dieselpumpen zu einer erheblichen Reduzierung des Grundwassers beigetragen (vgl. Edenhofer u.a. 2010, S. 120-121). Im Murray-Darling-Basin in Australien gibt es dagegen seit den 90er Jahren einen Handel mit Nutzungsrechten für Bewässerungswasser, der zu einer Effizienzsteigerung der Wassernutzung geführt hat. In sehr armen Ländern könnte eventuell ein symbolischer Preis für Wasser einen sorgfältigeren Umgang mit Wasser bewirken. Eine Alternative zu Nutzungsrechten ist die Einführung eines virtuellen Wasserhandels. Diesem Modell folgend sollten Länder mit hohem Wassermangel wasserintensive Produkte importieren und das so „gesparte" Wasser im industriellen Sektor nutzen. Ziel ist es, regionale Wasserknappheit in die Preisgestaltungen einzubeziehen (Lotze-Campen 2006, S. 12-13). „Dabei wird Wasser nicht real an der Börse gehandelt, sondern es geht um Wasser, das unsichtbar in Produkten wie Getreide gebunden ist" (vgl. Edenhofer u.a. 2010, S. 125). Das Modell des virtuellen Wasserhandels ist jedoch noch nicht ausgereift. Beispielsweise ignoriert es, dass der Welthandel sich vorwiegend zwischen Industriestaaten abspielt und zusätzliche Importe für arme Staaten kaum finanzierbar sind (Lotze-Campen 2006, S. 12-13). Auch wenn sich neue Handelssysteme für Wasser noch nicht oder nur auf lokaler Ebene durchsetzen lassen, stellen sie eine Chance dar, wie Wasser zukünftig bepreist werden könnte. Effizientes Wassermanagement ist Voraussetzung für die Vermeidung von Wasserkrisen und verlangt Investitionen in Know-How, Technologie und Infrastruktur.

2. Landwirtschaft

Das Risiko von Ernteausfällen nimmt in den nächsten Jahrzehnten zu. Dafür müssen Anpassungsmaßnahmen in der Landwirtschaft getroffen werden. Mit Hilfe verbesserter Anbaumethoden könnten die Erträge im landwirtschaftlichen Sektor gesteigert und arme Bevölkerungsschichten abgesichert werden. Neues Saatgut wäre widerstandsfähiger und gegenüber höheren Temperaturen und zunehmender Trockenheit resistent. Der Anbau von Mischkulturen böte eine größere Ertragsstabilität, da mehrere Nutzartenpflanzen die Anpassungschancen ausweiten. So könnten Nährstoffe im Boden gleichmäßiger und besser genutzt werden und zugleich würde man von den unterschiedlichen Ansprüchen und Fähigkeiten der Pflanzen profitieren. Des Weiteren erfordern zunehmende Temperaturen die Schonung der Anbauflächen. Höhere Erträge ließen sich durch Bodenbedeckung oder den reduzierten Einsatz von angepassten Düngemitteln erzielen (Edenhofer u.a. 2010, S. 126-134).

Die Anpassung der Landwirtschaft an die Gegebenheiten des 21. Jahrhunderts erfordert in Abhängigkeit von der jeweiligen Region unterschiedliche Maßnahmen. Vor besonders hohen Herausforderungen steht man in den Entwicklungsländern. Das primäre Ziel muss es sein Aufklärung über Klimaprozesse und Optionen zur Klimaanpassung zu betreiben. Ob abweichende Regenzeiten oder zunehmende Wetterextreme – die Bauern müssen sich auf veränderte Anbauzeiten und -techniken einstellen. Ohne das Wissen um den Klimawandel werden notwendige Schritte nicht oder zu spät eingeleitet. Zusätzlich muss die Anpassungsfähigkeit der Bauern erhöht werden. Viele Bauern erzeugen gerade so viel, um davon sich und ihre Familie ernähren zu können. Die Umstellung auf neues Saatgut oder der Einsatz optimierter Bewässerungssysteme sind dagegen Investitionen, für die die sogenannten „arbeitenden Armen“ keine Rücklagen bilden können. Unter die Kategorie *working poor* fallen allein in Asien 40 % der arbeitenden Bevölkerung; in anderen Regionen wie der Sub Sahara sind es sogar über 60 %. Mit der Vergabe von Mikro-Krediten und Mikro-Versicherungen (vgl. Edenhofer u.a. 2010, S. 146; Lienkamp 2009, S. 462-463), die auf die speziellen Umstände der armen Bevölkerung zugeschnitten sind, könnte man den Abstieg in die absolute Armut trotz Klimawandel verhindern.

3. Ökosysteme

Mit Blick auf den Klimawandel sollte außerdem Schutz und Ausbau ökosystemarer Dienstleistungen zu den Präventionsoptionen zählen. Darunter versteht man den anthropogenen Nutzen aus Ökosystemen, auf den besonders die armen Menschen in den Entwicklungsländern angewiesen sind. „Nach dem Ökosystembericht der Vereinten Nationen (Millenium Ecosystem Assessment) lassen sich die Ökosystemleistungen in fünf Kategorien einteilen: bereitstellende Leistungen wie die Versorgung mit Wasser und Nahrungsmitteln; regulierende Leistungen wie die Regulierung von Klima und Krankheiten; unterstützende Leistungen wie Nährstoffkreisläufe, Pflanzenbestäubung; kulturelle Leistungen wie geistig-ästhetischer Ausgleich und Erholung; und bewahrende Leistungen wie Erhalt und Biodiversität“ (Weltentwicklungsbericht 2010).

In Indien sind beispielsweise 57 % der Wirtschaftsleistung der armen Bevölkerungsschicht an Ökosysteme gekoppelt, während das auf nur 7 % der gesamtindischen Wirtschaft zutrifft (Edenhofer u.a. 2010, S. 135). Übernutzung und Umweltverschmutzung sind Quellen für die Zerstörung von Ökosystemen und beschränken deren Nutzbarkeit. Neben der Bedeutung von Ökosystemen für Wirtschaftsleistungen darf deren Schutzfunktion und -potential für den Menschen nicht unbeachtet bleiben. Beispielsweise bilden Mangroven einen wirksamen Schutz vor Hochwasser. So wurden südostasiatische Küstenabschnitte mit einem intakten Mangrovengürtel durch den Tsunami im Dezember 2004 weniger geschädigt als andere Regionen. Ähnlich wie die Mangroven übernehmen auch Korallenriffe wichtige Schutzfunktionen der Küsten, etwa bei Riesenwellen. Außerdem hängt von Korallenriffen die Existenz vieler Menschen ab, die einerseits von dem Fischreichtum profitieren und andererseits die zusätzliche Einnahmequelle Tauchtourismus nutzen können. Mit zunehmendem Ausstoß von Kohlenstoffdioxidnimmt jedoch die Versauerung und Erwärmung der Meere und dadurch die Zerstörung der kalkhaltigen Korallen zu. Neben den Küstenregionen finden sich auch im Inland Ökosysteme, die die Anpassungsfähigkeit an den Klimawandel erhöhen. Mit der Zunahme an Wetterextremen wie Dürren oder Starkniederschlägen gewinnen vor allem Flussauen an Bedeutung. Sie besitzen die Fähigkeit Wasser in großen Mengen zu speichern, um es bei Trockenheit wieder abzugeben. Im Gebirge helfen Wälder das Risiko von Erosionen zu senken. Darüber hinaus haben Wälder neben ihrer Funktion als CO_2-Senken (*mitigation*!) auch eine abkühlende Wirkung. Durch Verdunstung von Wasser auf den Blattoberflächen senken Pflanzen ihre Umgebungstemperatur. Die Orientierung an Ökosystemleistungen kann zum Schutz der Artenvielfalt beitragen und stellt gleichzeitig eine wichtige Präventivmaßnahme im Klimaschutz dar (vgl. Edenhofer u.a. 2010, S. 134-139).

4. Wetterextreme/ Naturkatastrophen

Als letztes Beispiel sollen präventive und adaptive Optionen vorgestellt werden, die als Reaktion auf den Anstieg extremer Wetterereignisse wie Stürme und Überschwemmungen gefördert werden sollten, auch mit Blick darauf, dass Katastrophen nachhaltige Entwicklung behindern und das Armutsrisiko erhöhen. Durch die von der UN ausgerufene Dekade zur Reduzierung von Naturkatastrophen (1990-1999) hat das Thema Katastrophenschutz internationale Aufmerksamkeit erregt und zu zahlreichen nationalen und internationalen Projekten geführt. Katastrophenvorsorge ist beispielsweise das Hauptanliegen des ISDR (International Strategy for Disaster Reduction) oder des DKKV (Deutsche Komitee Katastrophenvorsorge). Förderungswürdig sind vor allem Frühwarnsysteme und Schutzbauten (cyclon flood shelters), mit deren Installation die Opferzahlen von Naturkatastrophen wesentlich gesenkt werden können. Bereits mit einfachen Mitteln können Flutwarnsysteme in armen Staaten zum Schutz von Menschenleben beitragen. Beispielsweise wurden an den Flüssen Búzi und Save in Zentralmosambik Pegelmesser angebracht. Sobald eine kritische Niederschlagsmenge überschritten wird, werden per Funk Warnungen ausgegeben und farbige Flaggen gehisst. Die USA verfügt hingegen über ein satellitengestütztes Warnsystem, mit dessen Hilfe man den genauen Verlauf und Stärke von Hurrikanes voraussagen kann. Dass trotzdem 1280 Todesopfer im Fall des Hurrikane Katrina zu beklagen waren, liegt weniger an der technischen Effizienz dieser ausgefeilten Systeme, sondern an fehlendem Risikobewusstsein der Bewohner der betroffenen Gebiete. Neben technologischen Voraussetzungen muss Katastrophenprävention um Aufklärungskampagnen ergänzt werden, die auch ausländische und arme Bevölkerungsschichten erreichen (vgl. Edenhofer u.a. 2010, S. 139-145). Zukünftig sollte das Netz an Unwetterwarnsystemen ausgeweitet werden, um die Betroffenen frühzeitig vor dem Eintreten von Extremwetterereignissen zu warnen. Da gerade in den Entwicklungsländern Katastrophenprävention eine wichtige Rolle spielt, fordern Organisationen und Institute (s. z.B. Potsdam Memorandum von 2007) außerdem, den Zugang zum „Global Earth Observation System of Systems" (GEOSS) zu erweitern (Lienkamp 2009, S. 459).

Prävention und Adaption sind als ergänzende Forderungen an die globale Klimapolitik zu verstehen. Ohne die Begrenzung der globalen Erwärmung durch *mitigation*, ist die Wahrscheinlichkeit für eine mögliche Anpassung minimal. Ohne *adaptation* wird es gerade für die Menschen in den Entwicklungsländern unmöglich sein, sich den neuen Lebenskonditionen anzupassen und ihr Überleben zu sichern. Folglich muss eine normative Betrachtung des Klimawandels beide Herausforderungen einbeziehen und sowohl die Verantwortung für *mitigation* als auch für Prävention und Adaption festlegen[52]. Denn obwohl die Umsetzung von *adaptation* auf regionaler und lokaler Ebene erfolgt, stellt sich die Frage nach einem gerechten *burden-sharing* zwischen den Verursachern und den Leittragenden des Klimawandels.

52 „Es besteht *hohes Vertrauen* darin, dass weder Anpassung noch Emissionsminderung allein alle Auswirkungen des Klimawandels verhindern können. [...][Sie] können sich aber gegenseitig ergänzen und gemeinsam die Risiken des Klimawandels signifikant verringern" (IPCC (dt.), AR4, SYR SPM, 2007, *5.3)*.

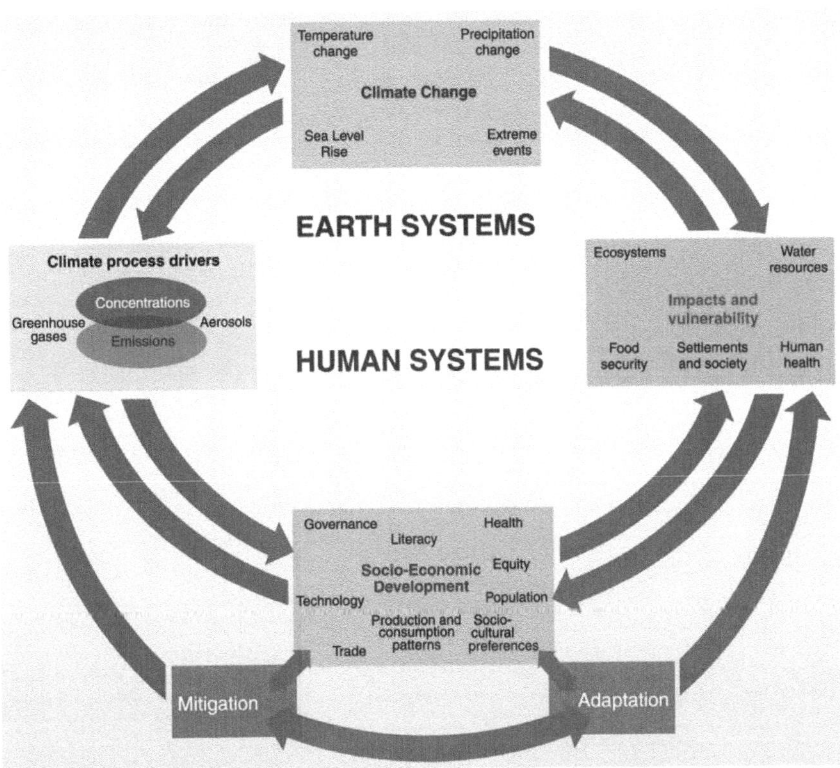

Abb. 5 Schematische Darstellung von anthropogenen Antrieben und Auswirkungen des Klimawandels sowie Reaktionen darauf (IPCC, AR4, SYR, 2007, Fig I-1)

5 Klimagerechtigkeit

Wer trägt die Verantwortung für die Umsetzung von *mitigation* und *adaptation*, wer trägt die Kosten? Diese Frage schwebt über der globalen Gemeinschaft und ihre Beantwortung wird ausschlaggebend für die Chance auf eine gemeinsame, nicht nur symbolische Klimapolitik sein.

Primär ist zu klären, ob eine generelle Verpflichtung der Staaten zur Minderung des Klimawandels unabhängig von nationalstaatlichen Interessen existiert, um eine „business-as-usual"-Strategie als Option für zukünftige, politische Weichenstellungen auszuschließen. Hier gilt es ein moralisches Sollen – eine ethische Verpflichtung – aufzuzeigen, das den Zwang zum sofortigen Handeln offenlegt.

Sekundär ist die Zuordnung der Verantwortlichkeiten von Staaten *und* Individuen festzuschreiben, wozu es einer Untersuchung aller „normativer Faktoren" bedarf. Aus einem korrektiven Gerechtigkeitsverständnis sind *Verursacher* und *Opfer* des Klimawandels zu bestimmen. Notwendig ist dafür die Ausweitung des perspektivischen Radius auf zeitliche und räumliche Beziehungen, um alle *player* ausfindig zu machen. Außer Acht lassen darf man dabei nicht die spezifische Verwandtschaft des Klimawandels mit Armut. Zwar hat Armut viele Väter, doch wird gerade der Klimawandel die Lebensbedingungen der ärmsten Menschen weiter verschlechtern.

5.1 Klimawandel und Menschenrechte

Die enge Vernetzung von Politik, Wirtschaft und Ökonomie führt zu konfligierenden Positionen auf dem Gebiet der globalen Klimapolitik. Angst vor verringertem Wirtschaftswachstum, dem Kollaps der Energieindustrie oder gar einer langanhaltenden Rezession erhöhen den Druck auf politische Eliten weltweit, mit der Tendenz, dem Faktor Kosteneffizienz gegenüber Umweltschutz Priorität einzuräumen. Folgt man den Berechnungen von Ökonomen wie Nicholas Stern (The Stern Review 2007), versprechen klimavorbeugende Maßnahmen langfristig geringere Kosten im Vergleich zu einer „business-as-usual"-Strategie, da ohne Klimaschutzmaßnahmen die Folgen für das ökologische System weitaus höher ausfallen würden. Von einer „übertriebenen Klimahysterie" sprechen hingegen jene Gegner von weitreichenden Klimaverträgen, die wie beispielsweise

Bjorn Lomborg (Lomborg 2008), darauf verweisen, dass Investitionen in Wirtschaft und Entwicklungspolitik ein Mehr an globalem Wohlstand für die Zukunft schaffen werden.

Der Kostenfaktor kann folglich als erstes Argument für (oder gegen) Klimapolitik angeführt werden. Eine zweiter Aspekt findet sich in dem Verständnis von Klimawandel als einem Sicherheitsproblem, wie das bereits das Norwegische Nobel-Komitee zum Ausdruck gebracht hat, als es den Friedensnobelpreis an Al Gore und dem IPCC verlieh (Lienkamp 2009, S. 114-149). Der sich verstärkende Kampf um Rohstoffe, die sich verringernden Süßwasserbestände und nicht zuletzt die Zunahme von Grenzkonflikten durch ansteigende Migrationsbewegungen könnten zu einer Bedrohung des internationalen Friedens werden (vgl. Breitmeier 2009; WBGU 2007; vgl. Welzer 2008; vgl. Wuppertal 2005).

Doch sind ökonomische und sicherheitsstrategische Überlegungen lediglich Ausdruck nationalstaatlicher Interessen, während sich auf globaler Ebene keine vergleichbaren Parallelen ziehen lassen. Angenommen man könnte für jedes einzelne Land mehr Vor- als Nachteile durch die Minderung des Klimawandels aufzeigen, dann ließe sich dadurch noch keine Verpflichtung zum Handeln ableiten. Insbesondere die Industrieländer haben im Vergleich mit anderen Staaten einen geringeren Anreiz zum Klimaschutz, da sie erstens weniger von dessen Folgen betroffen sind, zweitens über ausreichend finanzielle Mittel verfügen, um präventive und adaptive Maßnahmen zu fördern und drittens innerhalb eines Weltklimavertrages die größten Investitionen in den Umbau der Wirtschaft sowie die Förderung regenerativer Energien zu leisten hätten.

Folgerichtig wäre die Etablierung und Finanzierung von Klimaschutzmaßnahmen freiwilliger Natur. Können sich Staaten insofern unabhängig entscheiden, ob es sich für sie *lohnt*, internationale Klimaschutzziele zu vereinbaren?

Im Jahr 2008 hat der UN-Menschenrechtsrat „in Genf eine Resolution verabschiedet, in der sie den Klimawandel als eine Gefährdung der Menschenrechte bezeichnet“ (Edenhofer u.a. 2010, S. 58). Die Folgen des Klimawandels wirken sich negativ auf den Lebensraum Erde aus und steigern das Risiko von Menschenrechtsverletzungen. Die existentielle Gefährdung heutiger und künftiger Generationen birgt eine moralische Komponente, die im Gegensatz zur Nutzen-Kosten-Argumentation von den meisten Menschen und Staaten anerkannt wird. Bereits 1948 wurde die Allgemeine Erklärung der Menschenrechte verabschiedet, mit der man auf weltweit vorherrschende Ungerechtigkeit reagiert hat. Verbindliche Verträge zum Schutz der Menschenrechte sind seit 1976 mit der Ratifizierung von zwei UN-Menschenrechtspaketen in Kraft. Der UN-Zivilpakt (Internationaler Pakt über bürgerliche und politische Rechte) garantiert grundlegende Freiheitsrechte, während der UN-Sozialpakt (Internationaler Pakt über wirtschaftliche, soziale und kulturelle Rechte) *Bemühungsverpflichtungen* der Staaten hinsichtlich wirtschaftlicher, sozialer und kultureller Rechte festlegt (Fassbender 2008, S. 3-5). Die Menschenrechte sind fest im Völkerrecht verankert, auch wenn Umfang und Auslegung bis heute umstritten sind. Bislang haben 167 Staaten den UN-Zivilpakt[53] und 160 Staaten den UN-Sozialpakt ratifiziert[54].

„Alle Menschen sind frei und gleich an Würde und Rechten geboren“[55]. Ausgehend von den Menschenrechten sind Klimaschutzmaßnahmen ethisch geboten. Zwar findet sich in der Allgemeinen Erklärung der Menschenrechte kein Recht auf Schutz vor dem Klimawandel, doch wird darin ein menschenwürdiges Leben eingefordert, dessen Voraussetzungen schon heute durch den anthropogenen Klimawandel bedroht sind. Die hohe Legitimation der Menschenrechte unterstreicht die moralische Notwendigkeit einer umgreifenden internationalen Klimapolitik. Wie der Philosoph Simon Caney aufzeigt, ist der Menschenrechtsansatz einer konsequentialistischen Perspektive vorzuziehen:

„(1) climate change jeopardizes some key human rights;

(2) a ‘human rights' centred analysis of the impacts of climate change enjoys several fundamental advantages over other dominant ways of thinking about climate change" (Caney 2010b, S. 71).

Die Gefährdung der Menschenrechte durch den anthropogenen Klimawandel lässt sich bereits an Hand von drei grundlegenden Menschenrechten, namentlich das Recht auf Leben, das Recht auf körperliche Unversehrtheit und das Recht auf Subsistenz, rekonstruieren.

1. „[T]he human right to life: all persons have a human right not to be ‘arbitrarily deprived of his life'"[56]. Das Recht auf Leben ist als ein negatives Recht[57] beispielsweise im UN-Zivilpakt (Art. 6) verankert. Die Folgen des Klimawandels sind von existentiellem Ausmaß, d.h. sie bedrohen das Recht auf Leben auf unterschiedlichste Weise. So werden künftig zahlreiche Menschen durch Hunger, Wasserknappheit, extreme Wetterereignisse wie Tornados, durch Überflutungen

53 UN. URL: http://treaties.un.org/Pages/ViewDetails.aspx?src=TREATY&mtdsg_no=IV-4&chapter=4&lang=en

54 UN. URL: http://treaties.un.org/Pages/ViewDetails.aspx?src=TREATY&mtdsg_no=IV-3&chapter=4&lang=en

55 Art. 1 der Allgemeinen Erklärung der Menschenrechte.

56 International Covenant on Civil and Political Rights (ICCPR) (1976), Article 6.1 in Caney 2010b, S. 76.

57 Die sogenannten negativen Rechte erfordern die Unterlassung einer Handlung. Unter diese Kategorie fallen Freiheits- und Abwehrrechte wie das Verbot von Folter oder die Meinungs- und Religionsfreiheit. Der status *negativus* wird ergänzt um einen *status aktivus*. Letzterer umfasst Grundrechte, die zur politischen Teilhabe beitragen sollen (z.B. Wahlrecht oder Versammlungsrecht). Ihnen gegenüber stehen positive Rechte (*status positivus*), die auch Leistungsrechte genannt werden, da eine Leistung notwendig ist, um diese Rechte zu erfüllen (z.B. Recht auf Gesundheit, Recht auf Arbeit) (vgl. Menke, Pollmann 2008 S. 114).

oder Hitzewellen sterben (Caney 2010b, S. 76- 77). Dass alle Menschen frei und gleich an Würde und Rechten geboren sind, bedeutet auch, dass jeder Mensch gleichwertig ist und den gleichen Anspruch auf die Erfüllung seiner Rechte besitzt. Handlungen von Menschen, Staaten oder der internationalen Gemeinschaft sind dahingehend zu prüfen, ob sie das Recht auf Leben gefährden, unabhängig davon, wie weit Adressat und Akteur entfernt sind (Edenhofer u.a. 2010, S. 58-59).

2. „[T]he human right to health: all persons have a human right that other people do not act so as to create serious threats to their health“[58]. Das negative Recht auf körperliche Unversehrtheit wird durch den Klimawandel zweifach gefährdet: Direkte Auswirkungen in Folge des Temperaturanstiegs sind Stürme, Überschwemmungen oder Dürren, die eine Gefahr für die menschliche Gesundheit bilden. Indirekte Folgen, wie die Folgen des Klimawandels auf die Nahrungsmittelproduktion, das vermehrte Wachstum von Krankheitserregern im Trinkwasser oder der Anstieg von Krankheiten und Seuchen werden jedoch langfristig die größere Bedrohung darstellen (Hunt, Khosla 2010, S. 243).

3. „[T]he human right to subsistence: all persons have a human right that other people do not act so as to deprive them of the means of subsistence"[59]. Demnach sollte jeder Mensch einen annehmbaren Lebensstandard besitzen und über ausreichend Nahrung verfügen, wie es u.a. in der Allgemeinen Menschenrechtserklärung Art. 25 verankert ist. Der Zugang zu Nahrung und Wasser ist grundlegend für das (Über-) Leben der Menschen und Voraussetzung für ihre Handlungsfähigkeit. Der anthropogene Klimawandel wird diesen Zugang weiter beschränken, indem zum Beispiel Ernteerträge durch anhaltende Dürre abnehmen, Süßwasservorräte durch steigende Temperaturen schrumpfen oder landwirtschaftliche Nutzflächen zurückgehen (Caney 2010b, S. 71- 83). Diese Entwicklung verstößt erneut gegen den Grundsatz, dass alle Menschen frei und gleich an Würde und Rechten geboren sind: Die Freiheit auf ein selbstständiges und selbstbestimmtes Leben wird durch die sich verschlechternden Lebensbedingungen bedroht (Edenhofer u.a. 2010, S. 58-59).

Interessenkonflikte der Klimadebatte und einseitige Vorteile einzelner Staaten können folglich nicht auf Grundlage von Nutzen-Kosten-Modellen beurteilt werden. Indessen müssen konsequentialistische Überlegungen hinter der moralischen Bedeutung der Menschenrechte zurückstehen.

Menschenrechte sind unantastbar und können nicht getauscht oder verhandelt werden. Nach Lomborg müsse man auch die „Vorteile der globalen Erwärmung […] genießen“ (Lomborg 2008, S.137). So würden zwar mehr Menschen

---

58 Caney 2010b, S. 79.
59 Ebd. S. 80

in Folge von Hitzewellen sterben, gleichzeitig gäbe es aber weniger Todesfälle durch winterliche Kälteeinbrüche (Lomborg 2008, S. 137). Doch das Leben von Einigen könne nicht gegen das Leben von Anderen eingetauscht werden. Stürbe eine Person in Folge einer menschlichen Handlung, könne dies nicht dadurch wieder gut gemacht werden, dass ein anderer Mensch bessere Überlebenschancen erhielte. Es würde das Menschenrecht der ersten Person verletzten (Caney 2010b, S. 84).

Zweitens spreche gegen einen konsequentialistischen Ansatz, dass aus der Summe des Gesamtnutzen („total amount of utility", Caney 2010b, S. 85) keine Aussage über die Notwendigkeit von *mitigation*-Maßnahmen ableitbar sei. Nach Lomborg sei es effektiver, finanzielle Mittel direkt zur Armutsbekämpfung zu nutzen, als in umfassende Maßnahmen im Klimaschutz zu investieren. Eine Erweiterung des Kyoto-Protokolls würde den Wohlstand künftiger Generationen gefährden, da die Reduzierung des CO_2-Ausstoßes mit zu hohen Kosten verbunden sei (Lomborg 2008, S. 191-197). Abgesehen von der Unsicherheit solcher Studien (Stern geht von der gegenteiligen Entwicklung aus) – sei dieses Argument von einem ethischen Standpunkt aus haltlos, da globaler Reichtum das Leiden von einigen Wenigen moralisch nicht neutralisiere (Caney 2010b, S. 84-85). Heute auf *mitigation* zu verzichten würde außerdem bedeuten, die Last des Klimawandels allein den künftigen Generationen zu übertragen. Zudem errechne sich der Gesamtnutzen nicht nur aus ökonomischen Kosten. Die größten Schäden seien in der Tier- und Pflanzenwelt zu erwarten (Gardiner 2010b, S. 11). Ob die Natur einen intrinsischen Wert besitzt und die Menschen für die Erhaltung von Biodiversität und Artenvielfalt eintreten sollten, ist in der Literatur umstritten (vgl. Sagoff 2008; vgl. Krebs 2007; vgl. Leist 2007). Unwiderlegbar ist jedoch der Nutzen für den Menschen aus dem reichhaltigen Angebot der Natur, der sich nicht in Zahlen bemessen lässt. Wälder bieten beispielsweise einen Zufluchtsort vor dem Stadtlärm, Seen sind Erholungsgebiete und die Gipfel der Alpen oder das Grün der Regenwälder haben einen ästhetischen Wert.

Drittens muss die Frage gestellt werden, wessen Rechte durch wen verletzt werden. Wie noch zu zeigen ist, liegt hier ein Ungleichgewicht vor: Während die reichen Industriestaaten für einen Großteil der Treibhausgase verantwortlich sind, betreffen die Folgen des Klimawandels primär die Menschen in den Entwicklungsländern. Scheitern die Bemühungen um eine internationale Klimapolitik und sollte das 2°C-Klima-Ziel nicht eingehalten werden, steigen die Risiken – für einen unkontrollierten Klimawandel und für die massive Verletzung von Menschenrechten. Staaten mit hohen Treibhausgasemissionen können das Risiko nur für sich selbst in Kauf nehmen. Da aber die Auswirkungen des Klimawandels global spürbar sind, verliert die konsequentialistische Nutzenkalkulation ihre Rechtmäßigkeit (vgl. Caney 2010b, S. 85). Des Weiteren werden die Risiken an spätere Generationen vererbt, ohne über die genauen Schäden in Kenntnis zu sein. Im Gegensatz zu ökonomischen Kosten, gäbe es bei Menschenrechten kein akzeptables Maß an kalkulierbarem Risiko. Stattdessen solle man die moderaten Kosten für *mitigation* und *adaptation* in Kauf nehmen (Shue 2010b, S. 149-150), die sich nach Stern auf ca. 2 % des globalen BIP belaufen werden (Stern 2009, S. 68-76).

Auch Argumente der Sicherheit werden durch den Menschenrechtsansatz widerlegt. Sicherheit ist ein wünschenswerter Vorteil für Staaten, aber kein hinreichendes Kriterium zur Bewertung von Klimaschutzmaßnahmen. Denn unabhängig von der Sicherheit einer Region, gehen mit den Folgen des Klimawandels Menschenrechtsverletzungen einher, deren moralischer Status gänzlich unabhängig von Nutzen-Kosten-Rechnungen existiert (vgl. Caney 2010b, S. 85-86). Erweitert man den Sicherheitsbegriff auf einen umfassenden Schutz des menschlichen Lebens, findet man darin ein zusätzliches Argument für *mitigation*: Mit den zunehmenden globalen Treibhausgasemissionen steige nicht nur das Risiko eines unkontrollierbaren Klimawandels, sondern es würden auch zusätzliche Generationen gefährdet, da die Folgen früher spürbar würden, anstatt vielleicht erst bei der übernächsten Generation eine Rolle zu spielen (Shue 2010b, S. 151).

Kosten-Nutzen-Kalkulationen können keine Antwort auf die Frage geben, wie Klimapolitik künftig zu gestalten ist. Hingegen ist die Gefährdung der Menschenrechte durch den Klimawandel eine hinreichende Begründung dafür, erstens den Ausstoß an Treibhausgasen wesentlich zu reduzieren, um die Folgen des Klimawandels möglichst gering zu halten und zweitens eine Agenda an präventiven und adaptiven Maßnahmen einzuleiten, damit Menschenrechtsverletzungen vorgebeugt werden kann.

5.2 Klimawandel und Verantwortung

5.2.1 Die Akteure

Gleichwohl eine ethische Verpflichtung der Staaten besteht, *mitigation* und *adaptation* bestmöglich umzusetzen, lässt sich aus dem Menschenrechtsansatz nicht der Grad der Verpflichtung einzelner Staaten ableiten. Mit der Einführung eines weltweiten Emissionshandelssystems müssen beispielsweise Kriterien festgelegt werden, wie viele Emissionsrechte ein einzelner Staat im Vergleich zu anderen Staaten erhalten soll. Darf Lichtenstein die gleiche Menge an CO_2 Emissionen verursachen wie Indien? Akzeptanz, Zustimmung und Engagement wird ein Klimapaket nur dann erhalten, wenn es die Akteure von seiner „gerechten“

Struktur überzeugt. Wenn also die Verpflichtung zum Klimaschutz gerecht unter den Staaten aufgeteilt wird. Dabei spielen verschiedene Faktoren eine Rolle: Größe der Staaten, wirtschaftliche Leistungsfähigkeit, Bruttoinlandsprodukt, Population und Bevölkerungsdichte, nationaler Anteil an vergangenen und aktuellen Treibhausgas-emissionen, etc.

Der Klimawandel ist grundlegend von anderen Umweltverschmutzungen zu unterscheiden. Erstens sind die Folgen des Klimawandels global spürbar, unabhängig davon wo Treibhausgase emittiert werden. Die Temperatur wird folglich nicht nur in Deutschland und anderen Industrieländern steigen, sondern alle Staaten weltweit betreffen. Zweitens fallen die Folgen des Klimawandels lokal und regional unterschiedlich aus. So ist in einigen Staaten die Zunahme von Niederschlägen zu erwarten, während in anderen Ländern die Menschen unter Wasserknappheit leiden müssen. Drittens ist Klimawandel kein zeitlich beschränktes Phänomen. CO_2 beispielsweise hat eine Verweildauer von 100 Jahren in der Atmosphäre. Somit haben Treibhausgase aus der Vergangenheit Auswirkungen auf das heutige und zukünftige Klima.

Nach Aristoteles kann man zwischen distributiver und korrektiver (bzw. kommutativer) Gerechtigkeit unterscheiden (Aristoteles, Nik. Eth. V; vgl. Höffe 1996, S. 226-232; vgl. Kap. 1.1). Mit Blick auf ein zukünftiges Klimaabkommen sollte man die distributive Frage nach der Verteilung von Emissionszertifikaten und Kosten sowie die korrektive Frage nach Kompensationsansprüchen zwischen den Staaten und Individuen voneinander trennen. Ergänzt um ein intergenerationelles Gerechtigkeitsverständnis sollten außerdem Ansprüche und Verpflichtungen zwischen den Generationen bewertet werden. Insofern treffen in den Verhandlungen um ein Post-Kyoto-Protokoll Forderungen aufeinander, die aus drei verschiedenen Gerechtigkeitsperspektiven begründet werden. Um dies zu verdeutlich, sollte man die beteiligten Akteure differenzieren.

Vereinbarungen für *mitigation* und *adaptation* werden primär von Staaten getroffen. Sie schließen Verträge über ein zukünftiges Klimapaket und setzen die Maßnahmen auf nationaler Ebene um. Die staatlichen Akteure können traditionell gegliedert werden in Industrie- und Entwicklungsstaaten. Um die aktuelle Verteilung von CO_2-Emissionen zwischen den Staaten zu betrachten, kann das sog. „time-slice"-Prinzip (Singer 2004, S. 26) angewendet werden, nachdem man die Zeit anhält und vergangene oder zukünftige Emissionen ausblendet. Dabei stellt man dann fest, dass die größten Treibhausgasproduzenten nicht mit den fortschrittlichsten Industriestaaten übereinstimmen. Erst im Juni 2008 titelte der Spiegel: „China festigt seinen Platz als Klimasünder Nummer eins"[60]. Im Jahr 2005 war China für den Ausstoß von 7,2 Mrd., die USA für 6,9 Mrd. Tonnen

60 Spiegel. URL: http://www.spiegel.de/wissenschaft/mensch/0,1518,559908,00.html

Treibhausgasen verantwortlich (CAIT 8.0[61]). Der CO_2-Ausstoß von China betrug 2007 6,7 Mrd. t, von den USA 5,8 Mrd. t. Zusammen verursachten beide Länder pro Jahr über 42 % der weltweiten CO_2-Emissionen. Die Gesamtmenge des Treibhausgasausstoßes eines Landes ist jedoch wenig aussagekräftig, weshalb man als Maßstab den Anteil an Emissionen entsprechend der Bevölkerung eines Landes bevorzugt. Gemessen am Pro-Kopf-Verbrauch zählen die USA, Australien und Kanada mit 17 bis 20t CO_2 pro Kopf zu den 25 Hauptproduzenten. In Deutschland und anderen europäischen Staaten ist der Pro-Kopf-Verbrauch nur halb so hoch. Unter den fünf Staaten mit den höchsten Pro-Kopf-Emissionen CO_2 wurden 2005 Katar, Kuwait, Vereinigte Arabische Emirate und Bahrain aufgezählt, deren Anteil aus dem treibhausgasintensiven Aufbereitungsprozess von Erdöl und Erdgas resultiert. Bevölkerungsreiche Staaten wie China, mit einem Pro-Kopf-Verbrauch von 4,3t CO_2, und Indien (1,1t) belegen in der Rangliste die hinteren Plätze 71 und 123 (CAIT 8.0).

Die Gegenüberstellung von Pro-Kopf-Emissionen kann auch Aufschluss über die Bedeutung einzelner Gase geben. Lachgas beispielsweise wird in der Landwirtschaft durch den Einsatz von Düngemittel erzeugt und macht 40 % der Treibhausgasemissionen im Agrarsektor aus. Dementsprechend wird das Treibhausgas in größerem Umfang in den Entwicklungs- und Schwellenländer freigesetzt (Arens 2009). Mit 9t N_2O ist die Zentralafrikanische Republik der Spitzenreiter, gefolgt von Staaten wie Salomonen, Mongolei, Uruguay und Angola. Der N_2O-Ausstoß von Industriestaaten ist dagegen deutlich geringer. In den USA werden 1,3t, in der Europäischen Union 0,9t N_2O freigesetzt (CAIT 8.0). Obwohl eine Tonne Lachgas 310mal klimaschädlicher ist als Kohlenstoffdioxid, trägt es mit 4 % nur gering zum Klimawandel bei (Arens 2009).

In Kap. 5.2.2 sollen die staatlichen Akteure in „Klimagruppen" unterteilt werden. Die Unterscheidung zwischen Industriestaaten als Verursacher und den Entwicklungsländern als Opfer des Klimawandels entspricht einer zu groben Kategorisierung. Aber diese vereinfachte Darstellung dient dazu, überhaupt Pflichten und Rechte in der Klimapolitik bestimmen zu können, ohne jedes Land und dessen individuelles Klimakonto betrachten zu müssen. Im Vorfeld eines Weltklimavertrag sollten jedoch Indikatoren entwickelt werden, um die Verpflichtung von Staaten im Klimaschutz genauer berechnen zu können.

61 Climate Analysis Indicators Tool (CAIT). Version 8.0. World Resources Institute. Washington, DC: 2005.

Treibhausgasemissionen im Jahr 2005

(ohne Landnutzungsänderungen) CO_2, CH_4, N_2O, P-FKW, H-FKW, SF_6

Country	MtCO2e	Rank	% of World Total	Metric tons CO2e Per Person	Rank
China	7,232.8	(1)	19.13%	5.5	(84)
United States of America	6,914.2	(2)	18.29%	23.4	(9)
European Union (27)	5,043.1	(3)	13.34%	10.3	(43)
Russian Federation	1,954.6	(4)	5.17%	13.7	(21)
India	1,859.0	(5)	4.92%	1.7	(149)
Japan	1,346.3	(6)	3.56%	10.5	(40)
Brazil	1,011.6	(7)	2.68%	5.4	(87)
Germany	977.5	(8)	2.59%	11.9	(28)
Canada	739.4	(9)	1.96%	22.9	(10)
Mexico	645.0	(10)	1.71%	6.3	(75)
United Kingdom	644.1	(11)	1.70%	10.7	(39)
Indonesia	583.2	(12)	1.54%	2.7	(118)
Korea (South)	568.9	(13)	1.50%	11.8	(29)
Italy	562.4	(14)	1.49%	9.6	(50)
Iran	559.2	(15)	1.48%	8.1	(61)
Australia	557.6	(16)	1.47%	27.3	(7)
France	550.4	(17)	1.46%	9.0	(53)
Ukraine	493.9	(18)	1.31%	10.5	(41)
Spain	436.7	(19)	1.15%	10.1	(46)
South Africa	422.2	(20)	1.12%	9.0	(54)
Turkey	390.6	(21)	1.03%	5.5	(85)
Saudi Arabia	376.6	(22)	1.00%	16.3	(16)
Poland	372.8	(23)	0.99%	9.8	(49)
Thailand	351.1	(24)	0.93%	5.3	(88)
Argentina	326.6	(25)	0.86%	8.4	(59)
Nigeria	297.3	(26)	0.79%	2.1	(136)
Taiwan	283.8	(27)	0.75%	12.4	(26)
Venezuela	260.4	(28)	0.69%	9.8	(48)
Pakistan	239.7	(29)	0.63%	1.5	(154)
Malaysia	235.9	(30)	0.62%	9.2	(52)
Egypt	227.2	(31)	0.60%	2.9	(113)
Netherlands	224.2	(32)	0.59%	13.7	(20)
Kazakhstan	202.5	(33)	0.54%	13.4	(22)
Uzbekistan	180.9	(34)	0.48%	6.9	(71)
Vietnam	179.0	(35)	0.47%	2.2	(134)
Colombia	174.0	(36)	0.46%	4.0	(99)
United Arab Emirates	159.6	(37)	0.42%	39.0	(2)
Bangladesh	142.2	(38)	0.38%	0.9	(174)
Czech Republic	141.8	(39)	0.37%	13.8	(19)
Belgium	139.1	(40)	0.37%	13.3	(23)
Philippines	138.6	(41)	0.37%	1.6	(151)
Angola	132.5	(42)	0.35%	8.0	(62)
Algeria	132.0	(43)	0.35%	4.0	(100)
Romania	131.6	(44)	0.35%	6.1	(76)
Greece	127.5	(45)	0.34%	11.5	(33)
Sudan	122.0	(46)	0.32%	3.2	(109)
Iraq	121.8	(47)	0.32%	4.3	(97)
Korea (North)	118.4	(48)	0.31%	5.0	(90)
Myanmar	107.0	(49)	0.28%	2.2	(132)
Congo, Dem. Republic	93.3	(50)	0.25%	1.6	(153)

Tab. 1 Übersicht der Treibhausgasemissionen im Jahr 2005 (CAIT 8.0) *Es handelt sich um die aktuellsten verfügbaren Daten über den Gesamtausstoß aller Treibhausgase zum Zeitpunkt der Abgabe dieser Forschungsarbeit. Die Tabelle wurde geringfügig grafisch verändert und die Überschrift ins Deutsche übersetzt.*

Treibhausgasemissionen im Jahr 2007 (ohne Landnutzungsänderungen) CO_2						
Country	MtCO2	Rank	% of World Total	Metric tons CO2 Per Person	Rank
China	6,702.6	(1)	22.70%	5.1	(66)
United States of America	5,826.7	(2)	19.73%	19.3	(7)
European Union (27)	4,064.5	(3)	13.76%	8.2	(39)
Russian Federation	1,626.3	(4)	5.51%	11.4	(18)
India	1,410.4	(5)	4.78%	1.3	(122)
Japan	1,270.1	(6)	4.30%	9.9	(25)
Germany	817.2	(7)	2.77%	9.9	(26)
Canada	583.9	(8)	1.98%	17.7	(9)
United Kingdom	530.2	(9)	1.80%	8.7	(34)
Korea (South)	517.1	(10)	1.75%	10.7	(21)
Iran	512.1	(11)	1.73%	7.2	(47)
Mexico	467.3	(12)	1.58%	4.4	(73)
Italy	461.3	(13)	1.56%	7.8	(43)
Australia	401.1	(14)	1.36%	19.0	(8)
Indonesia	400.4	(15)	1.36%	1.8	(107)
France	380.4	(16)	1.29%	6.1	(56)
Brazil	373.7	(17)	1.27%	2.0	(104)
Saudi Arabia	373.4	(18)	1.26%	15.5	(11)
Spain	371.9	(19)	1.26%	8.3	(37)
South Africa	352.6	(20)	1.19%	7.4	(45)
Ukraine	321.4	(21)	1.09%	6.9	(51)
Poland	313.2	(22)	1.06%	8.2	(40)
Turkey	289.7	(23)	0.98%	4.0	(78)
Taiwan	285.6	(24)	0.97%	12.5	(14)
Thailand	243.5	(25)	0.82%	3.6	(81)
Kazakhstan	193.3	(26)	0.65%	12.5	(15)
Egypt	189.4	(27)	0.64%	2.4	(96)
Malaysia	188.7	(28)	0.64%	7.1	(49)
Netherlands	183.7	(29)	0.62%	11.2	(19)
Argentina	168.9	(30)	0.57%	4.3	(77)
Venezuela	164.8	(31)	0.56%	6.0	(57)
Pakistan	148.9	(32)	0.50%	0.9	(132)
United Arab Emirates	138.4	(33)	0.47%	31.7	(2)
Czech Republic	124.6	(34)	0.42%	12.1	(17)
Uzbekistan	115.9	(35)	0.39%	4.3	(76)
Vietnam	112.8	(36)	0.38%	1.3	(120)
Belgium	110.0	(37)	0.37%	10.4	(24)
Iraq	106.3	(38)	0.36%	3.5	(82)
Greece	106.1	(39)	0.36%	9.5	(31)
Algeria	102.8	(40)	0.35%	3.0	(87)
Romania	96.9	(41)	0.33%	4.5	(71)
Nigeria	95.2	(42)	0.32%	0.6	(141)
Philippines	78.6	(43)	0.27%	0.9	(134)
Chile	73.6	(44)	0.25%	4.4	(74)
Austria	72.0	(45)	0.24%	8.7	(35)
Kuwait	69.7	(46)	0.24%	26.2	(4)
Israel	68.4	(47)	0.23%	9.5	(29)
Korea (North)	65.4	(48)	0.22%	2.8	(91)
Finland	65.3	(49)	0.22%	12.3	(16)
Belarus	64.6	(50)	0.22%	6.7	(53)

Tab. 2 Übersicht der CO_2-Emissionen im Jahr 2007 (CAIT 8.0) *In CAIT 8.0 sind für CO_2-Emissionen bereits Daten aus dem Jahr 2007 verfügbar. Die Daten in Tab. 1 und Tab.3 beziehen sich dagegen auf das Jahr 2005, da für den CO_2-eq-Gesamtausstoß keine aktuelleren Daten vorlagen. Die Tabelle wurde geringfügig grafisch verändert und die Überschrift ins Deutsche übersetzt.*

Treibhausgasemissionen pro-Kopf, 2005 (ohne Landnutzungsänderungen)					
Country	Metric tons CO2e Per Person	Rank	Metric tons CO2 Per Person	Rank	CO2e / % of World Total
Qatar	68.9	(1)	50.9	(1)	0.16%
United Arab Emirates	39.0	(2)	28.5	(3)	0.42%
Kuwait	34.8	(3)	30.5	(2)	0.23%
Brunei	33.1	(4)	14.1	(11)	0.03%
Bahrain	29.0	(5)	25.1	(4)	0.06%
Trinidad & Tobago	27.4	(6)	19.7	(7)	0.10%
Australia	27.3	(7)	19.2	(8)	1.47%
Luxembourg	26.7	(8)	24.9	(5)	0.03%
United States of America	23.4	(9)	19.8	(6)	18.29%
Canada	22.9	(10)	17.5	(9)	1.96%
New Zealand	19.1	(11)	8.9	(34)	0.21%
Oman	18.9	(12)	11.9	(15)	0.13%
Turkmenistan	18.9	(13)	8.6	(36)	0.24%
Equatorial Guine	18.0	(14)	8.1	(42)	0.03%
Ireland	16.8	(15)	11.1	(17)	0.18%
Saudi Arabia	16.3	(16)	14.5	(10)	1.00%
Central African Republic	14.9	(17)	0.1	(181)	0.16%
Estonia	14.5	(18)	12.3	(12)	0.05%
Czech Republic	13.8	(19)	11.9	(13)	0.37%
Netherlands	13.7	(20)	11.3	(16)	0.59%
Russian Federation	13.7	(21)	10.9	(21)	5.17%
Kazakhstan	13.4	(22)	11	(19)	0.54%
Belgium	13.3	(23)	11.1	(18)	0.37%
Finland	13.0	(24)	10.6	(22)	0.18%
Uruguay	12.7	(25)	1.7	(106)	0.11%
Germany	11.9	(28)	10.1	(25)	2.59%
Korea (South)	11.8	(29)	10.3	(23)	1.50%
United Kingdom	10.7	(39)	9	(32)	1.70%
Japan	10.5	(40)	9.8	(26)	3.56%
European Union (27)	10.3	(43)	8.4	(39)	13.34%
Spain	10.1	(46)	8.4	(37)	1.15%
Italy	9.6	(50)	8.1	(41)	1.49%
France	9.0	(53)	6.6	(51)	1.46%
South Africa	9.0	(54)	7.2	(47)	1.12%
Argentina	8.4	(59)	4	(77)	0.86%
Hungary	8.2	(60)	5.7	(59)	0.22%
Sweden	7.4	(65)	5.7	(60)	0.18%
Mexico	6.3	(75)	4.1	(74)	1.71%
China	5.5	(84)	4.3	(71)	19.13%
Turkey	5.5	(85)	3.3	(85)	1.03%
Chile	5.4	(86)	4	(76)	0.23%
Brazil	5.4	(87)	1.9	(104)	2.68%
Thailand	5.3	(88)	3.5	(83)	0.93%
Korea (North)	5.0	(90)	3.3	(86)	0.31%
Belize	2.4	(125)	1.4	(118)	0.00%
Costa Rica	2.3	(127)	1.4	(116)	0.03%
Vietnam	2.2	(134)	1.2	(120)	0.47%
India	1.7	(149)	1.1	(123)	4.92%
Uganda	1.1	(167)	0.1	(176)	0.08%
Haiti	0.8	(177)	0.2	(162)	0.02%
Sierra Leone	0.8	(178)	0.2	(159)	0.01%
Afghanistan	0.5	(182)	0	(185)	0.04%
Rwanda	0.4	(185)	0.1	(177)	0.01%
Burundi	0.3	(186)	0	(186)	0.01%

Tab. 3 Übersicht der Pro-Kopf-Emissionen (CO_2-eq und CO_2) im Jahr 2005 (CAIT 8.0) *Für eine bessere Vergleichbarkeit wurden die Pro-Kopf-Emissionen für CO_2-eq und CO_2 jeweils aus dem Jahr 2005 verglichen, da nur für die CO_2-Emissionen aktuellere Daten verfügbar waren (s. Tab. 2).*

Eine zweite Gruppe von Akteuren sind die in den Staaten lebenden Individuen. Der Pro-Kopf-Verbrauch an CO_2-Emission sagt wenig darüber aus, wie viel Treibhausgase in den Haushalten entstehen. In den Städten San Diego und San Francisco, die im amerikanischen Vergleich sehr umweltfreundlich abschneiden, produziert ein Haushalt durchschnittlich 26 t CO_2 jährlich, wohingegen ein Haushalt in Peking nur 4 t und in Shanghai nur 1,8 t erzeugt (Zheng, Wang 2009, S.19). „Even in China's brownest city, Daqing, a standardized household emits only one-fifth of the carbon produced by a standardized household in America's greenest cities" (Zheng, Wang, Glaeser, Kahn 2009, S.19). Besonders in den westlichen Industriestaaten tragen Lebensstil und Konsumverhalten zum Klimawandel bei (vgl. Storbeck 2010). Natürlich kann man auch innerhalb von Staaten nur Tendenzen ausmachen – so erzeugen Vegetarier und Fahrradfahrer weniger Treibhausgase, als Ihre Mitbürger. Im Allgemeinen aber manifestiert sich ein größerer individueller Klimafußabdruck der Bürger wohlhabender Staaten, weshalb man hier von sogenannten Luxusemissionen (Shue 2010c) spricht. In den westlichen Industriestaaten besitzen zum Beispiel weitaus mehr Menschen ein Auto, als in den asiatischen Mega-Cities. Computer, Flachbildfernseher, Klimaanlagen, etc. weisen einen sehr hohen Stromverbrauch auf. Auch existiert ein Zusammenhang zwischen Wohlstand und Fleischkonsum. Bei der Viehhaltung in den Anlagen der Massentierhaltung und insbesondere bei der Rinderzucht werden große Mengen des Treibhausgases Methan freigesetzt (Dow, Downing 2007, S. 50). Die Nachfrage nach Fleisch hat sich seit 1980 verdoppelt, was v.a. auf den wachsenden Wohlstand in Schwellenländern wie Brasilien und China zurückzuführen ist. Trotzdem wird ein Drittel der weltweiten Fleischproduktion von den Industriestaaten konsumiert (Piller 2010). Der Rindfleischkonsum ist in den Industriestaaten um 400 % höher als in den Entwicklungsländern. Dort findet man zudem eine konstant breite Auswahl an importierten Gemüse und Obst. Zum Beispiel hat der Transport von Lebensmittel, die in Großbritannien im Jahr 2002 verzehrt wurden, 9,2 Mio. t CO_2-Emissionen erzeugt. Die Autofahrer, die mit ihrem PKW zum Einkaufen fahren, sind da noch nicht mit eingerechnet (Dow, Downing 2007, S. 50-51). Andererseits wird der Lebensstil auch von äußeren Umständen beeinflusst, wie den lokalen Temperaturen oder der Infrastruktur. In sehr kalten Regionen greifen die Menschen mehr auf fossile Energieträger zurück, als in milden Regionen, wo man leichter auf das Einheizen der Räumlichkeiten verzichten kann. Die Frage nach der individuellen Verantwortung ist deshalb weitaus schwieriger zu beantworten, als die nach der Verpflichtung von Staaten.

Um der zeitlichen Dimension des Klimawandels gerecht zu werden, sollten schließlich auch die unterschiedlichen Generationen betrachtet werden. Denn die in der Vergangenheit ausgestoßenen Treibhausgase werden das Leben heutiger und künftiger Generationen beeinträchtigen. Doch was versteht man eigentlich unter dem Begriff „Generation"? Nach einem chronologischen Verständnis kann der Begriff erstens temporal verstanden werden. Demnach spricht man von Generationen, um verschiedene Altersgruppen voneinander abzugrenzen. Die unter 30-jährigen bilden die junge, die 30- bis 60-jährigen die mittlere und die über 60-jährigen die alte Generation (Tremmel 2005, S.22-23). Wird der Begriff dagegen intertemporal verwendet, bezeichnet Generation „die Gesamtheit der heute lebenden Menschen" (ebd. S. 23). Man unterscheidet „zwischen Menschen, die gestern lebten, die heute leben und die morgen leben werden" (ebd. S. 23). Natürlich sind Generationen nicht in sich geschlossen, sondern gehen fließend ineinander über. Damit aber ein intergenerationelles Gerechtigkeitsverständnis angewendet werden kann, soll im Folgenden der Begriff Generation chronologisch und intertemporal verwendet werden. Unter Generationen der Vergangenheit sind vorwiegend Menschen zu verstehen, die früher gelebt haben, auch wenn einige Menschen aus dieser Generation noch heute leben. Ebenso wird von zukünftigen Generationen die Rede sein, obwohl viele Menschen, die bereits heute leben, auch noch 2050 leben werden. Statt von künftigen Generationen könnte man auch von nachrückenden Generationen oder von der Generation der nächsten Jahrzehnte sprechen. Allerdings werden die Folgen des Klimawandels das Leben der Menschen auch im nächsten Jahrhundert beeinflussen, weshalb der Begriff künftige Generationen an dieser Stelle bevorzugt wird.

Mit diesem Generationenbegriff können nun verschiedene, für die Klimapolitik relevante Generationen identifiziert werden: Die Generationen der Vergangenheit haben seit der Industrialisierung den erheblichen Anstieg der Treibhausgaskonzentration in der Atmosphäre zu verantworten. Man spricht deshalb auch von historischen Treibhausgasemissionen. Von der Verbrennung fossiler Energieträger haben in erster Linie die Industriestaaten profitiert, aber in geringen Umfang auch Entwicklungsländer, die beispielsweise im Rohstoffexport tätig waren. Heute sind bereits erste Folgen des Klimawandels spürbar. Trotzdem überwiegen derzeit die ökonomischen Vorteile. Das gilt wiederum für die Industriestaaten, die gemessen am Pro-Kopf-Verbrauch die meisten CO_2-Emissionen produzieren. Zunehmend gewinnen auch Entwicklungsstaaten wie Brasilien und China an Bedeutung, die durch ihren Energiehunger zum Klimawandel beitragen. Künftige Generationen werden mit den negativen Folgen des Klimawandels konfrontiert sein. In den moderaten Klimazonen der Industriestaaten werden die Auswirkungen geringer als in den Entwicklungsländern ausfallen. Besondere Nachteile sind in den ärmsten und am wenigsten entwickelten Staaten zu erwarten.

5.2.2 *Die Schuldfrage oder das korrektive Gerechtigkeitsverständnis*

Die Analyse der beteiligten Akteure stößt unmittelbar auf die Schuldfrage: Da durch den Klimawandel Schäden entstehen und die Verursacher des Klimawandels nicht mit den Geschädigten identisch sind, sollte aus einem korrektiven Gerechtigkeitsverständnis dieses Ungleichgewicht bei der Verteilung von Pflichten und Kosten in der internationalen Klimapolitik einbezogen werden.

Mit Blick auf die Vergangenheit nehmen die Industriestaaten die Täterrolle ein: Der Anstieg der Treibhausgase ist primär Ausdruck des westlichen Lebensstils:

Seit Beginn der Industrialisierung wurden nahezu 80 % der gesamten Treibhausgase durch die entwickelten Länder ausgestoßen (Müller, Fuentes, Kohl 2007, S. 36, 54). Mit 30,3 % und 27,7 % haben die USA und Europa den größten Anteil an der Gesamtmenge der CO_2-Emissionen von 1900 bis 1999 verursacht. In weitem Abstand folgen die Staaten der früheren Sowjetunion (13,7 %) sowie eine Gruppe von asiatischen Entwicklungsländern (12,2 %) (Arens 2009). Dieser Trend setzt sich auch in jüngster Zeit fort: Die im „Annex I" der Klimarahmenkonvention angeführten Industriestaaten sind für die Hälfte aller Treibhausgase verantwortlich, die zwischen 1970 und 2004 emittiert wurden, obwohl sie nur 20 % der Weltbevölkerung beheimaten (Müller, Fuentes, Kohl 2007, S. 36, 54). Folglich sollten die Industriestaaten- wenn auch verallgemeinernd – als Haupt-Verursacher des Klimawandels betrachtet werden. Zusätzlich fallen die heutigen Lebensgewohnheiten (Autos, hoher Strombedarf) und der tägliche Ressourcenverbrauch (Wasser, Lebensmittel) in den wohlhabenden Ländern ins Gewicht. Sie tragen deshalb eine besondere Verpflichtung, die sie gegenüber anderen Staaten einzulösen haben.

Die Gruppe der *Opfer* ist dagegen deutlich heterogener. In der Vergangenheit haben die Entwicklungs- und Schwellenländer nur knapp 21 % zum Treibhausgasausstoß beigetragen, so dass sie eigentlich eine verminderte Verantwortung in der Klimapolitik übernehmen müssten. Doch in den letzten Jahren haben vor allem die Schwellenländer ihren Anteil an CO_2-Emissionen deutlich erhöht. Zwischen 1992 und 2004 hat allein China 13,6 % der weltweiten CO_2-Emissionen verursacht und ist mittlerweile der größte Produzent an Treibhausgasen (Arens 2009). Doch wie viel Verpflichtung ist daraus abzuleiten? Sollten Schwellenländer beispielsweise mehr Emissionsrechte erhalten wie reiche Staaten, da sie das gleiche Recht auf Entwicklung besitzen? Oder müssen auch sie mit Blick auf zukünftige Generationen einen Beitrag leisten? Und welche Rolle nehmen beispielsweise Öl-exportierende Länder ein, deren Bevölkerungen durch einen hohen Treibhausgasausstoß nicht an Wohlstand gewonnen haben?

Im Gegensatz zu Schwellenländern zeichnen sich die ärmsten Staaten dieser Welt dadurch aus, dass sie wenig industrialisiert sind und damit wenig Treibhausgase produzieren. „In ganz Afrika wurde 1997 so viel CO_2 ausgestoßen wie in Deutschland oder Indien allein“ (Arens 2009). Gleichzeitig werden die Folgen des Klimawandels konzentriert in den ärmsten, da geografisch sensiblen Regionen der Welt auftreten. Müssen sich Staaten dieser Kategorie überhaupt an Klimaschutzmaßnahmen beteiligen?

Gerade auf der individuellen Ebene ist Armut ein moralischer Faktor: Denn die in relativer oder absoluter Armut lebenden Menschen sind nicht nur vom Klimawandel stärker betroffen, sie können sich auch nicht die notwendigen präventiven und adaptiven Maßnahmen leisten. Ist daraus abzuleiten, dass Industriestaaten diese Kosten übernehmen müssen? Oder ist Klimapolitik grundsätzlich mit Armutspolitik zu verknüpfen, damit die armutsfördernden Faktoren des Klimawandels kompensiert werden? Das folgende Kapitel soll die Beziehung zwischen Klimawandel und Armut herausarbeiten und ethische Schlussfolgerungen beleuchten.

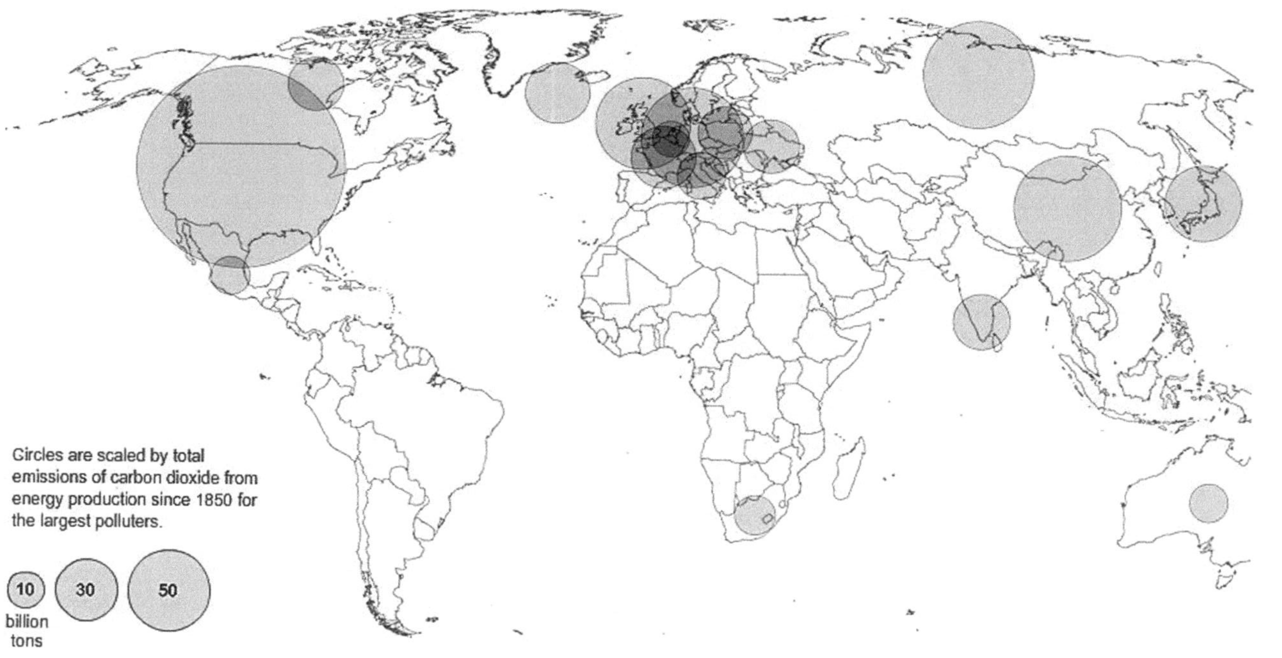

Abb. 6 „Gewinner“ des Klimawandels (The New York Times: Winners and Losers in a Changing Climate. 02.04.2007. URL: http://www.nytimes.com/ 2007/04/02/us/20070402_CLIMATE_GRAPHIC.html) *Die Darstellung zeigt, dass die Industriestaaten seit 1850 den Großteil der energiebedingten Emissionen verursacht haben; hier am Beispiel des Treibhausgases Kohlenstoffdioxid.*

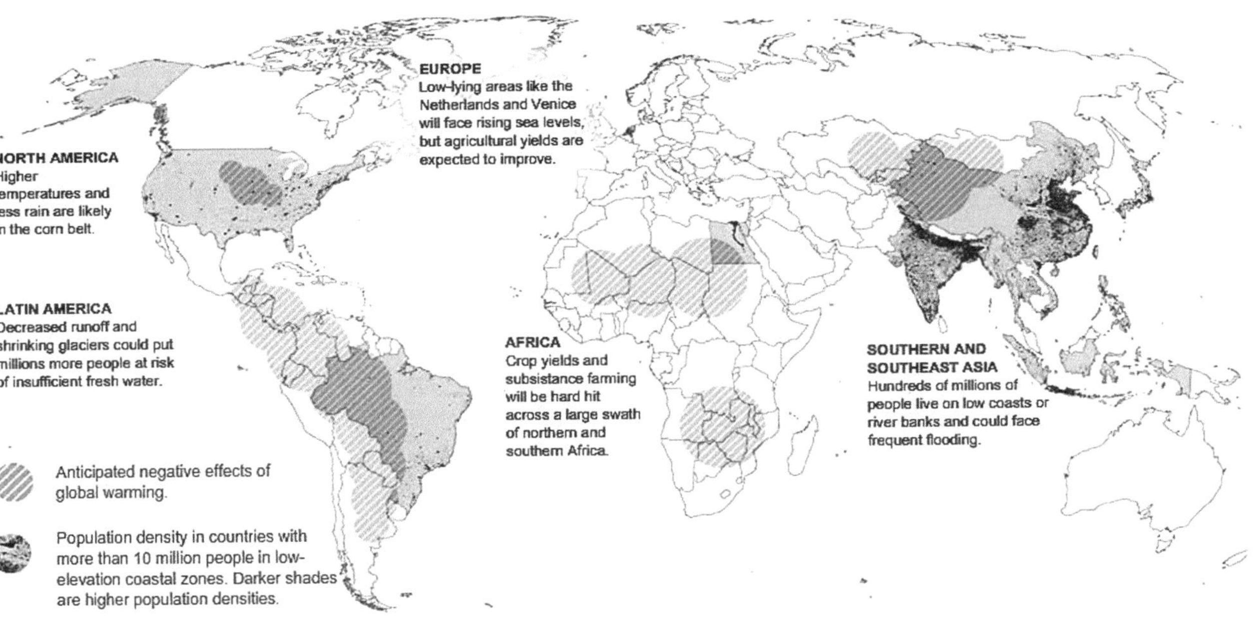

Abb. 7 „Verlierer“ des Klimawandels (The New York Times: Winners and Losers in a Changing Climate. 02.04.2007. URL: http://www.nytimes.com/ 2007/04/02/us/20070402_CLIMATE_GRAPHIC.html) *Orange schraffierte Flächen zeigen an, wo voraussichtlich negative Effekte des Klimawandels eintreten werden. Die Bevölkerungsdichte in Staaten mit mehr als 10 Mio. Menschen in niedrig liegenden Küstengebieten ist schattiert dargestellt. Je dunkler die Schattierung, desto höher ist die Bevölkerungsdichte.*

5.3 Klimawandel und Armut – Anlass zu einem Exkurs

„Die Verwundbarkeit gegenüber dem Klimawandel hängt ab vom gegenwärtigen Klima in einer Region und vom Ausmaß der zukünftigen Klimaänderung, aber auch von den Lebensverhältnissen der Menschen und ihren Fähigkeiten, sich an ein verändertes Klima anzupassen“ (Edenhofer u.a. 2010, S. 21). Armut vergrößert die Vulnerabilität der Menschen. Als extrem arm werden Menschen bezeichnet, die von weniger als 1,25 US-$ pro Tag leben müssen. Das trifft auf 25 % der Bevölkerung in den Entwicklungsländern und sogar auf über 50 % der Menschen in großen Teilen Afrikas zu (ebd. S. 21). Die Bekämpfung von extremer Armut ist eines der Millenniumentwicklungsziele: Der Anteil der in extremer Armut lebenden Menschen soll zwischen 1990 und 2015 auf die Hälfte reduziert werden. Doch entgegen dieser Zielsetzung werden die Folgen des Klimawandels die weltweite Not verschärfen.
Soziale Vulnerabilität lässt sich durch verschiedene politische, wirtschaftliche und gesellschaftliche Indikatoren festlegen (s. *Human Developement Index* oder *Human Poverty Index*). Ausschlaggebend sind Faktoren wie Einkommen, Zugang zu Bildung oder medizinische Versorgung. Mit Blick auf den Klimawandel spricht man auch von Anpassungsfähigkeit, da *Konzepte der sozialen Vulnerabilität* nicht das *spezifische Risiko* einer Person oder einer Region gegenüber den klimatischen Veränderungen abbilden. Dafür müsste man sogenannte *integrierte Konzepte der Verwundbarkeit* entwerfen, "die soziale Verwundbarkeit mit Informationen zu Klimarisiken [verknüpfen], um die unterschiedliche Bedrohung von Bevölkerungsgruppen oder Regionen umfassender zu beschreiben" (ebd. S. 27). So ist eine Region mit hoher Bevölkerungsdichte in Küstennähe stärker vom ansteigenden Meeresspiegel bedroht als andere. Da diese Studien mit einem hohen Aufwand und Schwierigkeitsgrad verbunden sind und zudem die Ergebnisse der aktuellen integrierten Konzepte sehr weit auseinander liegen, wird im Allgemeinen Vulnerabilität im ersten Sinn verwendet.

Vulnerabilität gegenüber dem Klimawandel wird erstens bestimmt durch „the degree to which an entity is exposed to a climate risk; for example, a house located on low-lying coast in an area prone to storm surges is more at risk from flooding than one that is in a more elevated and inland location, and the house on the coast is more at risk if the probability of a storm surge increases due to climate change” (Barnett 2010, S. 258). Die Anpassungsfähigkeit einer Region ist zweitens von ihrer Sensitivität gegenüber steigenden Temperaturen, abnehmenden Niederschlägen, etc. abhängig. In einem heißen Gebiet hat ein Temperaturanstieg von mehreren Grad größere Auswirkungen auf Landwirtschaft, Wasserhaushalt, etc., als in gemäßigten Breiten. Drittens betreffen Klimaänderungen am stärksten den landwirtschaftlichen Sektor. Folglich weisen Staaten, deren Öko-

nomie auf Fischfang oder Feldbau aufbaut, eine höhere Vulnerabilität gegenüber dem Klimawandel auf. Viertens ist auch die Wirtschaftsleistung ausschlaggebend für die Anpassungsfähigkeit eines Staates. Wohlhabende Staaten können beispielsweise Ernteausfälle durch zusätzliche Importe ausgleichen, während in armen Ländern Hunger und Not erzeugt werden (Edenhofer u.a. 2010, S 27-28). Auch die individuelle Anpassungsfähigkeit wird von verschiedenen Faktoren beeinflusst. Finanzielle und persönliche Flexibilität erlaubt z.B. den Umzug in eine Region, die bessere Lebensumstände bietet oder die Errichtung von Schutzbauten. Versicherungen gegen Umweltschäden und Naturkatastrophen bieten eine finanzielle Absicherung gegen zukünftige Schäden. Die Vulnerabilität ist folglich in den Regionen am höchsten, wo keine Adaptionsleistungen hervorgebracht werden können (Barnett 2010, S. 258-259).
Insgesamt sind 4 Mrd. Menschen durch die Folgen des Klimawandels gefährdet, davon gelten 500 Mio. sogar als *extrem* gefährdet (Heinrich-Böll-Stiftung und Oxfam Deutschland 2010, S.23; vgl. Mearns, Norton 2010).

Am größten ist das Risiko für die in Armut lebenden Menschen, obwohl sie nur in einem geringen Umfang Treibhausgase emittieren und deshalb auch am geringsten für den Klimawandel verantwortlich sind. Um dieses Gerechtigkeitsdefizit besser zu beleuchten, sollen im Folgenden vier Bereiche – Nahrungssicherheit, Wasserknappheit, Gefahr für die Gesundheit und Migrationszwang – umrissen werden.

1. Der Klimawandel wird dazu beitragen, dass sich die globalen sozialen Ungleichheiten weiter verschärfen. Dies lässt sich an der Entwicklung der Landwirtschaft verdeutlichen. Das Zusammenspiel aus veränderten Niederschlägen, steigenden Temperaturen und dem Düngereffekt von Kohlenstoffdioxid kann sich negativ, aber auch positiv auf die landwirtschaftlichen Erträge auswirken. In den gemäßigten und kalten Breiten kann man mit besseren Bedingungen rechnen, zumal die Bauern in den Industrieländern anpassungsfähig sind. Zwar hat die Hitzewelle 2003 in Deutschland die Ernten um 12 % reduziert, aber mit verbesserten Klimamodellen und präziseren Vorhersagen wird die Landwirtschaft Vorsorgemaßnahmen wie Bewässerungssysteme rechtzeitig ergreifen können (ebd. 2007, S. 78-79).

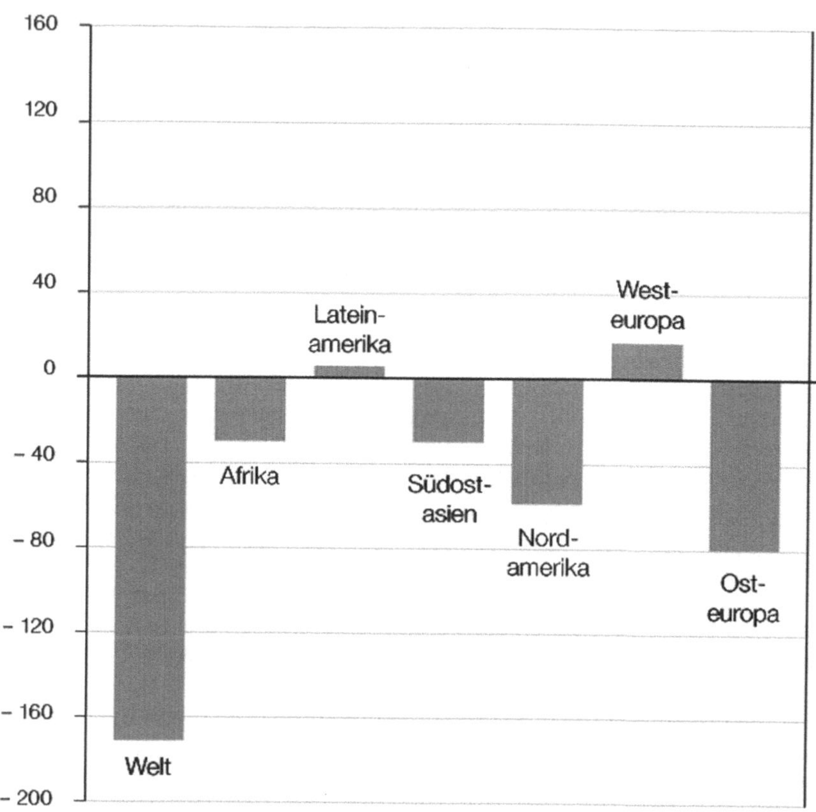

Abb. 8 Veränderung der Getreideproduktion durch den Klimawandel in den verschiedenen Weltregionen (Heinrich-Böll-Stiftung und Oxfam Deutschland 2010 auf der Grundlage von TERRA global: Klima im Wandel. Leipzig 2009. S. 34) *Modellberechnung für das Jahr 2080 im Vergleich zum Jahr 1990.*

Trotzdem wird die globale Getreideproduktion Schätzungen zufolge bis 2080 deutlich zurückgehen. Wie Abb. 8 zeigt, wird ein Großteil der Verluste in den Schwellen- und Entwicklungsländer in Afrika, Südostasien und Osteuropa zu verzeichnen sein. Doch gerade den Menschen in armen Ländern fehlt die Fähigkeit zur Anpassung. Kleinbauern arbeiten oft nach überlieferten Erkenntnissen über richtige Anbau- oder Bewässerungsmethoden, die durch den Klimawandel ihre Gültigkeit verlieren werden. Zugleich sind die Bauern auf die meist geringen Erträge angewiesen, so dass ein Rückgang der Ernte existenzbedrohende Ausmaße annimmt. Darüber hinaus beeinträchtigen Wetterextreme schon heute die Ernteerträge. In den Jahren 2007 und 2008 wurde in Bolivien ein Großteil der Ernten durch Überschwemmungen zerstört; in Guatemala hatte eine Dürre 2009 die Maisernte um die Hälfte reduziert, weswegen über 2 Mio. Menschen unter Hunger litten und 50 % aller Kinder unter zwei Jahren chronisch unterernährt waren. Viele Familien in armen Ländern bauen vor allem für den Eigenbedarf an und müssen darüber hinaus noch Lebensmittel zukaufen. Ein Ernterückgang um 15 bis 35 % und steigende Weltmarktpreise aufgrund geringerer Erträge wären nicht kompensierbar. Doch genau diese Entwicklung befürchten Forscher für die Grundnahrungsmittel Mais, Reis und Weizen, falls das 2°C-Klimaziel nicht gehalten werden kann. Der Preis für Weizen könnte sich bis 2050 vervierfacht haben. Entgegen den „Millennium-Entwicklungszielen" der Vereinten Nationen wird der Klimawandel die Zahl der in extremer Armut lebenden Menschen vergrößern und ihre Situation dramatisch verschlechtern (Heinrich-Böll-Stiftung und Oxfam Deutschland 2010, S. 8-15). In den Fokus der internationalen Klimapolitik muss deshalb die Anpassungsfähigkeit im landwirtschaftlichen Sektor gerückt werden. Bei den Ausgaben für Entwicklungszusammenarbeit ist der Anteil der ländlichen Entwicklung seit den 1980ern von 18 % auf 3 % reduziert worden. Hier ist eine deutliche Kehrtwende nötig, um die Zahl der in absoluter Armut Lebenden nicht dramatisch ansteigen zu lassen. Gerade in den Entwicklungsländern sind Investitionen in neue Produktionstechniken (z.B. Pflanzenzüchtung, Bewässerung), Infrastrukturprogramme (z.B. Ausbau der Kommunikation und der Handelsrouten) und Organisationen (Genossenschaften) zu tätigen. Doch den armen Staaten fehlt es oft an notwendigem Know-how und sie verfügen nicht über die Mittel, um Agrarforschung, auf ihre spezifischen Bedürfnisse ausgerichtet, zu finanzieren (Edenhofer u.a. S. 132-134). Doch wer soll die Kosten an Ihrer Stelle übernehmen?

2. Während 830 Millionen Menschen an Mangelernährung leiden (Pogge 2008, S. 2) haben 1,3 Mrd. Menschen nur unzureichend Zugang zu sauberem Wasser. Neben Nahrungsunsicherheit ist Wasserknappheit eine zweite, vielleicht noch größere, Bedrohung durch den Klimawandel. Erneut sind vor allem die Entwicklungsländer in Afrika, Südostasien oder Lateinamerika betroffen. Prognosen zufolge könnten zukünftig über 3 Mrd. Menschen keinen ausreichenden Zugang zu sauberem Wasser haben (Heinrich-Böll-Stiftung und Oxfam Deutschland 2010, S. 15-22). Die Ursachen, wie steigende Temperaturen, schmelzende Gletscher oder geringere Niederschlagsmengen, sind, wie bereits erläutert, vielfältig: Durch das nordchinesische Tiefland fließt der Gelbe Fluss, dessen Was-

serbestände vom Abschmelzen der Gletscher im Frühling sowie dem Einfluss des asiatischen Monsuns im Sommer aufgefüllt werden. Bereits heute sind die veränderten Klimaverhältnisse deutlich spürbar. So hat der Rückgang des Wassers im Gelben Fluss zwischen den Jahren 1972 und 1996 zu einem Verlust von 9,86 Mrd. kg in der Getreideproduktion geführt (Changming and Shifeng in Barnett 2010, S. 263). Auch in anderen Regionen der Erde sinken mit dem Rückgang der Gletscher die Pegelstände großer Flüsse. In Indien beispielsweise garantieren Flüsse wie Indus, Mekong, Jangtse und Ganges eine gesicherte Trinkwasserversorgung und ausreichende Bewässerungsmöglichkeiten für die Weizen- und Reisfelder. Eine zunehmende Wasserknappheit würde die „Kornkammer Indiens" im Bundestaat Punjab und damit die Versorgung mit Grundnahrungsmitteln in ganz Indien gefährden. In anderen Regionen tragen Dürreperioden zur Wasserknappheit bei, die wie im Mittleren und Nahen Osten an Häufigkeit, Stärke und Dauer weiter zunehmen. Bis zum Jahr 2025 gehen Forscher davon aus, dass im Libanon 15 % weniger Wasser, in Syrien sogar bis zu 50 % weniger Wasser vorhanden sein wird. Im Fluss Jordan wird die Wassermenge in den nächsten Jahrzehnten um bis zu 80 % abnehmen. Auch Nordafrika wird zukünftig verstärkt mit Dürreperioden zu kämpfen haben (Heinrich-Böll-Stiftung, Oxfam Deutschland 2010, S. 15-22).

3. Durch die globale Erwärmung steigt das Risiko von Krankheiten in den Entwicklungsländern. Krankheiten, die durch verunreinigtes Wasser übertragen werden, treffen auf Menschen, die unter Unterernährung und Wasserknappheit leiden, deren Immunsystem aufgrund der Mangelernährung geschwächt ist und die zudem keinen Zugang zu Medikamenten haben. Des Weiteren verbreiten sich Krankheitserreger bei höheren Temperaturen schneller, so sind beispielsweise in Lima 8 % mehr Durchfallerkrankungen pro Grad Celsius zu verzeichnen. In den nächsten Jahrzehnten werden Durchfallerkrankungen, die sich auf die globale Erwärmung zurückführen lassen, deutlich ansteigen. In wärmeren Regionen nimmt außerdem die Population der Krankheitsüberträger wie zum Beispiel Stechmücken zu, so haben sich durch steigende Durchschnittstemperaturen und zunehmende Niederschläge im ostafrikanischen Ruwenzori-Gebirge seit 1970 Mücken, die Malaria oder Dengue-Fieber übertragen, verbreitet (Heinrich-Böll-Stiftung, Oxfam Deutschland 2010, S.23).

Doch nicht nur Krankheiten, sondern auch extreme Unwetter und Erosionen stellen eine direkte Bedrohung für zahlreiche Menschenleben dar. Entwicklungsländer sind davon besonders betroffen, da hier erstens mehr Naturkatastrophen zu erwarten sind und zweitens die Gesundheitssysteme weit weniger ausgeprägt als in den Industrieländern sind. Drittens ist die Bauweise von Häusern in armen Regionen weniger robust, so dass beispielsweise Hurrikans, Taifune oder Zyklone hier wesentlich höhere Schäden verursachen können. Statistiken der letzten vier Jahrzehnte belegen die mangelnde Adaptionsfähigkeit der Entwicklungsländer: So stammen über 89 % aller Opfer von Überschwemmungen, Dürren und Stürmen aus den armen Regionen der Erde (Edenhofer, Flachsland, Luderer 2009, S. 111-112).

4. Durch den Klimawandel wird der Migrationszwang in den Entwicklungsstaaten erhöht. „Lebensfeindlich gewordenes Land sowie wachsende Konkurrenz um knappe Ressourcen gehören, insbesondere angesichts einer wachsenden Weltbevölkerung, zu den Hauptgründen für die Zunahme von Konflikt und Krieg, Migration und Flucht“ (Lienkamp 2009, S. 144). Stürme, Überschwemmungen, ansteigender Meeresspiegel, Desertifikation, Wasserknappheit, Missernten, sich ausbreitende Seuchen, Erosionen, Verschiebung der Vegetationszonen, Degradation von Süßwasserressourcen – klimatische Prozesse beinhalten ein hohes Konfliktpotential. Der Kampf um knapper werdende Ressourcen wird härter; ebenso der Kampf um lebensfreundliches Territorium. Menschen werden ihre gewohnte Umgebung verlassen müssen, um ihr Überleben zu sichern. Damit einher geht der Verlust von Traditionen und seit Jahrhunderten überliefertem Wissen (Lienkamp 2009, S. 114-149; vgl. WBGU 2007).

Das Gros an Migrationsbewegungen wird vor allem in den armen Regionen beobachtbar sein. Allein in Bangladesch würden 3 Millionen, in Vietnam 2,5 Millionen Hektar Land überflutet werden, wenn der Meeresspiegel um einen weiteren Meter anstiege. Die Folge wären enorme Migrationsbewegungen, die in Vietnam 10 Millionen, in Bangladesch 15-20 Millionen Flüchtlinge umfassen würden (Latif 2009, S. 188). Die Verbindung zwischen Klimawandel und Migration ist in ihrer Wirkung von weiteren Faktoren abhängig, die entweder verstärkend wirken können, wie Armut, Bevölkerungswachstum oder ethnisch-religiöse Konflikte, oder aber eine abfedernde Wirkung haben, wie soziale Strukturen oder das Vorhandensein einer Zivilgesellschaft. Doch bereits heute übertrifft die Anzahl der Umweltflüchtlinge alle anderen Flüchtlingstypen. In 2008 wurden 20 Millionen Menschen durch extreme Wetteranomalien vertrieben, während sich 4,6 Millionen Flüchtlinge auf Gewaltkonflikte zurückführen ließen[62]. Die schlimmste Dürrekatastrophe seit 60 Jahren hat 2011 am Horn von Afrika eine Hungersnot ausgelöst[63], in deren Folge allein in Somalia 1,8 Millionen Men-

62 IOM. URL: http://www.iom.int/jahia/Jahia/complex-nexus#nearfar

63 SOS Kinderdörfer. URL: http://www.sos-kinderdoerfer.de/Informationen/Aktuelles/News/Pages/Hunger-Duerre-Ostafrika.aspx?et_cid=2&et_lid=9&et_sub={d%FCrre%20somaliland}

schen[64] auf der Flucht waren. Bis 2050 könnte die Zahl der *environmental migrants* auf bis zu eine Milliarde Menschen ansteigen[65].

Zusammengefasst sind die in Armut lebenden Menschen in besonderem Maß vulnerabel gegenüber Klimaänderungen:

1. Grundsätzlich ist armen Menschen eine höhere Verletzlichkeit zu attestieren, da sie dauerhaft lebensbedrohlichen Umständen ausgesetzt sind.

2. Entwicklungsländer liegen meist in Regionen, die durch extreme Klimaverhältnisse gezeichnet sind. Der Umfang an Wetterextremen wird dort weiter zunehmen und die Lebensumstände verschlechtern.

3. Der Klimawandel wird zu Einbußen im landwirtschaftlichen Sektor führen, von dessen Einnahmen besonders die armen Menschen abhängig sind.

4. Arme Menschen üben keine präventiven oder adaptiven Maßnahmen aus, da der Mangel an Informationen, Know-how und finanziellen Rücklagen dies verhindert.

5. Entwicklungsländer sind oft nicht demokratisch. Die staatliche Unterstützung bei Notfällen ist aufgrund des geringen politischen Einfluss des Volkes tendenziell ungenügend (Edenhofer u.a. 2010, S. 28-29). Hinzu kommt, dass ein Zusammenhang zwischen der Vulnerabilität von Menschen einerseits und Menschenrechtsverletzungen in der Vergangenheit besteht. Als Beispiel kann Ost-Timor genannt werden, in dem es unter indonesischer Besatzung (1974-99) zu zahlreichen Menschenrechtsverstößen kam. Den Menschen wurden soziale und ökonomische Rechte vorenthalten und Bildung sowie Entwicklung verhindert. Heute zählt Ost-Timor zu den ärmsten Staaten dieser Erde. Landwirtschaftliche Erzeugnisse sichern die Existenz der armen Bauern. Doch mit dem Klimawandel ändert sich der asiatische Monsun, so dass künftige Erträge mit zusätzlichen Unsicherheiten verbunden sind. Für die arme Bevölkerung bedeutet das Hunger und Not, da sie weder über Bildung verfügen, noch Kapital besitzen, um Nahrungsmittel zu kaufen oder in die Städte abzuwandern (Barnett 2010, S. 260-262).

Die in Armut lebenden Menschen haben am wenigsten zum anthropogenen Klimawandel beigetragen, werden aber am meisten unter den Folgen leiden. Sie sind die eigentlichen Opfer der Klimaerwärmung und werden in ihrem Recht auf Leben bedroht. Trotzdem gestaltet sich die Einbeziehung des Faktors Armut in eine ethische Bewertung des Klimawandels als besonders schwierig. Inwiefern beeinflusst die Existenz von Armut die Verpflichtungen der Staaten in der Klimapolitik? Armut und Klimawandel fallen beide in den Bereich der globalen

---

64 Welthungerhilfe. URL: http://www.welthungerhilfe.de/duerre-ostafrika-spenden.html?wc=XXGOFM4000&gclid=CL-Hgo3F7KoCFYLwzAod1EvMPw

65 IOM. URL: http://www.iom.int/jahia/Jahia/complex-nexus#nearfar

Gerechtigkeit. Doch während Armut auch andere Ursachen als die Klimaerwärmung haben kann, sollte eine ethische Betrachtung des Klimawandels dessen existenzbedrohende Bedeutung für arme Menschen einbeziehen. Armut bildet insofern eine Teilmenge der Klimaproblematik und muss bei der Verteilung von Rechten und Pflichten in der internationalen Klimapolitik Beachtung finden. Aber in welchem Umfang?

In dem Versuch beide Forschungsthemen miteinander zu vernetzen, zeigt sich, dass zwei unterschiedliche Interpretationen von Menschenrechten aufeinander treffen. Im Fall des Klimaschutzes wurde auf ein negatives Menschenrechtsverständnis zurückgegriffen: Die Folgen des Klimawandels bedrohen die Menschenrechte, da der schnelle Anstieg von Treibhausgasen in der Atmosphäre auf menschliche Handlungen zurückzuführen ist. Deshalb sollte zukünftig die Minderung des Klimawandels angestrebt werden, um den Umfang an Menschenrechtsverletzungen so gering wie möglich zu halten. Folglich wird hier die Unterlassung einer Handlung gefordert. Armut ist dagegen eng mit einem positiven Menschenrechtsverständnis verbunden. Denn um die in absoluter Armut lebenden Menschen aus ihrer menschenunwürdigen Situation zu befreien, bedarf es keiner Unterlassung von Handlungen, sondern im Gegenteil das aktive Eingreifen. Des Weiteren kann Armut als distributives oder korrektives Gerechtigkeitsdefizit aufgefasst werden. Man kann also generell die Beseitigung von Armut sowie die Gleichverteilung notwendiger Ressourcen fordern oder Armutsbekämpfung nur dann als eine moralische Verpflichtung auffassen, wenn potentielle Wohltäter wie die Industriestaaten zur Armut in anderen Ländern beigetragen haben. Nach der Allgemeinen Erklärung der Menschenrechte sollten zwar alle Menschen ein menschenwürdiges Leben führen, aber es bleibt ungeklärt, wer die Verantwortung übernehmen muss. Ist die Beseitigung von Armut ein Anspruch der Menschen gegenüber dem Nationalstaat? Oder müssen die internationale Gemeinschaft, bzw. die wohlhabenden Staaten die Kosten dafür übernehmen? Anders verhält es sich beim Thema Klimawandel. Dieser wird als ungerecht bewertet, weil er eine Bedrohung vor allem für die zukünftigen Generationen darstellt. Alle Treibhausgas-Emittenten sollten sich deshalb für den Klimaschutz engagieren, wobei es naheliegend wäre, dass diejenigen, die mehr zum Klimawandel beigetragen haben, auch eine höhere Verantwortung tragen sowie einen größeren Anteil an *mitigation* und *adaptation* übernehmen sollten. Ungerechtigkeit würde dann aus der Konstellation Verursacher-Opfer definiert.

Die Verflechtung des Klimawandels mit der Armutsproblematik mündet in die Notwendigkeit eines Exkurs über Gerechtigkeit und Armut, um folgende Fragen beantworten zu können: 1. Hat Armutspolitik Vorrang vor dem Klimaschutz? 2. Muss Klimaschutz immer auch Armutsbekämpfung sein? 3. Wird der Grad der Verpflichtung in der Klimaschutzpolitik durch den Faktor Armut beeinflusst? Folglich ist eine Analyse hinsichtlich der Verpflichtung von Staaten und Individuen zur Armutsbekämpfung durchzuführen. Denn nur wenn es gelingt, das Verhältnis von globaler Ungleichheit, von armen zu reichen Staaten und Menschen, gerecht zu bewerten, lassen sich Rückschlüsse auf die Verpflichtung im internationalen Klimaschutz ziehen.

6 Gerechtigkeit und Armut (Exkurs)

Armut und Klimawandel sind Teil der Auseinandersetzung um globale Gerechtigkeit und hinterfragen das grundsätzliche Verhältnis von Staaten und Individuen. Strittig ist vor allem der Bezugsrahmen von Gerechtigkeitspflichten. Besitzen gerechtigkeitsethische Normen weltweit für alle Menschen die gleiche Geltung oder existieren partikulare „Gerechtigkeitsdomänen“ (Hahn 2009a, S. 101), in denen nur „bestimmte Gruppen Subjekte von Gerechtigkeit“ (ebd. S. 98) sind? In kosmopolitischen Theorien der Gerechtigkeit sind alle Menschen gleichermaßen Subjekte der Gerechtigkeit. Im Fokus steht die Beseitigung globaler Ungerechtigkeit und Ungleichheit. Ihnen gegenüber stehen partikularistische Theorien. Rassistische oder religiöse Ansätze können von vornherein ausgeklammert werden, da sie alle Menschen nicht als gleichwertig anerkennen, sondern Menschen mit einer gewissen Herkunft oder Konfession einen besonderen Wert zugestehen. Für die weitere Diskussion ist dagegen der moderate Partikularismus von besonderer Bedeutung. Demnach können nur Mitglieder einer konkreten Gemeinschaft Gerechtigkeitsansprüche erheben. Staatlichen Grenzen wird eine moralische Signifikanz zugewiesen und die Priorisierung von Mitbürgern ist legitim (vgl. Hahn 2009a; S. 95-102 und S.159-165)[66]. Da das globale Problem Klimawandel eine globale Perspektive fordert und aus dem Exkurs zur philosophischen Armutsdebatte ein Schema zur Bewertung der Verpflichtungen im Klimaschutz gewonnen werden soll, wird im Folgenden ein kosmopolitischer Standpunkt eingenommen. Gerechtigkeit kann nicht auf den Nationalstaat beschränkt bleiben. Der Klimawandel wird zu Menschenrechtsverletzungen auf der ganzen Welt führen, so dass alle Staaten eine Verpflichtung gegenüber der lebenden und zukünftigen Generation besitzen. Andererseits ist nicht ausgeschlossen, dass ein gewisses Maß an Priorisierung innerhalb eines Staates zulässig oder wünschenswert ist. Aus diesem Grund sollen im Folgenden die beiden Theorien von Peter Singer und Thomas Pogge verglichen werden. Beide sind Vertreter des Kosmopolitismus, unterscheiden sich aber in wesentlichen Punkten. Während Singer gegen jede Form partikularistischer Priorisierung argumentiert, will Pogge Kriterien für einen universalistischen Kosmopolitismus definieren und eine Grenze zwischen einem moralisch verwerflichen Partikularismus und einer akzeptablen Form interessensgeleiteter Politik ziehen.

66 Zum Diskurs über Kosmopolitismus und Partikularismus s.a. Appiah 2007, Archebuigi 1995, Barry 1999 und 2011; Caney 2000 und 2005; Miller 2007.

Beide Autoren sind für die vorliegende Arbeit auch deshalb geeignet, weil sie eine universalistische Gerechtigkeitstheorie anstreben. Von den Folgen des Klimawandels sind alle Menschen betroffen. Darum sollten die Kriterien für eine gerechte Klimapolitik nicht einer kulturabhängigen Theorie der Gerechtigkeit (s. Kommunitarismus) entspringen. Stattdessen sollte ein Gerechtigkeitsverständnis definiert werden, dass für alle Staaten und Individuen unabhängig von ihrer Herkunft, Religion, etc. weitgehend akzeptiert werden kann. Pogges Gerechtigkeitsbegriff lässt sich auf die Erfüllung grundlegender Menschenrechte zurückführen, wie das Recht auf Leben oder Gesundheit. Singer definiert ein Leben in absoluter Armut als moralisch verwerflichen Zustand, den es zu beheben gelte.

Für einen Vergleich beider Autoren spricht nicht zuletzt, dass sich zwischen ihren jeweiligen Positionen und den Argumenten der Klimadebatte deutliche Parallelen ausmachen lassen: Der philosophisch geführte Klimadiskurs lässt sich auf die Gegenüberstellung von zwei gegensätzlichen Prinzipien zurückführen. Das „Verursacher-Prinzip" („the-polluter-pays") folgt dem korrektiven Gerechtigkeitsansatz, stellt die Verantwortung der Industrieländer in den Mittelpunkt und fordert sie auf, die entstehenden Klimaschäden zu kompensieren. Dem Verursacherprinzip liegt ein institutioneller Denkansatz zugrunde, demzufolge Nationen Rechte und Pflichten zukommen. Die primären Adressaten für *mitigation* und *adaptation* sind danach jene Staaten, die durch den Gebrauch der Atmosphäre den Klimawandel herbeigeführt haben. Sie müssten ihren Emissionsausstoß gegen Null reduzieren und zusätzlich Klimaschutzprojekte in den ärmeren Ländern finanzieren (Baer, Athanasiou, Kartha, Kemp-Benedict 2010; vgl. Kap. 8.3.1154). Alternativ dazu wird das Pro-Kopf-Prinzip propagiert. Dies versucht zwischen den Industriestaaten und den Entwicklungsländern zu vermitteln, indem es jedem Land entsprechend seiner Bevölkerungszahl Emissionsrechte zuteilt. Dahinter steckt ein *distributiver* Gerechtigkeitsansatz, in dem die historische Verantwortung der Staaten unbeachtet bleibt und stattdessen die Individuen im Fokus stehen. Auf der Suche nach einem gerechten Verteilungsschlüssel teilt man jedem Menschen das Recht zu, einen gleich großen Anteil der atmosphärischen Kapazität zu nutzen (z.B. PIK 2010; WBGU 2009a, Singer 2004; Jamieson 2010, vgl. Kap. 8.1).

Die im Klimadiskurs hervorgebrachten Argumente sind bereits in der sehr viel älteren Debatte um die Armutsproblematik, ebenso in den Ansätzen von Singer und Pogge zu finden. Singer konzipiert einen individualethischen Ansatz, indem er den klassischen Utilitarismus in einen Präferenzutilitarismus wandelt. Er begründet eine generelle Hilfspflicht gegenüber den Armen, die sich aus der bloßen Fähigkeit wohlhabender Menschen zu helfen rechtfertigt. Er kann einem distributiven Gerechtigkeitsansatz zugeordnet werden, weil er die Gleichverteilung von Grundgütern fordert, ohne den Verursachern von Armut eine gesonderte Verpflichtung aufzulegen. Ausgangspunkt bei Pogge bilden die Menschenrechte, die er primär als Anspruch gegenüber Institutionen interpretiert. Korrektive Gerechtigkeitsansprüche lassen sich über die Staatsgrenzen hinweg nachweisen, wenn Institutionen wie Staaten zur Ungerechtigkeit in anderen Staaten beitragen. Im Gegensatz zu Singer fragt Pogge danach, wer globale Armut verursacht hat, um daraus eine Ergebnisverantwortung abzuleiten.

Der Vergleich zwischen Singer und Pogge wird helfen, die in der Klimadiskussion angewandten Argumente einzuordnen, zu vergleichen und zu priorisieren. Er ist zugleich notwendig, da der bisherige Beitrag normativer Studien zum Thema Klimawandel zu gering und oberflächlich ausfiel. Grundlegende Fragen nach der Definition von globaler Gerechtigkeit, dem Verhältnis Individuum-Staat oder Gerechtigkeitsansprüchen zwischen Staaten wurden bislang nicht in den Klimadiskurs integriert (vgl. Kap. 1.1). Gleichzeitig gelingt mit dem Vergleich die Verknüpfung und Abgrenzung der Thematiken Klimawandel und Armutsproblematik innerhalb eines ethischen Ansatzpunktes.

6.1 Der Präferenzutilitarismus von Peter Singer

Der Präferenzutilitarismus von Peter Singer stellt eine besondere, zeitgenössische Form des Utilitarismus dar. Grundlegendes Merkmal jeder Ethik sei Universalisierbarkeit. Sie bilde die kleinste Voraussetzung für Moralität. Ein moralisches Prinzip verfüge immer über einen universalen Geltungsbereich, weswegen „wir dort, wo wir moralische Urteile fällen, über unsere Neigungen und Abneigungen hinausgehen“ (Singer 1994, S. 28). Für Singer stellt Universalität das einzig unwiderlegbare Gerechtigkeitsideal dar. Deshalb müssten sich moralische Handlungen daran messen lassen und könnten nicht durch eigene Interessen begründet werden. Persönliche Interessen dürften bei Entscheidungen auch nicht stärker ins Gewicht fallen, als die Interessen derjenigen, die von dieser Entscheidung betroffen wären. Stattdessen müsse man immer die Interessen aller Beteiligten einbeziehen. Von einem moralischen Standpunkt aus sollte man stets denjenigen Handlungsverlauf wählen, „der per saldo für alle Betroffenen die besten Konsequenzen hat" (Singer 1994, S. 30). Universalität impliziere die Gleichheit aller Interessenträger, weswegen man auch vom *Prinzip der gleichen Interessenabwägung* sprechen könne. Im Gegensatz zum klassischen Utilitarismus zielt Singers Ethik nicht darauf ab, Lust zu steigern oder Unlust zu mindern, sondern den Präferenzen aller Betroffenen gerecht zu werden (Singer 1994, S. 15-32).

Die Übersicht verdeutlicht, inwiefern sich der Präferenzutilitarismus vom klassischen Utilitarismus unterscheidet:

Klassischer Utilitarismus	Präferenzutilitarismus
Beurteilung von Handlungen „nach ihrer Tendenz zur Maximierung von Lust oder Glück und zur Minimierung von Schmerz oder Unglück“ (Singer 1994, S. 124).	Beurteilung von Handlungen „nach dem Grad, in dem sie mit den Präferenzen der von den Handlungen oder ihren Konsequenzen betroffenen Wesen übereinstimmt“ (Singer 1994, S. 128).

Tab. 4 Gegenüberstellung Klassischer und Präferenzutilitarismus

6.1.1 Das Teichbeispiel

Ein Wesen, dass sich in Zukunft und Vergangenheit begreife sowie Wünsche und Pläne habe, also intentional handle, rechne dem Überleben die höchste Präferenz zu, da es durch keine gleichwertige Präferenz kompensiert werden könne (Singer 1994, S. 115-136). Die Existenz von Armut begründe nach Singer umfassende Hilfspflichten aller Menschen, weil nur ein menschenwürdiges Leben Handlungsfähigkeit garantiere und somit über allen anderen Präferenzen stehen müsse. Die Notsituation fremder Menschen könne deshalb Opfer abverlangen, wie folgende Metapher veranschaulicht:

Ausgangspunkt ist ein Teich, indem ein kleines Kind zu ertrinken droht. Peter Singer ist auf dem Weg zu einer Vorlesung und sieht das ertrinkende Kind. So hat er zwei Möglichkeiten: Er könnte erstens das Kind retten, würde dann aber seinen Unterricht verpassen und müsste seinen Anzug in die Reinigung bringen. Oder er wählt die zweite Option und folgt seinen persönlichen Präferenzen.

Aus moralischer Sicht käme nur die Rettung des Kindes in Frage:

„Wenn es in unserer Macht steht, etwas Schreckliches zu verhindern, ohne daß dabei etwas von vergleichbarer moralischer Bedeutung geopfert wird, dann sollten wir es tun“ (Singer 1994, S. 292).

Übertragen auf die Armutsproblematik ließe sich eine generelle Pflicht zur Hilfe ableiten:

„Erste Prämisse: Wenn wir etwas Schlechtes verhüten können, ohne irgend etwas von vergleichbarer moralischer Bedeutsamkeit zu opfern, sollten wir es tun.

Zweite Prämisse: Absolute Armut ist schlecht.

Dritte Prämisse: Es gibt ein bestimmtes Maß von absoluter Armut, das wir verhüten können, ohne irgendetwas von vergleichbarer moralischer Bedeutung zu opfern.

Schlussfolgerung: Wir sollten ein bestimmtes Maß von absoluter Armut verhüten." (Singer 1994, S. 294).

6.1.2 *Die universale Hilfspflicht*

Singers Hilfspflicht ist universal und richtet sich als Forderung an alle Menschen, die über die Fähigkeit zu helfen verfügen. Diese erstrecke sich über die Grenzen der Nationalstaaten. In der Realität gäbe es dagegen einen deutlichen Widerspruch zwischen der Akzeptanz von Menschenrechten und der partikularistischen Politik von Staaten. Als Beispiel nennt er hier die Reaktionen auf den Anschlag des 11. September 2001. Laut der New York Times wurden für die Angehörigen der zu Tode gekommenen Polizisten, Feuerwehmänner und anderen Uniformierten $ 353 Millionen aufgebracht – 880.000 $ pro Familie. Weitere Entschädigungen wurden z.B. in Form von erlassenen Universitätsgebühren, geleistet. Ein Teil der Anwohner in Lower Manhattan bekam vom American Red Cross den Betrag von drei Monatsrenten zugesprochen, obwohl viele der Menschen das Geld nicht dringend benötigt hätten. Zwei Tage nach dem Anschlag veröffentlichte UNICEF den Bericht *The State of the World's Children:* Der Bericht schilderte, dass 10 Millionen Kinder jedes Jahr sterben, bevor sie das fünfte Lebensjahr erreicht haben. Ursache dafür sind meistens Unternährung, eine unzureichende Gesundheitsversorgung und unreines Wasser (Singer 2004, S.150-152). Am Tag des 11. Septembers starben vermutlich 30.000 Kinder unter fünf Jahren – „about ten times the number of victims of the terrorist attacks" (Singer 2004, S.151-152). „How can we decide whether we have special obligations to »our own kind«, and if so, who is »our own kind« in a relevant sense" (Singer 2004, S. 154)?

„Ein besonderes Verpflichtungsverhältnis ist dann gerechtfertigt, wenn es sich im utilitaristischen Nutzenkalkül, durch das die Interessen aller Betroffenen gleichwichtig berücksichtigt werden, möglichen Alternativen gegenüber als überlegen erweist" (Dietrich 2003, S. 250). Bevorzugung sei moralisch akzeptabel, wenn dies von einem unparteiischen Standpunkt aus nachvollziehbar wäre. So sei beispielsweise die Bindung zwischen Eltern und Kindern für die Entwicklung der Kinder vorteilhaft, so dass eine natürliche Präferenz in diesem Fall gerechtfertigt werden könne. Liebe und Freundschaft würden Affinität rechtfertigen, da sie zu den Voraussetzungen für ein gutes, erfülltes Leben zählten.

Präferenzbeziehungen auf nationaler Ebene seien dagegen zu hinterfragen. Die Zugehörigkeit zu einem Staat könne man nicht als eine Art ausgedehnte Verwandtschaft interpretieren, ohne sich den Vorwurf des Rassismus schuldig zu machen. Dann könnte man auch die eigene Ethnie oder Rasse bevorzugen. „[T]he intuition that we have a duty of gratitude is not an insight into some independent moral truth, but something desirable because it helps to encourage reciprocity, which makes cooperation, and all its benefits, possible" (Singer 2004, S. 165). Die Bedeutung der Reziprozität nähme jedoch in heutiger Zeit wie im Fall der Nachbarschaft ab. Lange Öffnungszeiten, hohe Mobilität und verbesserte Kommunikationsmittel hätten zu einer Zunahme der Anonymität in der Nachbarschaft geführt, so dass sich dadurch kein Präferenzgefühl ableiten ließe. (Singer 2004, S. 152-167). In einem Staat profitiere man natürlich von der gemeinsamen Finanzierung wichtiger Einrichtungen wie Schulen, Polizei und Militär. Der Grundsatz der Gegenseitigkeit spiegle sich in den Ansprüchen und Pflichten der Bürger wieder[67]. Reziprozität ließe sich aber nicht für alle Bürger eines Staates nachweisen. Die Identifikation mit und Anerkennung von Kultur, Traditionen und Gesetze unterliege keinem Automatismus, so dass davon auszugehen sei, dass Flüchtlinge, die schließlich ihr Leben riskierten, um Teil einer neuen Gemeinschaft zu werden, mehr Engagement zeigen würden, als viele Staatsbürger (Singer 2004, S. 167-170). Statt von einer „imagined political community"[68] auszugehen, könne man alternativ „an imagined community of the world" annehmen (Singer 2004, S. 171). Statt also zwischen Gerechtigkeit innerhalb und außerhalb von Staaten zu differenzieren, sollte man globale Gerechtigkeit anstreben und Ungleichheiten zwischen den Staaten verringern. Dies sei erstens effizienter, weil Industriestaaten im Ausland mit wenig (finanziellem) Einsatz größere Veränderungen bewirken könnten[69]. Zweitens sei es wichtiger das Leben derjenigen zu verbessern, die unterhalb der Armutsgrenze lebten, als die Ungleichheit zwischen Millionären und normalen Hausbesitzern zu reduzieren (Singer 2004/ 170-185). „[G]lobalization means that we should value equality, between societies, and at the global level, at least as much as we value political equality within one society (Singer 2004, S. 173).

67 Singer bezieht sich auf Argumente von Eamonn Callan (Callan 1997, S. 96).

68 Die Bezeichnung „imagined political community" geht auf Benedict Anderson (Anderson 1991) zurück.

69 Bereits für 15 Euro kann man in Kenia 70 Dosen Impfstoff gegen Masern verteilen und viele Kinder vor dieser Krankheit schützen (UNICEF. URL: https://www.unicef.de/spenden-helfen/dauerhaft-helfen/foerdermitglied-plus1/plus1/?no_cache=1).

6.1.3 *Ausmaß und Umfang der Hilfspflicht*

Um die Millennium-Entwicklungsziele der Vereinten Nationen umzusetzen haben die Staats- und Regierungschefs der EU vereinbart, die öffentliche Entwicklungshilfe bis zum Jahr 2015 auf 0,7 % des Bruttonationaleinkommens zu erhöhen. Die OECD veröffentlicht jährlich Statistiken, in denen das Finanzvolumen der Official Development Assistance (Öffentliche Entwicklungszusammenarbeit; kurz: ODA) eines Landes angegeben wird. Insgesamt ist ein Rückgang der weltweiten Entwicklungshilfe zu verzeichnen. Mit Schweden, Norwegen, Luxemburg, Dänemark und den Niederlanden erfüllen nur fünf Länder das 0,7-Prozent-Ziel. Im Jahr 2009 ist die öffentliche Entwicklungshilfe von 122,3 Mrd. auf 119,6 Mrd. US-Dollar gesunken (Deutsche Welthungerhilfe, terre des hommes 2010; S.6). Auch Deutschland ist von dem 0,7-Prozent-Ziel weit entfernt. In 2009 erreichte die ODA-Quote in Deutschland sogar nur noch 0,35 %, bevor sie 2010 wieder auf 0,39 % angehoben wurde[70].

Die Singer´sche Hilfspflicht basiert auf einem individualethischen Ansatz, so dass die Verantwortung zur Armutsbekämpfung bei den wohlhabenden *Bürgern* der Industriestaaten zu suchen ist. Diese müssten ein deutliches Signal an ihre Regierungen senden, da der Beitrag staatlich finanzierter Entwicklungshilfe zu gering sei (vgl. Singer 1994, S. 308-309). Entsprechend der dritten Prämisse des Teichbeispiels stünden wohlhabende Bürger in der Pflicht ein bestimmtes „Maß von absoluter Armut" zu verhindern. Absolute Armut sei in jeder Form menschenunwürdig. Auch wenn die Hilfe eines Einzelnen nicht Armut in ihrer Gesamtheit bekämpfen könne, so würde doch jede Spende einen wertvollen Beitrag darstellen. Deshalb sollte man das persönliche Einkommen nur zur Befriedigung der Grundbedürfnisse nutzen und den restlichen Überschuss zur Bekämpfung absoluter Armut verwenden. Denn das Konsumieren von Luxusgütern würde keine vergleichbare, moralische Bedeutung haben. Allerdings zieht Singer die Möglichkeit in Betracht, dass so hohe Forderungen eine abschreckende Wirkung auf die Bürger der wohlhabenden Staaten ausüben könnte. Darum müsse man primär versuchen die Gesamtsumme der Spenden zu steigern. Singer schlägt vor, ein Prozent des Einkommens zu spenden, auch wenn dieser Pauschalbetrag nur ein Minimum an globaler Verantwortung darstelle (Singer 2004, S.185-195).

70 BMZ. URL: http://www.bmz.de/de/ministerium/zahlen_fakten/Deutsche_Netto-ODA_2005-2010.pdf

6.1.4 Kritik

Die Attraktivität des Teichbeispiel erschöpft sich aus seiner Einfachheit: Man sollte das Kind retten, weil man dabei nicht etwas von gleicher moralischer Bedeutung opfern müsste. Übertragen auf globale Ungleichheiten im internationalen Staatengefüge bedeute dies, dass man den in absoluter Armut Lebenden durch Spenden helfen sollte, da Kleidung, Autos oder kostspielige Unterhaltung keinen moralischen Eigenwert besitzen. Indem ich auf den Kauf eines Kinotickets verzichte, das Geld indessen spende, kann ich ein kleines Mädchen in Afrika vor dem Verhungern retten. Das Leben des Mädchens ist auf jeden Fall mehr wert. Damit ist Armut nicht mehr ein weit entferntes Problem von fremden Menschen in fremden Staaten, sondern rückt unmittelbar in den Handlungsradius wohlhabender Bürger.

Diese Vereinfachung bildet aber zugleich die Schwäche des Teichbeispiels:

1. Die Metapher ignoriert vorhandene Strukturen. „[W]ir [müssen] uns aber fragen, wie unsere Verantwortung gegenüber dem Kind aussähe, wenn wir nicht die einzigen potentiellen Retter wären" (Hahn 2009a, S. 41). Angenommen am Ufer des Teiches würde auch noch der Vater, ein Rettungsschwimmer und die Person, die das Kind in den Teich geschubst hat, stehen. Der Vater stünde für die Nationalstaaten, die eine „assoziative Verantwortung" trügen (Hahn 2009a, S. 41). Der Rettungsschwimmer symbolisiere Organisationen wie die UNESCO oder das Rote Kreuz, die aufgrund ihrer besonderen Kompetenzen eine spezielle Verantwortung hätten (Hahn 2009a, S.42). Bei Singer fehlt die Ergänzung der individualethischen Verantwortung durch einen institutionentheoretischen Ansatz, der beispielsweise diskutiert, wann und wodurch Pflichten des Nationalstaates auf die internationale Gemeinschaft übergehen. Staaten und Organisationen würden eine wichtige Rolle in der Armutsbekämpfung spielen, doch letztendlich führt Singer alle Verpflichtung auf den Einzelnen zurück, der Zustimmung zur Entwicklungshilfe signalisieren solle, Organisationen unterstützen sowie sich seine Hilfspflicht verdeutlichen müsse. Für die Armen zu spenden sei eben keine bloße charity-Attitüde, sondern sollte durch ein genaues Pflichtverständnis ersetzt werden; wenn auch in keinem juristischen Sinn (vgl. Hahn 2009a, S. 43). Die dritte Person in der Metapher hat das Unglück verursacht und sollte in der Pflicht stehen, entweder das Kind zu retten oder dem Retter seine Kosten zu erstatten. Die korrektive oder kommutative Gerechtigkeit findet bei Singer keine Anwendung. Er ist vorwiegend an der Beseitigung von Armut interessiert, ohne die Frage nach den Gründen zu stellen. Ehemalige Besatzungsmächte, die sich an den Rohstoffen eines armen Landes bereichert haben oder durch Menschenrechtsverletzungen die Entwicklung des Landes negativ beeinflussten, würden nach Singer keine gesonderte Verantwortung oder Kompensationspflicht tragen.

Weder historische Gerechtigkeit noch die Eigenverantwortung der Betroffenen sind bei ihm von moralischer Relevanz.

2. Dem Präferenzutilitarismus von Peter Singer liegt ein Überforderungscharakter zu Grunde. „Wenn der Einzelne im Angesicht gravierenden Elends tatsächlich verpflichtet wäre, *alles* ihm Mögliche zu tun, um dieses Elend zu beseitigen, dann ist diese Verpflichtung strukturell endlos“ (Hahn 2009a, S. 39). Singer leitet die dritte Prämisse nach dem Gesetz des Grenznutzens ab, ohne dabei die individuellen Wünsche, peripheren Bedürfnisse oder persönliche Glücksformeln zu beachten. Philosophen wie Martha Nussbaum (Nussbaum 2007) oder John Arthur fordern stattdessen eine umfassende (dicke) Theorie des guten Lebens. Das Glück des Menschen reduziere sich nicht allein auf die Befriedigung seiner Grundbedürfnisse, sondern würde durch scheinbar nebensächliche Attribute wie saubere Kleidung oder das Hören von Musik gefördert werden. Man könne folglich nicht alles auf die Präferenzen anderer Menschen ausrichten. Eine in Scheidung lebende Frau könne keine Rücksicht auf die Präferenzen ihres Noch-Ehemanns nehmen. Ihr persönliches Glück rechtfertige die Trennung, auch wenn sie dem Ehemann dadurch großes Leid beschere. Würde man Singers Argumentation fortsetzen, wäre jeder gesunde Mensch in der Pflicht, ein Auge oder eine Niere zu spenden, um das Leben anderer Menschen aufzuwerten. Zwar verkürze sich das eigene Leben und die eigene Sehfähigkeit wäre eingeschränkt, aber man könnte dadurch etwas Schlechtes (z.B. Blindheit) verhüten, ohne irgendetwas von vergleichbarer moralischer Bedeutsamkeit zu opfern (Arthur 1996, S. 41-46). Singers Theorie zu folgen würde die Aufgabe individueller Glücksvorstellungen bedeuten. Der Mensch wäre stattdessen einer fortwährenden Unsicherheit ausgesetzt. Man müsste sich auf die ständige Suche nach schlechter gestellten Menschen machen und dann die Bereitschaft aufbringen, allen Besitz und Geld zu spenden. Langfristige Planungen wie der Bau eines Hauses oder das Sparen für einen Schulfonds der Kinder wären nicht mehr umsetzbar (Gesang 2003, S. 101-131).

Hier spiegelt sich das Spannungsverhältnis zwischen Freiheit und Gleichheit wieder (vgl. Hahn 2009a, S. 39). Die Gleichheit erhält bei Singer den Vorzug vor der individuellen Freiheit. Singer geht zudem von einer Vergleichbarkeit aller Güter aus. Die „Abwägbarkeit des Nutzens kann jedoch schwierig sein. So kann sich in manchen Fällen sowohl die intrapersonelle Abwägung von Gütern für die Notleidenden sowie auch die interpersonelle Abwägung von Gütern für die Notleidenden mit Gütern für den potentiellen Retter als schwer durchführbar erweisen“ (Gosepath 2009, S. 228). Hat eine gesunde Ernährung Vorrang vor einer soliden Grundausbildung oder einer Gesundheitsversorgung? Und wie kann die Ausbildung eines Helfers im Vergleich zum Hunger eines Notleidenden bewertet werden?

3. Das Teichbeispiel besitzt eine gewisse Willkürlichkeit, die den heterogenen Aussagen der ersten und dritten Prämisse geschuldet ist. Die erste Prämisse des Teichbeispiels ist zu hoch angesetzt und überfordert den Einzelnen. Ihr liegt ein Egalitarismus zu Grunde, der auf ein *globales Gleichgewicht* abzielt. „[S]ie bürdet jedem Einzelnen eine Verpflichtung auf, der mit Sicherheit niemand auch nur annähernd genügen kann, nämlich andauernd alles zu verhütende Schlechte in der Welt zu ermitteln (…)"(Joób 2008, S. 220-221) und zu verhindern. Eine Eingrenzung findet erst durch die zweite und dritte Prämisse statt, indem *alles Schlechte* auf absolute Armut reduziert wird. Sie steht allerdings in einem Widerspruch zur ursprünglichen Forderung, da sie „weit hinter der ersten Prämisse zurück [bleibt], die eine Pflicht zur Verhütung von Negativem schlechthin enthält und von moralischen Akteuren somit viel mehr verlangt als nur die Reduzierung absoluter Armut um ein bestimmtes Maß" (Joób 2008, S. 222). Unklar ist, was Singer unter diesem bestimmten Maß von absoluter Armut versteht. Außerdem ist auch die Festlegung der Hilfspflicht bei einem Prozent des Einkommens willkürlich getroffen. Hier präferiert Singer praktische Gründe, nämlich die Steigerung der Spenden im Generellen, gegenüber der präferenzutilitaristischen Konsequenz, nach der man weit mehr opfern müsste.

Der Präferenzutilitarismus von Peter Singer begründet eine universale Hilfspflicht für alle Menschen, die über die Fähigkeit zu helfen verfügen. Im Fokus steht die Verantwortung von potentiellen Spendern, ohne auf die Ursachen der Armut einzugehen oder historisch gewachsene Verpflichtungen einzubeziehen. In der Klimaproblematik ist die Ungleichheit zwischen den Verursachern des Klimawandels und den heutigen und künftigen Opfern der Folgen besonders groß. Deshalb scheint ein rein distributiver Ansatz wie von Singer ungeeignet, um daraus konkrete Pflichten für *mitigation* und *adaptation* abzuleiten.

Als Ergebnis für die weitere Diskussion soll festgehalten werden, dass Armut kein nationales, sondern ein globales Problem ist. Ihre Beseitigung liegt in der Verantwortung aller Menschen. Unklarheit besteht darüber, wie Verantwortung zwischen Institutionen und dem Einzelnen aufgeteilt werden muss. Die Gefahr der Überforderung des Einzelnen findet sich auch in der Klimapolitik wieder. Um einen gefährlichen und unkontrollierten Klimawandel zu verhindern, sind umfassende Maßnahmen zur CO_2-eq-Reduktion zu treffen. Ohne staatliche oder internationale Vorgaben wird es dem Einzelnen kaum gelingen, sein individuelles Klimakonto zu kontrollieren oder zu reduzieren. Darf man noch mit dem Auto zur Arbeit fahren oder eine elektrische Zahnbürste benutzen? Und welchen Prozentsatz seines Gehaltes sollte man mindestens spenden, um die Anpassungsfähigkeit der in Armut lebenden Menschen zu erhöhen? Im Gegensatz zu einem individualethischen Ansatz fokussiert der institutionelle Ansatz von Thomas

Pogge Rechte und Pflichten von Staaten, die demnach den Großteil der Verantwortung in der internationalen Klimapolitik tragen müssten.

Zudem ist das Ausmaß der Verpflichtung genauer zu bestimmen. Der egalitaristische Ansatz bei Singer zielt darauf ab, Ungleichheiten zwischen den Staaten grundsätzlich zu verringern. Nach Beseitigung der absoluten Armut würde die Bekämpfung der relativen Armut erfolgen, solange bis sich die Verhältnisse angepasst hätten. Wohlhabende Bürger würden damit in einer grenzenlosen Pflichtbeziehung stehen. Ein liberaler Ansatz, wie man ihn bei Pogge findet, geht stattdessen von den Freiheiten des Einzelnen aus, die der universalen Hilfspflicht Grenzen setzen. Im Folgenden soll nicht nur die Frage nach dem Ausmaß der Verpflichtung genauer diskutiert werden, sondern auch, wodurch Verpflichtung grundsätzlich entsteht. Ziel des Vergleiches zwischen Singer und Pogge wird es sein, einen *Grad* der Verpflichtung einzuführen.

6.2 Der institutionelle Menschenrechtsansatz von Thomas Pogge

Thomas Pogge vertritt einen institutionellen Menschenrechtsansatz. Im Fokus steht nicht die Verpflichtung des Einzelnen, sondern von Institutionen. Diese müssten als moralische Akteure den Zugang zu den Menschenrechten gewährleisten, um dem Anspruch an Gerechtigkeit zu genügen.

6.2.1 Menschenrechte und human flourishing

Menschenrechte sind bei Pogge die minimalste Voraussetzung für „human flourishing". Sie garantierten die menschlichen Grundbedürfnisse wie Nahrung, Kleidung, Frieden oder Bildung, ohne eine spezifische Definition von einem guten und erfüllten Leben liefern zu müssen. Dies sei auch nicht möglich, da zu viele kulturspezifische und individuelle Besonderheiten zu beachten wären. Stattdessen müsse jeder Mensch ein persönliches Lebenskonzept wählen (Pogge 2008,40-43).

Einige Grundgüter würden aber die Basis für ein gutes Leben bilden, da ohne sie kein erfülltes Leben möglich wäre. Das Recht auf diese Güter müsse in quantitativer und qualitativer Hinsicht limitiert werden. Das Grundbedürfnis Nahrung könne beispielsweise auch bei geschmacklich schlechter Küche erfüllt sein, solange dadurch der tägliche Nahrungsbedarf gedeckt wäre. Außerdem dürfe man nicht annehmen, dass gewisse Grundgüter in einem absoluten Sinn zur Verfügung stehen müssten. Staaten sollten ein hohes Maß an Sicherheit durch entsprechende Sicherheitsmaßnahmen verwirklichen. Aber Unfälle oder Gewaltverbrechen ließen sich nicht 100-prozentig vermeiden.

Über einen deskriptiven Grenzwert definiere sich ein minimaler Lebensstandard, der die wesentlichen Grundgüter umfasse. Menschen die unterhalb des Standards lebten, würden einem Wert zwischen 0-1 zugeordnet werden; Menschen mit einer ausreichenden Versorgung dem Wert 1. Ungerechtigkeit würde in der ersten Kategorie herrschen (Pogge 2008, S. 45-50).

Mit den Menschenrechten erhebe das Individuum moralische Ansprüche gegenüber öffentlichen Institutionen[71], die den Zugang zu den wesentlichen Grundgütern garantieren müssten. Diese sollte man als gerecht oder ungerecht bewerten, je nachdem ob Menschenrechte gewährleistet und ein Lebensstandard mit dem Wert 1 ermöglicht würde.

Der aus dem institutionellen Menschenrechtsbegriff abgeleitete Anspruch gegenüber Institutionen würde sich nicht auf die Institution Staat eingrenzen lassen. Durch regionale und globale Vormachtstellungen erweitere sich das Einflussgebiet von Staaten, so dass ihre Politik auch Auswirkungen auf das Leben von Menschen außerhalb des staatlichen Territoriums habe. Angesichts der Globalisierung und den Verstrickungen der Weltwirtschaft müsse man den Einfluss staatlicher und internationaler Systeme in der Gesamtheit betrachten, um sie als gerecht oder ungerecht bewerten zu können (Pogge 2008, S. 37-39). „These international interconnections – an important aspect of so-called globalization – render obsolete the idea that countries can peacefully agree to disagree about justice, each committing itself to a conception of justice appropriate to its history, culture, population size, natural environment, geopolitical context, and stage of development" (Pogge 2008, S. 39). Menschenrechte fungierten als "universal criterion of justice which all persons and people can accept as the basis for moral judgments about the global order and about other social institutions with substantial international causal effects" (Pogge 2008, S. 39). Sie bildeten ein „core criterion of basic justice" (Pogge 2008, S. 50): Ein Gerechtigkeitskonzept, das so anspruchslos sei, dass es mit der Vielfalt staatlicher und kultureller Systeme kompatibel wäre. Menschenrechte müssten zwar durch weitere Regelungen auf nationaler Ebene ergänzt werden, wären diesen aber in jedem Fall übergeordnet (Pogge 2008, S. 42-43). „[…] the envisioned universal criterion should be able to function as a core in a dual sense – as the core in which a plurality of more specific conceptions of human flourishing and of more ambitious criteria justice can overlap (thinness and modesty); and as the core of each of these criteria, contain-

71 Nach Pogge zeichnen sich öffentliche Institutionen durch eine Macht- oder Herrschaftsstellung aus.

ing all and only its important elements (preeminence without exhaustiveness)" (Pogge 2008, S. 43).

6.2.2 Der institutionelle Menschenrechtsbegriff

Drei Grundkategorien der Menschenrechte lassen sich nach Pogge differenzieren:

1. Ethische Rechte: Gewissens- und Redefreiheit, das Recht, im Einklang mit seiner ethischen Weltüberzeugung zu leben, solange dies nicht mit erheblichen Kosten für Andere verbunden ist, etc.
2. Persönliche Rechte: Teilhaberechte, das Recht, sich für politische Ämter zu bewerben oder Kritik an politischen Entscheidungen zu treffen, Versammlungsfreiheit, etc.
3. Die dritte Kategorie von Rechten betrifft das Menschenleben auf ethische und persönliche Weise. Zum Beispiel das Recht auf physische Integrität, auf Nahrung, Kleidung, Behausung und medizinische Versorgung, etc. (Pogge 2008, S. 50-57)

Ein institutioneller Menschenrechtsbegriff integriere das Verhältnis zwischen öffentlichen Institutionen und Bürgern. Dies impliziere nicht automatisch die Forderung nach Verrechtlichung. So gelte ein Menschenrecht auch dann als erfüllt, wenn dieses nicht in der Verfassung verankert, aber der Zugang dazu gewährleistet sei. Zum anderen sei aus der Positivierung keine Aussage über die reale Erfüllung der Menschenrechte abzuleiten. Mangelhafte Bildung oder Analphabetismus begünstigten die Unfähigkeit von Bürgern, das ihnen zustehende Recht einzufordern. Statt einer formalen Positivierung folge aus einem institutionellen Menschenrechtsbegriff, dass Menschenrechte von sozialen Institutionen gewährleistet werden müssten - und zwar für alle Menschen, die im Einflussbereich eben dieser Institutionen lägen: „A human right is a moral claim on any coercive social institution imposed upon oneself and therefore a moral claim against anyone involved in their design or imposition" (Pogge 2008, S. 52). Grundsätzlich könne aber die Verrechtlichung von Menschenrechten für ihre Realisierung von Vorteil sein.

„ [W]hat human beings truly need is secure access to a minimally adequate share of all of these goods" (Pogge 2008, S. 55). Der Menschenrechtsbegriff sei egalitär, da der Wortlaut allen Menschen qualitativ und quantitativ dieselben Rechte zusichere. Der Mensch würde zur Quelle moralischer Ansprüche erhoben. Da nach dem institutionellen Menschenrechtsverständnis die Gewährleistung von Menschenrechten Aufgabe sozialer Institutionen sei, könne man auch nur sie für die Verletzung von Menschenrechten verantwortlich machen. So würde ein Täter für Mord und nicht für die Verletzung der Menschenrechte angeklagt. Oberster Hüter der Menschenrechte sei nach Pogge der Staat. *Official disrespect of human rights* sei auf lokaler, regionaler und nationaler Ebene zu finden. Der Staat sei auch dann für die Einhaltung der Menschenrechte verantwortlich, wenn diese durch private Organisationen oder Vereinigungen gefährdet würden. Beispielsweise wenn Gruppierungen Bürger bedrohten, um sie von ihrer Beteiligung an einer Wahl abzuhalten. In diesem Fall hätte der Staat seine Pflicht nicht erfüllt und das Recht auf freie Wahl nicht gewährleistet.

In letzter Instanz trügen jedoch auch die Bürger eine entscheidende Verantwortung: Sie müssten wachsam auf die Realisierung und Einhaltung der Menschenrechte hinwirken. „On my institutional understanding, by contrast, their [governments and individuals] responsibility is to work for an institutional order and public culture that ensure that all members of society have secure access to the objects of their human rights" (Pogge 2008, S. 71). Die Bürger fungierten als Hüter der Menschenrechte. Ihre Pflicht bestünde darin, sich für Reformen einzusetzen oder einen politischen Wechsel zu bewirken, falls der Zugang zu den Menschenrechten gefährdet sei. Die Verantwortung der Bürger ließe sich folglich auf die Forderung nach gerechten Institutionen gegenüber ihren politischen Vertretern beschränken (Pogge 2008, S. 70-73).

Bei Peter Singer hatten wir ein positives Pflichtverständnis kennengelernt. Der Einzelne sei unabhängig von den Ursachen für jede Art von Ungerechtigkeit verantwortlich. Er habe nicht nur die Pflicht, ungerechte Handlungen zu unterlassen, sondern müsse auch nachhaltig zur Beseitigung von Ungerechtigkeit beitragen. In der liberalen Gegenposition ist indessen ein negatives Pflichtverständnis vorherrschend. Der Einzelne habe die Pflicht zur Achtung von Menschenrechten. Ihm obliege keine generelle Hilfspflicht, sondern nur die direkte Verletzung würde eine Verpflichtung hervorbringen. Pogge nimmt hier eine Zwischenposition ein, indem er aus dem negativen Recht der Menschen auf eine gerechte soziale Institution die negative Pflicht ableitet, ungerechte Institutionen nicht zu unterstützen, sondern auf deren Reform hinzuwirken. Die Bürger könnten in dieser Aufgabe durch verschiedene Maßnahmen wie Bildung oder staatliche Umverteilung gestärkt werden. Daher spricht sich Pogge für die Einbeziehung sozioökonomischer Aspekte in die Menschenrechtsdebatte aus. Denn Menschen, die beispielsweise ohne Bildung in ärmlichen Verhältnissen lebten, wären potentielle Opfer und hätten nicht die Fähigkeit, für die eigenen Rechte einzutreten. Die Bedeutung sozialer und ökonomischer Rechte wird jedoch nicht näher bestimmt (Pogge 2008, S. 60-69).

6.2.3 *Moralischer Universalismus*

Der institutionelle Menschenrechtsansatz ist nicht den Grenzen des Nationalstaates unterworfen, sondern entspringt dem moralischen Universalismus:

„A moral conception, such as a conception of social justice, can be said to be universalistic if and only if:

(A) It subjects all persons to the same system of fundamental moral principles;

(B) These principles assign the same fundamental moral benefits (e.g. claims, liberties, powers and immunities) and burdens (e.g. duties and liabilities) to all; and

(C) These fundamental moral benefits and burdens are formulated in general terms so as not to privilege or to disadvantage certain persons and groups arbitrarily" (Pogge 2008, S. 98)

Der Anspruch auf einen gesicherten Zugang zu Menschenrechten würde vom Einzelnen nicht nur gegenüber dem eigenen Nationalstaat erhoben werden. Die Forderung richte sich vielmehr an alle Institutionen, die einen Einfluss auf das Leben des Einzelnen ausübten. Humane Rechte und institutionelle Pflichten könne man folglich nur in einem globalen Kontext betrachten.

Auf globaler Ebene sei die Erfüllung der Menschenrechte die einzig bestimmbare Gerechtigkeitsforderung, da sie die minimalste Voraussetzung für „human flourishing" bilde. Gleichwohl der Universalität der Menschenrechte, differenziere sich das allgemein vorherrschende nationale Pflichtgefühl erheblich von seinem globalen Pendant. Auf internationaler Ebene seien die moralischen Ansprüche und Pflichten weitaus weniger gehaltvoll, als auf nationaler Ebene. Trotzdem empfände man das globale Institutionengefüge nicht zwangsläufig als ein ungerechtes System. Vielmehr konstatiere man den Nationalstaaten eine besondere Bindung zwischen ihren Bürgern.

Ob der Nationalstaat tatsächlich in einem besonderen moralischen Verhältnis zu seinen Bürgern steht, müsse nach Pogge aber erst überprüft werden. Denn es bestünde die Möglichkeit von moralischen Schlupflöchern, nachdem Handlungen nur scheinbar den moralischen Grundsätzen entsprächen. Nach den Grundsätzen des moralischen Universalismus würde sich die Bevorzugung der Bürger durch den Nationalstaat nur dann rechtfertigen, wenn eine rationale Begründung angeführt werden könne (Pogge 2008, S. 100-102). Auch in der Klimapolitik gilt es zu klären, ob die Priorisierung nationaler Interessen zulässig ist. Dürfen Schwellenländer wie China auf ihr Recht auf Entwicklung pochen, auch wenn dadurch das 2°C-Klimaziel gefährdet wird? Und sind die Industriestaaten moralisch dazu verpflichtet, den Umbau ihrer Energiesysteme auf regenerative Energien zu finanzieren, obwohl sie dadurch wirtschaftliche Einbußen erleiden? Pogge will die in der Armutspolitik (und Klimapolitik) vorherrschende Frage beantworten, ob und in welchem Ausmaß staatliche Grenzen eine moralische Relevanz aufweisen. Dafür setzt er sich mit den Grundannahmen des moralischen Nationalismus, bzw. moderaten Partikularismus auseinander. Sein Ziel ist es, Kriterien für den universalistischen Kosmopolitismus zu entwickeln und das internationale System auf Erfüllung eben dieser Kriterien zu überprüfen.

6.2.4 Moralische Schlupflöcher

Pogge sucht zunächst nach einer Methode, nach der sich der moralische Code einer Gesellschaft auf seine Richtigkeit überprüfen lässt. Moral könne man als etwas abstraktes, der Welt enthobenes definieren oder gegenteilig als eine Sammlung an moralischen Verhaltensweisen, Einstellungen und Überzeugungen verstehen. Moral im zweiten Sinn habe reale Auswirkungen und suggeriere einen moralischen Code, der Verhaltensanreize offeriere. Der Moral lägen demnach *Argumente, Gründe, Zwecke* und *Ziele* zu Grunde.

Moralisches Handeln, definiert durch den Code, würde auf ideale Anreize zurückzuführen sein d.h. dass Menschen entsprechend der gewollten und moralisch richtigen Wirkung handeln. Allerdings könne der moralische Code auch kontraproduktive Anreize produzieren, die den moralischen Überzeugungen entgegen wirkten und ein negativ zu bewertendes Verhalten erzeugten. Diese Anreize bezeichnet Pogge als „regrettable conduct" (Pogge 2008, S. 78). Beispielsweise sollten nach dem moralischen Code ledige Erwachsene ins Militär eintreten. Neben diesem idealen Anreiz würde noch ein zweiter Anreiz existieren, sozusagen als Nebenprodukt, der dazu führe, dass viele Erwachsene bereits früh heiraten, um den Militärdienst zu entgehen (Pogge 2008, S. 75-82).

Moralische Schlupflöcher entstünden, wenn der moralische Code Anreize generiere, die „inherently regrettable" (Pogge 2008, S. 82) seien. In diesem Fall würde der ideale Anreiz selbst dem moralischen Code entgegen laufen und zu einem unmoralischen Verhalten führen, ohne dieses zu verbieten oder zu verurteilen.

Verdeutlichen könne man dies an folgendem fiktionalem Beispiel: In den 1980er Jahren hätte sich in Südafrika eine Ethik entwickelt, die Niedriglöhne für Ausländer billigte. Betroffen waren davon vor allem schwarze Ausländer aus anderen afrikanischen Staaten, die sich durch die gering bezahlte Arbeit kein menschenwürdiges Leben ermöglichen konnten. Gleichzeitig verlangte der moralische Code, dass die Ungleichheit zwischen schwarzen und weißen Staatsbürgern verringert werde. Denn während die Weißen die Rohstoffe des Landes kontrollierten und den Großteil der Ländereien besaßen, arbeitete die schwarze

Bevölkerung vorwiegend im Niedriglohnsektor. Armut und der verminderte Zugang zu Bildung verschlechterten ihre Chancen auf verbesserte Lebensumstände. Die Ausbeutung von Ausländern durch die weiße Oberschicht war dagegen legitim. In Sorge um zukünftige weiße Generationen veranlassten die Weißen schließlich, dass *alle* schwarzen Arbeiter mit südafrikanischer Abstammung die Nationalität eines neu gegründeten souveränes Staates bekamen, um sie weiterhin als ausländische Arbeitskräfte im Niedriglohnsektor auszunutzen. Schwarzen Bürgern wurde der Status der südafrikanischen Staatsbürgerschaft aberkannt. Die im Jahr 2100 lebenden, weißen Südafrikaner hätten demnach keine Verpflichtung gegenüber ihren ehemaligen schwarzen Mitbürgern. Der ideale Anreiz des moralischen Codes sei deshalb „inherently regrettable", da er die Benachteiligung der Schwarzen nicht reduziere, sondern sie weiter verfestige. Die Gründung eines neuen Staates verbesserte nicht den Lebensstandard der ehemaligen Südafrikaner, sondern diente der Umgehung wichtiger Minimum-Standards, wobei dies aus Sicht der im Beispiel vorliegenden Moral rational gewesen sei (Pogge 2008, S. 86-88).

„The general point is that, when matters of common decency or basic justice are at stake, a morality must not be sensitive to changes that are consciously instituted in order to secure a more favorable evaluation, but are, by the lights of this morality itself, merely cosmetic" (Pogge 2008, S. 89). Soziale Arrangements müssten auf moralische Schlupflöcher hin untersucht werden, um notfalls den moralischen Code grundlegend zu verändern.

6.2.5 *Moralischer Nationalismus?*

Ausgangspunkt war die Frage, ob gemessen an den Vorgaben des moralischen Universalismus nationale Prioritätssetzung zulässig sei. Denn während nationale Wirtschaftsordnungen zwei Minimalforderungen erfüllen müssten – 1. „[S] ocial rules should be liable to peaceful change by any large majority of those on whom they are imposed"; 2. „[A]voidable life-threatening poverty must be avoided" (Pogge 2008, S. 102) – gäbe es keine vergleichbaren Forderungen für die globale Wirtschaftsordnung. Diese zeichne sich indessen durch erhebliche Ungleichheiten aus. Der moralische Code bedürfe dahingehend einer Überprüfung.

Menschen in absoluter Armut müssen von weniger als 1,25 PPP[72]-US-Dollar pro Tag (über-) leben. Im Jahr 2004 waren davon 1,4 Milliarden Men-

72 Die Kaufkraftparität (KKP, engl. Purchasing Power Parity, PPP) ermöglicht es, Währungen hinsichtlich ihrer Kaufkraft zu vergleichen. Der Wert einer Währung wird daran gemessen, wie viel Waren dafür erworben werden können (Duden. URL: http://www.duden.de/rechtschreibung/Kaufkraftparitaet; Duden. URL:

schen betroffen. 13 % der Menschen waren unterernährt, 17 % hatten kein sauberes Wasser und 41 % keinen gesicherten Zugang zu sanitären Anlagen. Ein Drittel aller Menschen sterben aufgrund ihrer Armut – das sind insgesamt seit dem Kalten Krieg über 300 Millionen Menschen. Dagegen wirkten die Opferzahlen des Holocaust (11 Mio.) oder des Völkermords in Ruanda (800.000) vergleichsweise gering (Pogge 2008, S. 103-104).

Andererseits würde der globale Wohlstand stetig anwachsen. Die Schere zwischen reich und arm habe sich in den letzten Jahrzehnten stetig vergrößert, so dass sich daraus für die zukünftige Entwicklung ein kontinuierlicher Trend ableiten ließe: „[...] the global poor are not partcipating proportionately in global economic growth“ (Pogge 2008, S. 106). Darüber hinaus würden die Strukturen der Weltwirtschaftsordnung von einer Minderheit wohlhabender Industriestaaten bestimmt werden.

Das Konstrukt eines fiktionalen Szenarios soll mögliche, vorhandene Schlupflöcher aufdecken. *Subbrasilien*[73] sei gekennzeichnet durch große Gegensätze im Lebensstandard von armen und reichen Bürgern und würde damit die Verhältnisse der globalen Wirtschaftsordnung wiederspiegeln. In Subbrasilien lebten arme Bevölkerungsschichten unterhalb der Armutsgrenze. Damit würde die zweite Minimalforderung unerfüllt bleiben, so dass Subbrasilien als eine ungerechte Institution gewertet werden müsste. Das gelte auch für den Fall, dass die Mehrheit der Bevölkerung keine Notwendigkeit zur Verbesserung der Lage der Ärmsten sähe. Doch da Subbrasilien nach dem Vorbild der globalen Weltordnung konstruiert ist, hätte die Mehrheit gar keine Möglichkeit durch Wahlen oder andere friedliche Wege Einfluss auf das System zu nehmen. In Subbrasilien ebenso wie im globalen System blieben die Minimalforderungen unerfüllt (Pogge2008, S. 106-107).

Im Unterschied zu Subbrasilien gibt es keine vergleichbare globale Institution wie eine Weltrepublik. Man könnte daher auf eine Asymmetrie zwischen nationaler und globaler Gerechtigkeit schließen. Institutionen würden demnach mit zweierlei Maß gemessen und beurteilt. So würde die Bekämpfung der Armut primär (oder allein) Aufgabe der betroffenen Staaten sein, da sie eine höhere Verantwortung trügen. Armut sei beispielsweise das Produkt von Korruption, Bürgerkrieg oder Misswirtschaft und folglich selbstverschuldet. Hilfe von außen würde zudem die Gefahr bergen, die Autonomie unabhängiger Staaten zu verletzen.

---

http://www.duden.de/rechtschreibung/Kaufkraft).

73 Mit der Benennung des fiktionalen Konstrukts in Subbrasilien will Pogge auf die Verhältnisse in Brasilien aufmerksam machen, die durch große Ungleichheiten geprägt sind.

Nach Pogge dürfe jedoch der Einfluss der globalen Ordnung auf arme Staaten und die darin lebenden Bürger nicht vernachlässigt werden, wie folgende Beispiele verdeutlichten:

1. „The resource privilege we confer upon a group in power is much more than our acquiescence" (Pogge 2008, S. 119). Der Prozess internationaler Anerkennung neuer Regierungen träte in der Regel unabhängig davon in Kraft, wie die neue Führungsriege an die Macht gekommen sei. Mit dem Einzug in das Machtzentrum ginge stattdessen automatisch das Privileg über, im Namen des Volkes oder des Staates die Ressourcen eines Landes verwalten zu dürfen. Dieser Prozess sei nach Pogge vergleichbar mit dem Raubüberfall auf ein Kaufhaus. Während Räuber und Käufer der Dealerware nur Besitzer, nicht aber Eigentümer der geklauten Güter seien, bekämen korrupte Regierungen, die beispielsweise durch einen Militärputsch an die Macht gekommen sind, den Status der Eigentümer zugesprochen. Damit stelle die internationale Gemeinschaft die Revolutionäre nicht nur unter Ihren Schutz, sondern gäbe auch den Anreiz zu weiteren Putsch-Versuchen bis hin zum Bürgerkrieg. Als Paradebeispiel führt Pogge Nigeria an, das trotz der großen Ölvorkommen zu den Entwicklungsländern zähle. Mit der Machtübernahme von Olusegun Obasanjo ging die internationale Hoffnung auf Reformen einher. Stattdessen befriedigte dieser weiterhin die Wünsche des Militärs nach Geld und Macht und erhielt das korrupte System am Leben, um sein eigenes politisches Überleben zu sichern sowie keine Anreize für Putsch-Versuche zu bieten. Auch das als „Holländische Krankheit"[74] bezeichnete Phänomen ließe sich hier als Beispiel für den Zusammenhang von Ressourcen-Reichtum und Wachstumsraten anführen. Aus nationaler Perspektive führe die hohe Abhängigkeit armer Länder vom Rohstoffexport zur Förderung korrupter Regierungen. Die gängige Praxis der Anerkennung von Regierungen als Ressourceneigentümer verstärke diese Tendenz und stünde dem eigentlich demokratisierenden Potential der Rohstoffe entgegen.
2. Der Einfluss des globalen Weltwirtschaftssystems, könne, so Pogge, in einem zweiten Beispiel nachgezeichnet werden: Regierungen dürften grundsätzlich Kredite stellvertretend für das Volk aufnehmen (Kreditprivileg). Aus dieser Praxis ließen sich drei negative Konsequenzen ziehen: Erstens könnten sich Machthaber somit länger an der Macht

74 Definition der Deutschen Zentralbibliothek für Wirtschaftswissenschaften: „Paradoxe Wirkung hoher Rohstoffexporte auf die einheimische Wirtschaft: Diverse Effekte, u.a. Aufwertungstendenzen der einheimischen Währung, können zur Schwächung der Volkswirtschaft führen." ZBW. URL: http://zbw.eu/stw/versions/8.04/descriptor/19245-3/about.de.html

halten, während sich die Chancen der (populären) Opposition verschlechterten. Zweitens würde auch in diesem Fall ein Anreiz geboten werden, die Macht auf illegale Weise zu ergreifen. Drittens gefährdete man dadurch die Leistung und die Stabilität eines Staates, sobald sich dieser in eine Demokratie weiterentwickle. Denn einerseits müsste es die hohe Verschuldung früherer Regierungen übernehmen, was andererseits dazu führe, dass die Möglichkeiten der neuen Regierung für notwendige Reformen geschwächt wären.

Lässt sich aus diesen und ähnlichen Beispielen (Politik der europäischen oder der US-amerikanischen Zentralbanken; Vorsprung entwickelter Staaten an Wissen und Macht, Vorteile bei Vertragsabschlüssen) schließen, dass der negative Einfluss globaler Strukturen auf arme Staaten die Reform des Systems moralisch begründet (Pogge 2008, S.114-123)? Oder kann der Anspruch auf Gerechtigkeit nur auf nationaler Ebene, nicht aber auf globaler Ebene gerechtfertigt werden.

6.2.6 *Zwei Strömungen des Nationalismus*

Welche Verpflichtung haben Nationalstaaten gegenüber den Bürgern anderer Nationen? Sollte eine internationale Ordnung Menschenrechte weltweit durchsetzen und eine Umverteilung von reichen zu armen Bevölkerungen anstreben? Oder sind Staaten primär für die Interessen der eigenen Bürger verantwortlich?

In der globalen Gerechtigkeitstheorie konkurrieren kosmopolitische mit partikularistischen Ansätzen. Pogge will den Partikularismus, der die moralische Zuständigkeit von Regierungen auf die Staatsgrenzen geschränkt, näher untersuchen. Der partikularistische Nationalismus[75] stelle nach Pogge grundsätzlich keine Option dar, da er chauvinistische und rassistische Grundzüge aufweise. Dagegen spräche der universalistische Partikularismus jeder Nation das Potential zur Entstehung einer wertvollen Gemeinschaft zu, in der die Mitglieder über grundsätzliche Pflichten und Vorrechte miteinander verbunden seien. Der universalistische Partikularismus lässt sich nach Pogge in zwei Strömungen, *Common nationalism* und *Lofty nationalism,* differenzieren: „loosely associated with popular talk of "patriotism" and "priority for compatriots" – which are at the heart of universalistic nationalism" (Pogge 2008,S. 125).

75 „The former hold that nationalist commitments are valuable only when they are commitments to some specific nation" (Pogge 2008/ S. 125).

6.2.6.1 Common nationalism oder die Grenzen des Nationalismus

"*Common nationalism...*[:] Citizens and governments may, and perhaps should, show more concern of the survival and flourishing of their own state, culture and compatriots than for the survival and flourishing of foreign states, cultures, and persons"(Pogge 2008,S. 125).

Die mit der ersten Spielart des Nationalismus verbundene Einstellung ist weit verbreitet und taucht auch in der Klimadiskussion auf. Zum Beispiel wurde die UN-Klimakonferenz 2011 in Durban, Südafrika veranstaltet. Das Land wurde bereits im Vorfeld dafür kritisiert, in neue Kraftwerke für die Förderung von schmutzigem Kohlestrom zu investieren. Angesichts von Massenarmut, Arbeitslosigkeit, Korruption und Kriminalität ist es jedoch kaum verwunderlich, dass die dort lebenden Menschen Umweltschutz eher als ein nachrangiges Problem einstufen. Und Südafrika steht damit nicht alleine da. Auch andere Schwellenländer wie China, Indien oder Brasilien versuchen ebenso wie einige Industriestaaten ihre Wirtschaftsinteressen in den Verhandlungen um ein neues Klima-Abkommen durchzusetzen[76]. Andererseits haben wir mit Simon Caney aufgezeigt, dass der Klimawandel zu Menschenrechtsverletzungen führt und darum alle Staaten die Verpflichtung tragen, einen gefährlichen Klimawandel zu vermeiden. Wo liegt folglich die Grenze zwischen einer gerade noch akzeptablen und einer moralisch verwerflichen Priorisierung der eigenen Mitbürger?

Pogge will die Grenzen des Nationalismus aufzeigen. Die Familie sei die kleinste Einheit, die sich durch sehr enge persönliche Bindungen auszeichne. Eine Vorzugsbehandlung von Familienmitgliedern sei grundsätzlich nicht verwerflich, müsse aber begrenzt werden. Moralisch inakzeptabel sei beispielsweise das Verhalten eines hohen Staatsbeamten, der die Firma seines Sohnes mit staatlichen Aufträgen versorge. Die nächst höhere Einheit bilde der Nationalstaat. Dessen Bürger würden in einer besonderen Beziehung zueinander stehen, die aus der Hoffnung auf kollektive Vorteile resultiere. Dieses Gefühl der Zusammengehörigkeit fehle auf globaler Ebene. Trotzdem ließen sich auch hier Spielregeln festlegen, die den Nationalismus Grenzen setzten. Um dies zu verdeutlichen bemüht Pogge abermals ein fiktives Beispiel:

Der Ausdruck *level playing field* (Pogge 2008, S. 127) steht für Fairness und bestimmt, dass alle *Player* nach denselben Regeln spielen müssten. Im Sport soll die Mannschaft mit der besten Leistung gewinnen. Dies impliziere die Ideal-Vorstellung eines fairen Spielers, der die gesetzten Spielregeln befolge. In der Realität würden die Teammitglieder jedoch animiert werden, diesen Regelrahmen zu brechen. Dazu verleite sie einerseits der Wunsch nach Ruhm und Erfolg,

76 Grill 2011.

andererseits die Möglichkeit Regeln zu umgehen, ohne dabei erwischt zu werden. Man stelle das Risiko bei einem Foul ertappt und dafür bestraft zu werden, den Vorteilen aus einem Regelbruch gegenüber. So versuchten Trainer, Spieler und Fans den Schiedsrichter zu beeinflussen und protestierten gegen eigentlich gerechtfertigte Strafen.

Im Privaten und in der Politik existiere der gleiche Anspruch an Fairness. Nach dem *level playing field* übernähmen Bürger oder Wähler eine Schiedsrichter-Position, um ungerechtfertigte Parteilichkeit zu ahnden. Tatsächlich aber sei es schwierig, Verwandtschaft, Freundschaft oder der kulturellen Identität die angemessene Bedeutung zuzuweisen. Zum Beispiel würde man aktive Förderungsmaßnahmen befürworten, wenn man selbst oder die eigenen Kinder zur benachteiligten Gruppe (Mädchen, Ausländer, Schwarze) gehörten. Als Mitglied der privilegierten Kultur würde man den eigenen Vorteil nicht preisgeben wollen, obwohl sich dadurch der faire Wettbewerb (das „Spiel") verzerre.

Die Grenzen zwischen dem, was erlaubt ist und dem, was moralisch verurteilt wird, seien schwer auszumachen, da die Menschen unterschiedliche Vorstellungen von fairen Vorrausetzungen hätten. Doch grundsätzlich gelte, dass Parteilichkeit nur geduldet werden könne, wo die grundlegenden Pfeiler der Gerechtigkeit, bzw. „des fairen Spiel" unangetastet blieben. Der Anspruch auf Gerechtigkeit gegenüber Institutionen fordere die Unantastbarkeit der Menschenrechte, deren Zugang durch Parteilichkeit in keinem Fall gerechtfertigt werden könne. Die Menschenrechte dürften weder von innerhalb noch außerhalb der Nationalstaaten gefährdet werden. Sie bildeten daher die Grenze des Nationalismus.

Staaten sollten folglich die Politik nicht nur auf ihre Bürger zuschneiden, sondern müssten die globalen Konsequenzen im Blick haben. Dies würde ein grundsätzliches Umdenken erfordern, wie man an der UN Convention on the Law of the Sea von 1982 exemplifizieren könne. Bis ins Jahr 1994 bezeichnete man den Reichtum der Meere „to be used »for the benefit of mankind as a whole...taking into particular consideration the interests and needs of developing states« [through an] equitable sharing of financial and economic benefits"[77]. Bill Clinton erreichte eine Revision der ursprünglichen Formulierung, so dass fortan der Fokus auf dem freien Zugang aller Menschen zu den Meeren lag: „the common-heritage principle means that the ocean and their resources »are open to use by all in accordance with commonly accepted rules«[78]." Moderne Staaten profitierten davon, indem sie die Ressourcen mit Hilfe neuester Technik abschöpften. Arme Staaten blieben vom *menschlichen Erbe* ausgeschlossen. Clinton habe im

77 Art. 140, UN Convention on the Law of the Sea (1982) in Pogge 2008, S. 131.
78 Vgl. Pogge 2008, S. 131.

Interesse seiner Nation gehandelt, ohne die Auswirkungen auf andere Nationalitäten zu beachten (Pogge 2008, S. 126-135).

Ähnlich verhält es sich mit dem Klimawandel: Aus deutscher Sicht überwiegen derzeit die Vorteile hoher Treibhausgasemissionen die ökologischen Nachteile, da man letztere durch den ökonomischen Gewinn zu kompensieren glaubt. Aus globaler Perspektive gefährden die Folgen des Klimawandels massiv den Zugang zu Menschenrechten, weshalb auch Deutschland in der Verpflichtung steht, seine CO_2-Emissionen zu reduzieren und internationale Klimaverpflichtungen einzugehen.

6.2.6.2 Lofty nationalism oder das negative Pflichtverständnis

"*Lofty nationalism*...[:] Citizens and governments may, and perhaps should, show more concern of the justice of their own state and for injustice (and other wrongs) suffered by its members than for the justice of any other social system and for injustice (and other wrongs) suffered by foreigners" (Pogge 2008, S. 125).

Nach Pogge hat der Bürgerstatus Auswirkungen auf die Verteilung von Vorrechten und Pflichten. Ausländer profitierten nicht von der Reziprozität innerhalb eines Staates. Sie würden daher auch nicht die gleichen Pflichten wie Staatsbürger besitzen. Beispielsweise könne sie ein fremder Staat nicht zur Wehrpflicht einziehen. Andererseits gäbe es für die Bürger eines Landes gewisse Vorrechte wie das Wahlrecht. Sie könnten die Politik ihres Landes aktiv mitbestimmen, wohingegen Ausländern dieses Recht verweigert wird.

Grundsätzlich würde aber jeder Mensch die negative Pflicht besitzen, einem anderen keinen unzulässigen Schaden zuzufügen. Dies gelte unabhängig von der Nationalität des möglichen Opfers. In Fällen, in denen eine Rechtsverletzung ohne die eigene Beteiligung oder Schuld vorliege, könne man hingegen durchaus priorisieren und denen helfen, die einem am nächsten stehen, so das folgende „hierarchy of moral reasons" entstünde:

„(1) Negative duties not to wrong (unduly harm) others;
(2a) Positive duties to protect one's next of kin from wrongdoing;
(2n) Positive duties to protect one's compatriots from wrongdoing;
(2z) Positive duties to protect unrelated foreigners from wrongdoing" (Pogge 2008, S. 138).

Negative Pflichten sind von positiven Pflichten zu unterscheiden. Ein negatives Pflichtverständnis fordert, niemandem durch das eigene Handeln unzulässigen Schaden zuzufügen. Positive Pflichten setzen sich dagegen aus der Forderung nach Schutz und Hilfe für Dritte zusammen. Singer begründet eine positive

Hilfspflicht, die auf die Bekämpfung der globalen Armut abzielt. Pogge ersetzt das positive durch ein negatives Pflichtverständnis, das mehr Gewicht besitze und leitet daraus eine Hierarchie negativer Pflichten ab:

Nach der ersten negativen Pflicht bei Pogge dürfe man niemand unzulässigen Schaden zuzufügen. Sie wird ergänzt durch eine zweite Pflicht der Bürger gegenüber gerechten Institutionen: „[I]n some cases at least, just institutions that apply to oneself generate weighty *negative* duties of compliance"(Pogge 2008, S. 140). Denn Institutionen garantierten den Schutz und die Freiheit der Gemeinschaft und jedes Einzelnen, weshalb sich eine negative Pflicht zur Unterwerfung unter die gerechten Institutionen ableiten ließe.

Dagegen seien ungerechte Institutionen dadurch gekennzeichnet, dass sie Dritte schädigten oder aber die Urheber des verursachten Schadens gewähren ließen oder gar unterstützten. In diesem Fall ginge die Verantwortung auf den Bürger über: [I]n some cases at least, significant and continuing participants in an unjust institutional order have weighty *negative* duties to promote its reform and/or to protect its victims (while any corresponding duties of non-participants would indeed be positive)" (Pogge 2008, S. 140). Und obwohl die dritte Pflicht eine aktive Handlung fordert, ist sie nach Pogge ebenfalls negativ. Denn keinen Einspruch gegen das bestehende System zu erheben könnte als Zustimmung und Autorisierung ungerechter Institutionen gewertet werden, womit die Verletzung der ersten negativen Pflicht einherginge. Die Verantwortung der Bürger verlange große Anstrengungen. Zwar dürfte man sich weiterhin am ökonomischen Markt beteiligen, doch sollte man sich intensiv für zukünftige Reformen einsetzen.

Doch welche Verpflichtung besteht bezüglich ungerechten Institutionen, die nicht national, sondern global agieren? Auch hier würde die negative Pflichthierarchie Bestand haben, wie Pogge ausgehend von John Locke zu begründen versucht: „[T]aking while leaving enough and as good for others is compatible to their freedom to do the same and thus does not harm them unduly. But taking more than this can succeed only if other's freedom to do so as well is constrained" (Pogge 2008, S. 143). Ein ungerechtes System wie die globale Ordnung führe zu einer ungleichen Verteilung (von Rohstoffen, Reichtum, etc.), die sich in dem unterschiedlichem Lebensstandard der Bürger wohlhabender Staaten und denen armer Länder abzeichne. Dieser Zustand sei nur dann rechtfertigbar, wenn alle Menschen davon profitierten.

Anders als bei Locke, in dessen hypothetischem Naturzustand alle Menschen von der Einführung des Privateigentums profitierten, haben die in absoluter Armut lebenden Menschen von der bestehenden Wirtschaftsordnung keinen Vorteil. Ihnen würde ihr Recht auf eine „minimal economic position" (Pogge 2008, S. 144) vorenthalten, so dass sie schlechter als in Lockes Naturzustand lebten, ohne Hoffnung auf Verbesserung. Demzufolge könne man nicht von einem ausreichenden Ausgleich oder einer ungerechtigkeitskompensierenden Verteilung ausgehen. In der Konsequenz müsse man die negative Pflicht, nach der man auf die Reform eines ungerechten Systems hinzuwirken hat, auf die internationale Ordnung übertragen (Pogge 2008, S.140-145).

Auch wenn Staaten in den Medien oder in der Politik als voneinander getrennte Einheiten dargestellt würden, ließen sich genügend Belege für den Einfluss der globalen Wirtschaftsordnung auf die Situation armer Länder anführen: "Global factors are all-important for explaining present human misery, in four main ways: such factors crucially affect what sorts of persons shape national policy in the poor country, what incentives these persons face, what options they have, and what impact the implementation of any of their options would have on domestic poverty and human-rights fulfillment" (Pogge 2008,S. 150).

6.2.7 Institutioneller Kosmopolitismus

Analyse und Kritik des universalistischen Partikularismus führen Pogge zum Konstrukt eines institutionellen Kosmopolitismus, der gekennzeichnet sei durch:

1. Individualismus: „the ultimate units of concern are *human beings*, or *persons"*
2. Universalismus: „the status of ultimate unit of concern attaches to *every* living human being *equally*"
3. Allgemeingültigkeit: „this special status has global force" (Pogge 2008, S. 175).

Der moralische Kosmopolitismus stimme mit dem moralischen Universalismus und der Forderung nach Erfüllung der Menschenrechte überein. Ansprüche und Grenzen destillierten sich aus der moralischen Beziehung der Individuen zueinander: „The central idea of moral cosmopolitism is that every human being has a global stature as an ultimate unit of moral concern" (Pogge 2008, S. 175). Damit einher ginge nicht die Forderung nach einer Weltrepublik, wie sie im legalen Kosmopolitismus angelegt sei. Menschenrechte müssten nicht de facto durch eine zentrale Gewalt gesichert werden, sondern es sollte eine globale Ordnung geschaffen werden, die den Standards des moralischen Kosmopolitismus genüge und partikularistisches Handeln limitiere.

Der moralische Kosmopolitismus sei zugleich ein institutioneller Kosmopolitismus, da er aus dem institutionellen Menschenrechtsbegriff hervorgehe. Weder bestimme er die grundsätzliche Beschaffenheit von Institutionen, noch stelle er individuelle Verhaltensregeln auf. Dies würde eher auf einen interaktiven Kosmopolitismus zutreffen, der die Verantwortung zur Realisierung der Menschenrechte bei den Individuen ansiedle. Ein institutioneller Kosmopolitismus fände dagegen in einem bereits vorhandenen System von Institutionen Anwendung, das auf soziale Gerechtigkeit hin überprüft werden müsse. Aufgabe von Institutionen sei die Durchsetzung der Menschenrechte, die zugleich den Einfluss staatlichen Handelns begrenze. Erst in einer zweiten Verantwortung stünden die Individuen, die eine negative Verpflichtung hätten, nicht mit Institutionen zu kooperieren, welche die Umsetzung der Menschenrechte gefährden würden.

Die negative Pflicht nicht mit menschenrechtsverletzenden Institutionen zu kooperieren sei allgemein gültig, auch wenn sie jeweils nur auf Mitglieder einer Institution zuträfe. Ähnlich wie beim Grundsatz „ein Versprechen nicht zu brechen“ bliebe das Ideal der Allgemeingültigkeit erhalten. Denn auch wenn man das Versprechen nur gegenüber einer bestimmten Person oder Gruppe machen würde, impliziere es doch eine allgemeine Verbindlichkeit (Pogge 2008, S.174-178).

Menschenrechte seien damit eine Frage der korrektiven und distributiven Gerechtigkeit: „not how to distribute a given pool of resources or how to improve upon a given distribution but, rather, how to choose or design the economic ground rules that regulate property, cooperation, and exchange and thereby condition production and distribution” (Pogge 2008, S. 182).

6.2.8 Kritik

Im institutionellen Menschenrechtansatz von Thomas Pogge wird die Existenz der Menschenrechte vorausgesetzt, da sie den Zugang zu wesentlichen Grundgütern absicherten und Voraussetzung für ein menschenwürdiges Leben darstellten. Damit beginnt Pogge sozusagen nicht bei Null, bzw. im Naturzustand. Er liefert kein Begründungskonzept für das Recht auf ein menschenwürdiges Leben. Auch verzichtet er auf eine Auflistung essentieller Rechte oder deren Priorisierung. So bleibt man in Unklarheit darüber, welche Grundgüter durch die Menschenrechte gesichert würden und wie diese sich in Konkurrenz zu anderen Gütern positionierten. Die Frage lautet folglich nicht, wie sich Menschenrechte definierten, sondern wie der Zugang zu Ihnen garantiert werden könne. Im Folgenden sollen spezifische Merkmale von Pogges Ansatz diskutiert werden.

Mit dem institutionellen Menschenrechtsansatz umgeht Pogge die klassische Unterscheidung zwischen vollkommenen und unvollkommenen Pflichten. Aus Freiheitsrechten ergäben sich *vollkommene* Pflichten, die alle Rechtssubjekte als Adressaten haben. Wohlfahrtsrechte oder soziale Rechte brächten hingegen nur *unvollkommene* Pflichten hervor, da sich eine Verantwortung für die Verletzung dieser Rechte nur schwer nachweisen ließe (vgl. Kant 1990, S. 264-267 und S. 189-190).

Regina Kreide attestiert Pogge „zwei grundlegende Weichenstellungen" (Kreide 2001, S. 124). Er vollziehe eine „››institutionelle‹‹ Wende im Menschenrechtsdiskurs" (ebd. S. 124), da Menschenrechte als Ansprüche an Institutionen interpretiert werden. Institutionen seien wiederum als soziale Ordnungen definiert, die den Zugang zu den Menschenrechten gewährleisten müssten. Aus diesem Konstrukt folge zweitens ein negatives Pflichtverständnis, dass ebenfalls auf die Institution bezogen sei. Das Individuum habe die Pflicht, keine Institutionen zu stützen, die Ungerechtigkeit produzierten oder Menschenrechtsverletzungen akzeptierten. „Auch den sozialen Rechten entsprechen nach dieser Art negative Pflichten" (Kreide 2001, S. 125).

Die Fokussierung auf die Umsetzung der Menschenrechte im Rahmen sozialer Systeme sei vorteilhaft, da sie jene Gründe offenbare, die zu einer langsamen und unzureichenden Realisierung der Menschenrechte führe. Die Gefahr der Singerischen Überforderung umgehend, impliziere die negative Verpflichtung der Individuen außerdem nur eine verminderte Beanspruchung der selbigen. Schließlich müssten Sie nicht Ihr Vermögen spenden oder sich in Hilfsorganisation engagieren. Da aber die Bürger ihre Pflicht global erfüllen müssten, wäre Verantwortung keine Folge sozialer Beziehungen, sondern das Ergebnis individueller Unterstützung sozialer Institutionen, was ebenfalls positiv zu bewerten sei (Kreide 2001, S. 126-127).

Gleichzeitig kritisiert Kreide, dass man bei Pogge nur eine Pflicht zum Unterlassen erkennen könne: „Auch passives Unterlassen kann Ungerechtigkeiten weiter vermehren" (Kreide 2001, S. 126-127). Diese Interpretation des institutionellen Menschenrechtsansatzes greift jedoch zu kurz. Nach Pogge dürfe man ungerechte Institutionen nicht nur *nicht* unterstützen, sondern müsse auch auf deren Reform drängen. Damit verlässt er den Bereich des reinen Unterlassens und baut als Konsequenz seiner negativen Implikation positive Pflichten auf. Offen bleibt, in welchem Umfang sich die Menschen engagieren sollen. Genügt es, jährlich an einer Petition teilzunehmen oder muss man politisch aktiv werden? Letztendlich verfängt sich Pogge doch im Dilemma der positiven Pflichten, da er vor allem „die Beendigung ausbeuterischer und schädigender Verhältnisse" fordert, dabei aber die Frage offen lässt, „wie welchen Gerechtigkeitsstandards gemäß eine Umverteilung zu erfolgen habe" (Anwander; Bleisch 2009; S. 172).

Das Ausmaß individueller Mitverantwortung

Zum anderen ist das Ausmaß individueller Mitverantwortung unklar. Norbert Anwander und Barbara Bleisch greifen dieses Defizit auf, wenn sie für eine Unterscheidung zwischen *Mitverursachen* und *Ermöglichen* von Unrecht plädieren. Dahinter stehe die Beobachtung, dass die globale Wirtschaftsordnung auf „äusserst *komplexen* [nicht linearen] *Kausalketten*“ (Anwander; Bleisch 2009; S. 176) basiere. Ein Mobilfunkhersteller beziehe notwendiges Coltan nicht direkt aus zentralafrikanischen Minen, sondern von verschiedenen Rohstoff- und Zwischenhändlern. Sein Beitrag könne laut Anwander/Bleisch nicht als eigentliche Ursache der Missstände gewertet werden, deshalb sollte man besser von einer Ermöglichung sprechen. Aus dem bloßen Ermöglichen von Unrecht ließe sich noch keine Aussage darüber ableiten, wie dieses Unrecht normativ zu bewerten sei. So würde der Diebstahl eines Bildes erst durch dessen Ausstellung ermöglicht, trotzdem wäre der Besitzer nicht in das Unrecht involviert. Hingegen existiere ein normativer Zusammenhang von illegalen Waffenhändlern und der hohen Mordrate in Südafrika. Sie tragen zwar in keiner direkten Weise zu den Morden bei, aber ohne Sie wären deutlich weniger Waffen im Umlauf und das Ausführen eines Mordes wäre teurer oder umständlicher[79].

Das *Profitieren von Unrecht* müsse man deshalb vom *Ermöglichen von Unrecht* unterscheiden: „Von Unrecht zu profitieren geht [...] häufig einher mit einem Beitrag zum Unrecht“ (ebd. S. 182), weshalb es aus moralischer und tugendethischer Sicht verwerflich sei. Beispielsweise könne eine harte Preispolitik in der Produktion von T-Shirts nur mit Hilfe menschenrechtswidriger Arbeitsumstände finanziert werden. Der illegale Organhandel würde nicht florieren, wenn die Bereitschaft zum Kauf illegaler Organe abnähme und sich die Attraktivität des Geschäftsfeldes durch sinkende Nachfrage verringern würde.

Aus dem Vorteil würde sich eine spezielle Verantwortung ableiten, so dass der Gewinn zur Beseitigung des Unrechts eingesetzt werden sollte. Man schulde in diesem Fall keine Dankbarkeit, sonst wäre die Hilfeleistung freiwilliger Natur. Stattdessen müsse man hier von einer moralischen Verpflichtung ausgehen.

Das „Konzept der *ungerechtfertigten Bereicherung*“ (ebd. S. 186) verdeutliche folgendes Beispiel: Der Junge Harry hat Tina eine Goldkette geschenkt. Für Tina stelle diese einen Gewinn dar, zugleich aber auch eine ungerechtfertigte Bereicherung, weil Harry die Kette zuvor von Anna gestohlen hatte. Obwohl Tina unschuldig ist, müsse sie die Kette wieder zurückgeben. Diese Forderung wäre keine Bestrafung (die Schuldfrage richtet sich schließlich auf Harry), sondern sollte zu einem Ausgleich führen und den Zustand vor der ungerechtfertigten Bereicherung herstellen.

Das Gros der Bürger wohlhabender Industriestaaten profitiere von der globalen Wirtschaftsordnung, die aber die Verhältnisse in ärmeren Ländern verschlechtere. Die Pflicht zur Beseitigung und Kompensation der Armut läge primär bei den (nationalen) Verursachern. Die Verantwortung würde aber auf die

79 Das ursprüngliche Beispiel von Anwander/Bleisch wurde hier zur Vereinfachung abgewandelt.

Profiteure übergehen, wenn die Verursacher die Ausgleichsforderungen nicht begleichen könnten oder wollten. Obwohl der Beitrag wohlhabender Bürger zu einer ungerechten Weltordnung *marginal* sei, stünden sie doch in einer Kompensationspflicht gegenüber in Armut lebenden Menschen (ebd. 171-193).

Unklar bleibt, in welchem Umfang die Bürger von einer ungerechten Ordnung profitieren, wie viel Mitverantwortung der Einzelne trägt und ob diese Schuld durch andere Umstände abgegolten werden kann. Würde die Verpflichtung zur Kompensation beispielsweise abnehmen, wenn man mit dem Kauf billiger T-Shirts den Arbeiterinnen in armen Ländern *überhaupt* ermögliche ihren Lebensunterhalt zu verdienen?

Das „Konzept der *ungerechtfertigten Bereicherung*" stellt eine Ergänzung zu Pogges Ansatz dar und spielt mit Blick auf den Klimawandel, wie sich noch zeigen wird, eine wichtige Rolle. Um die Verpflichtung der gegenwärtigen Generation zu bestimmen, muss deren Anteil am anthropogenen Klimawandel berechnet werden. Denn während gegenwärtige Emissionen eine direkte Verpflichtung begründen, muss der Profit aus vergangenen Treibhausgasen gesondert gewertet werden. Die heutigen Treibhausgasemittenten sind nicht identisch mit früheren Generationen, die seit Beginn der Industrialisierung zum anthropogenen Klimawandel beigetragen haben und von deren unrechtmäßigen Aneignung der atmosphärischen Kapazität nur Teile der heutigen Generation profitieren.

Dem Ermöglichen von Unrecht ordnen Bleisch und Anwander eine geringere moralische Bedeutung zu, weil sie davon das Profitieren von Ungerechtigkeit ausschließen. Doch gibt es auch innerhalb der letzten Kategorie große Unterschiede. Das Mädchen Tina hatte keinen Einfluss auf Harrys Handlung und daher nur unbewusst vom Diebstahl der Kette profitiert. Auch die heutigen Generationen der Industriestaaten profitieren von einem Wohlstand, der nur durch die Verbrennung fossiler Brennstoffe aufgebaut werden konnte. Diese Entscheidung lag jedoch nicht in der Hand heutiger Generationen. Sie profitieren davon, ohne, lässt man die derzeitigen Emissionen außen vor, einen Einfluss darauf gehabt zu haben. Streng genommen haben also weder Tina noch die heute lebenden Menschen Unrecht ermöglicht.

Folglich muss das *Profitieren von Unrecht* und das *Ermöglichen von Unrecht* durch eine strengere und moralisch verwerflichere Form von *Unrecht ermöglichen* ergänzt werden: Dem *indirekten Beitrag zum Unrecht*. Dieser entsteht, wenn Institutionen oder Individuen indirekt zum Unrecht beitragen, mit der Absicht, davon zu profitieren. Wenn also hinter dem Ermöglichen von Unrecht eine direkte Handlung und Beteiligung steht. Zur Verdeutlichung lässt sich hier das von Pogge nachgezeichnete Kreditvergabesystem an nicht-demokratische Staaten anführen. Dieses würde die Unterdrückung der Bevölkerung fördern, zum Fortbestand von schlechten Regimen beitragen oder im Gegensatz einen Anreiz für Revolutionen bieten. Die Industriestaaten tragen damit zur Ungerechtigkeit in armen Staaten bei. Sie ermöglichen indirekt das Unrecht in einem Land durch ihr direktes Handeln. Die Verantwortung dafür ist jedoch geringer anzusiedeln, als wenn sie selbst die Bevölkerung unterdrückten und ausbeuteten.

Die negative Pflicht der Individuen

Neben dem Ausmaß der Mitverantwortung ist auch die Qualität der negativen Pflicht zu hinterfragen. Im Vergleich zu Singer ist die moralische Verantwortung des Einzelnen in jedem Fall geringer und scheint kaum Auswirkungen auf das alltägliche Leben zu haben. Außerhalb des institutionellen Rahmens führt Pogge keine positiven Pflichten an, so dass die Menschen selbst nur indirekt Adressaten der Menschenrechte sind. „Pogge contends, however, that the mere fact that someone is in need does not generate any strong (and, arguably, any) obligation to assist them“(LaFollette 2002, S. 909). Sind positive Pflichten nur Charity-Attitüden? Welche Antwort kann Pogge auf das Teichbeispiel geben? Über die Bedeutung positiver Pflichten herrscht keine Klarheit. Pogge gibt weder Auskunft über moralische Vorgaben innerhalb sozialer Beziehungen, noch ist daraus ersichtlich, wie mit der Armutsproblematik umzugehen ist, wenn diese in keinem Zusammenhang mit der Weltordnung steht. Große Bereiche der Gerechtigkeitstheorie könnten aus dem philosophischen Diskurs ausgeschlossen werden, obwohl sie von Elend und Not gekennzeichnet wären (Hahn 2009a, S. 49). Welche Hilfe sei beispielsweise bei Schicksalsschlägen moralisch geboten, die menschlich unverschuldet sind und als Ausdruck einer höheren Gewalt gelten? Ist der Einzelne nicht zur Hilfe verpflichtet, wenn tausende Menschen, wie im Fall des schweren Erdbebens auf Haiti, 2010, durch Wasser- und Nahrungsmittelknappheit sowie der Ausbreitung von Seuchen akut gefährdet sind[80]?

Grundsätzlich könne man an korrektiven Konzepten kritisieren, dass diese keine Aussage über das Ausmaß von Wiedergutmachungen träfen. Was wird geschuldet? Wie viel wird geschuldet? Und welche Schuld tragen jene, die als Nachfahren der Täter mit der historischen Gerechtigkeit konfrontiert werden? Pogge macht dazu keine genauen Angaben. Forderungen, gleich welcher Art, werden unabhängig von der finanziellen Situation der Opfer erhoben: „Forderungen der korrektiven und kommutativen Gerechtigkeit beziehen sich gar nicht spezifisch auf Notlagen, sondern auf Ungerechtigkeiten“ (Gosepath 2009, S. 225). Damit bestehe die Möglichkeit, dass Bessergestellte gegenüber Notleidenden korrektive Ansprüche erheben könnten, statt einer Pflicht zur Hilfe oder Unterstützung nachzukommen (Gosepath 2009, S. 222-225).

Die globale Weltordnung

80 UNICEF. URL: http://www.unicef.de/projekte/projektliste/haiti-erdbeben/

Strittig bleibt die Bedeutung der globalen Weltordnung. Reichtum und Armut sind vorwiegend Produkte nationalstaatlicher Politik, die wiederum beeinflusst wird von Kultur und Eigenarten der Bürger (z.B. Fleiß) (vgl. Kesselring 1997, S. 246). Die globale Ordnung würde nach Pogge aber zum Erhalt, bzw. zur Ausbreitung von Armut beitragen. Rohstoff- und Kreditprivilegien hätten zum Beispiel einen negativen Einfluss auf die Entwicklung von armen Staaten. Die Verantwortung für das ungerechte System müsse den entwickelten Staaten angerechnet werden, die keine unbeteiligten Drittstaaten seien, sondern die Strukturen vorgäben. Hier könne man nicht von der Verletzung eines moralischen Hilfsgebotes sprechen. Stattdessen sei von einem Verstoß „gegen fundamentale Gerechtigkeitsgrundsätze, wie sie in der Universalen Erklärung der Menschenrechte und in nachfolgenden Menschenrechtspakten festgeschrieben sind“ (Hahn 2009a, S. 45), auszugehen.

Fraglich sei, ob die Industriestaaten tatsächlich eine bestimmte Weltordnung aufoktroyierten, oder ob die wesentlichen Problemfelder der Entwicklungsstaaten hausgemacht seien und man den globalen Faktor eher vernachlässigen müsste (Kesselring 1997, S. 246). Dagegen könne man argumentieren, dass die Annahme von autarken Nationen grundsätzlich nicht mehr haltbar sei. So müsse man den Erfolg des westlichen Kapitalismus zum Teil auf die Zeit des Imperialismus zurückführen. Außerdem würde die Existenz von internationalen Organisationen wie WTO oder WFI das nationalistische Argument widerlegen, dass sich auf globaler Ebene kein kooperatives System finden lasse (Benhabib 2008, S. 103-107).

Mehr Indizien als konkrete Belege schienen für einen Zusammenhang zwischen Weltarmut und Weltordnung zu sprechen. Unklar sei beispielsweise die Wirkung von Handelsbeschränkungen und Agrarsubventionen. Die Baumwollsubventionen der USA führten etwa zu vergleichsweise geringen Verlusten in Höhe von 1,7 und 1,4 % des Bruttosozialproduktes in Mali und Benin (Schaber 2009, S. 147).

Der Einfluss der globalen Ordnung auf die Armutsentwicklung erfolgt nicht-linear, so dass empirische Daten nur unzureichend Aufschluss darüber geben können, welches Ausmaß an Ungerechtigkeit tatsächlich auf die internationalen Strukturen zurückzuführen ist. Daher bleibt es „unklar, inwieweit der Weltordnung eine *Mit*-Verantwortung zufällt“ (Hahn 2009a, S. 48). Kausalitäten lassen sich nur schwer zurückverfolgen und belegen – Komplexität und Intransparenz erschweren die Forschung über Armut und moralische Verpflichtung.

Ob Armut vorwiegend nationale Ursachen hat oder auf die internationale Ordnung zurückzuführen ist, kann in dieser Arbeit nicht abschließend beurteilt werden. Moralische Lösungswege sollen schließlich nicht für die Entwicklungspolitik, sondern für die internationale Klimapolitik aufgezeigt werden. Trotzdem war die Debatte um Armut und Gerechtigkeit aus zwei Gründen notwendig. Einerseits wurde in der Auseinandersetzung mit Pogge verdeutlicht, wodurch Verpflichtungen von Staaten gegenüber anderen Staaten entstehen. Zu einem Unrecht beizutragen, kann auf institutioneller Ebene gleichgesetzt werden mit Handlungen, die zu Menschenrechtsverletzungen führen. Dadurch leiten sich korrektive Ansprüche der Geschädigten gegenüber den Schädigern ab. Im Folgenden geht es nun nicht darum, jenes Unrecht zu bestimmen, dass zur Entstehung und Verbreitung von Armut geführt hat. Vielmehr sollen die Verursacher des Klimawandels den Opfern der Klimaerwärmung gegenübergestellt werden, um daraus korrektive Verpflichtungen in der Klimapolitik abzuleiten. Andererseits musste für die Bestimmung von Rechten und Pflichten in der Klimapolitik analysiert werden, ob und inwiefern Armut an sich Verpflichtungen hervorbringt. Bei Singer haben alle wohlhabenden Bürger eine Hilfspflicht gegenüber in absoluter Armut lebenden Menschen. Dahingegen ist die Bekämpfung von Armut bei Pogge nur dann eine Pflicht, wenn ein Staat zur Armut in einem anderen Staat beigetragen hat. Vergleich und Synthese beider Ansätze soll Aufschluss darüber geben, in welchem Umfang Armut ein relevanter Faktor in der Klimapolitik ist.

6.3 Vergleich und Verwertbarkeit von Pogge und Singer

Im Zuge der Modernisierung und Globalisierung haben sich die verschiedenen Staaten miteinander vernetzt und können fortan nicht mehr als isolierte Einheiten wahrgenommen werden. Die Entwicklung hin zu einem *globalen Dorf* überlastet die traditionelle Ethik, da sich der Bezugsrahmen der moralischen Mitglieder ausgedehnt hat. Deshalb bedarf es einer Neuausrichtung des ethischen Maßstabes, der eine Absage an nationalistische Konzepte darstellt und stattdessen den Weg des Universalismus beschreitet. Sowohl Singer als auch Pogge führen eine Reihe von Argumenten an, die gegen den Partikularismus sprechen. Das Argument der Reziprozität erlaube keine unbegrenzte Bevorzugung von Staatsbürgern.

Singer und Pogge stellen die Armutsproblematik in den Mittelpunkt ihrer Theorien. Während Singer die Bedeutung von staatlichen Grenzen gänzlich negiert, ist bei Pogge ein rational begründetes Maß an Parteilichkeit zulässig. Wichtiger sei die Schaffung fairer Voraussetzungen und der gesicherte Zugang zu Menschenrechten.

Der Klimawandel ist ein globales Problem, das wie Armut, auch die Frage nach individueller und staatlicher Verpflichtung hervorbringt. Welche Ansprüche lassen sich staatenunabhängig begründen? Wann liegen vollkommene, wann unvollkommene Pflichten vor? Und welche Abstufungen im Grad der Verpflichtung existieren mit Blick auf generationsübergreifende Problemstellungen?

Der folgende Vergleich stellt die wichtigsten Unterschiede zwischen Pogge und Singer gegenüber, um daraus ein Konzept hierarchisierter Verpflichtung zu entwickeln.

6.3.1 Distributive vs. korrektive Gerechtigkeit

Weltarmut ist für Singer ein moralisches Problem – er verwendet einen distributiven Gerechtigkeitsansatz. Hingegen betrachtet Pogge Armut unter dem Aspekt der korrektiven Gerechtigkeit. Nach David Miller sollte man zwischen den Begriffen Ergebnisverantwortung (wer hat zur Entstehung von globaler Armut beigetragen?) und Beseitigungsverantwortung (wer ist für die zukünftige Beseitigung von Armut zuständig?) unterscheiden. Singer konzentriere sich auf die Beseitigungsverantwortung, indem er nicht nach den Ursachen der Armut frage, sondern das Problem als eine natürliche Erscheinung auffasse. In der Verantwortung stünden somit alle Menschen, die über die Fähigkeit verfügten, zu helfen. Unbeachtet bliebe dagegen die Rolle der Verursacher der Armut. Ihr moralisches Fehlverhalten würde keiner Bewertung unterzogen werden (Miller 2009, S. 156-159). Pogge fokussiere stattdessen die Ergebnisverantwortung, die er den wohlhabenden Staaten zuordnet, da diese ein globales System unterstützten, das Ungerechtigkeit produziere oder zumindest billige. Dabei vernachlässige er jene Verantwortungsbeziehung, die sich auf nationaler Ebene wiederfände: Die armen Staaten hätten die in der Bevölkerung herrschende Armut zu einem großen Teil selbst verursacht. Pogges Ansatz verleite, so Miller, zu der Annahme, dass die Reform des globalen Systems zugleich die lokalen Ursachen von Armut beheben würde. Deshalb plädiert Miller für eine entsprechende Aufteilung der Ergebnisverantwortung zwischen internationalen Organisationen, Industriestaaten und armen Ländern. Miller geht davon aus, dass bei Pogge aus der Ergebnisverantwortung eine Beseitigungsverantwortung für die wohlhabenden Länder folge, allein da „wir über die Mittel verfügen" (Miller 2009, S. 160). Tatsächlich aber hält sich Pogge mit derartigen Schlussfolgerungen zurück. Wie in der Kritik gezeigt, versucht Pogge die Beseitigungsverantwortung stringent auf die Ergebnisverantwortung aufzubauen. Es sind eben nicht die Fähigkeiten der reichen Staaten, die eine Verantwortung begründen, sondern deren Mitverschulden.

Das differenzierte Verhältnis von Ergebnis- und Beseitigungsverantwortung zeigt sich auch in der Einbeziehung historischer Gerechtigkeit. Da Singer nur von distributiven Ansprüchen ausgeht, würde der Verweis auf in Vergangenheit begangenes Unrecht ohne Folgen für globale Verteilungsansprüche bleiben. Der korrektive Gerechtigkeitsansatz von Pogge ist dagegen eng mit einem intergenerationellen Gerechtigkeitsverständnis verknüpft. Aus Unrecht entstünden Kompensationspflichten, auch wenn sich Verursacher und Opfer zeitlich verschoben gegenüberstehen und mehrere Generationen umfassen. Wird Pogges Ansatz auf die Klimaproblematik übertragen, dann muss globale Gerechtigkeit immer auch Generationengerechtigkeit sein.

6.3.2 Der institutionenethische Wandel

Im utilitaristischen Konzept von Singer werden individuelle Hilfspflichten begründet, die die Soll-Leistung des Einzelnen bestimmen. Dahingegen setzt Pogge die Verantwortung der Institutionen in das Zentrum seines Ansatzes und verknüpft die vorherrschende Weltordnung mit dem Anspruch der Gerechtigkeit. Dieser Wandel von einem individualethischen zu einem institutionenethischen Blick ist signifikant für die Entwicklung der Debatte um Weltarmut und Ethik der letzten Jahrzehnte (Bleisch, Schaber 2009; S. 22). Dahinter steckt das differenzierte Verständnis von Armut, das für Singer eine Frage der Moral, für Pogge hingegen eine Problemstellung der Gerechtigkeit ist. Da die wohlhabenden Bürger der Industriestaaten absolute Armut verhindern könnten, ohne etwas von vergleichbarer moralischer Bedeutung zu opfern, ergibt sich für Singer nicht die Konsequenz, nach den Ursachen der Armut zu fragen. Zu helfen wird damit in eine „strenge“ oder „vollkommene“ Pflicht transformiert, die sich in der „positive[n] Zielsetzung“(Steinvorth 2008, S. 173) des Utilitarismus widerspiegelt, das Glück zu vermehren (ebd. S. 173-174). Singer lässt sich damit nicht in die klassische Unterscheidung von negativen (die ein moralisches Verbot ausdrücken) und positiven (die für etwas moralisch Wünschenswertes stehen; vgl. Kap. 1.1) Pflichten einordnen. Eine Hilfspflicht ist im Grunde ein positives Ziel, da es eben kein Verbot darstellt, sondern eine Handlung voraussetzt. Singers Hilfspflicht ist aber nicht nur etwas Wünschenswertes, sondern eine vollkommene Pflicht. Zu helfen wird dadurch zu einer Pflicht, die moralisch auf einer Stufe mit dem Verbot zu Foltern oder dem Verbot zu Töten steht, ohne Abgrenzungen oder Hierarchisierungen vorzunehmen (ebd. S.177). Daraus lässt sich der Überforderungscharakter (s.o.) des Utilitarismus ableiten. Pogge geht dagegen nicht auf positive Pflichten ein, sondern fokussiert die Verantwortung der Industrienationen, die sich an der Aufrechterhaltung eines ungerechten globalen Systems beteiligen sowie die resultierende negative Pflicht der Bürger, als Bewacher der Menschenrechte aufzutreten (aus der sich dann erst in einem zweiten Schritt positive Pflichten ergeben).

6.3.3 Die Rolle der Menschenrechte

Aus der Rolle der Menschenrechte leiten sich unterschiedliche Bezugsrahmen ab. Bei Singer stehen die Präferenzen der Individuen im Vordergrund. Der utilitaristische Ansatz wird gespeist aus der Forderung nach Gleichheit, die damit zum Postulat für distributive Gerechtigkeit wird. Zwar errichtet Singer Grenzen, die der totalen Angleichung der Lebensverhältnisse aller Menschen widersprechen, doch lassen sich diese in voller Konsequenz seiner Theorie lediglich als willkürlich beschreiben. Es geht bei Singer nicht um das Recht auf einen minimalen Lebensstandard, sondern um die Pflichten der Mitbürger. Pogge hingegen fokussiert nicht die Pflichten, sondern die Rechte der Menschen. Aber impliziert das Recht auf etwas auch die Pflicht eines Anderen, für die Erfüllung dieses Rechts einzutreten? Pogge siedelt diesen Anspruch bei den Institutionen an. Diese sollen, als moralische Akteure, den Zugang zu den Menschenrechten gewährleisten. Der Staat trägt insofern eine moralische Verantwortung gegenüber seinen Bürgern. Zusätzliche Ansprüche treten im Rahmen der korrektiven Gerechtigkeit auf, wenn also Staaten direkt oder indirekt eine Mitschuld für die Ungerechtigkeit in einem anderen Staat haben. Für die Menschen lässt sich daraus nur die negative Pflicht der Nicht-Unterstützung ungerechter Institutionen ableiten. Selbst die Bürger von wohlhabenden Staaten haben darüber hinaus keine weiteren Pflichten, wie beispielsweise zu spenden.

6.4 Synthese

6.4.1 Die unvollkommene Hilfspflicht

Bindendes Glied zwischen dem utilitaristischen und liberal-menschenrechtlichen Ansatz bildet die Hilfspflicht. Singer konstruiert die Hilfspflicht als vollkommene Pflicht, die jedem Individuum mit entsprechenden Fähigkeiten zukomme. Weil diese aber in ihrem Anspruch grenzenlos ist, überfordert sie den Einzelnen (vgl. Kap. 6.1.4). Bei Pogge findet sich hingegen keine Hilfspflicht. Die Bekämpfung der Armut erhalte nur dort moralische Relevanz, wo sie als Produkt von Ungerechtigkeit ausgemacht werden könne. Nur wenn sich korrektive Gerechtigkeitsansprüche nachweisen ließen, bestünde die Pflicht zur Kompensation und Wiedergutmachung. Damit übersieht Pogge, dass es auch Fälle unverschuldet in Not geratener Menschen gibt, deren Bedürfnis nach Hilfe von moralischer Bedeutung ist.

Eine Synthese zwischen beiden Ansätzen erlaubt eine Hilfspflicht, die als unvollkommene Pflicht verstanden wird. Demnach existiert eine Pflicht zur Hilfe, wenn man die Möglichkeit hat, anderen in Not zu helfen (vgl. Gosepath 2009, S. 220). Damit einher gehen keine korrespondierenden Rechte. Denn ein in absoluter Armut lebender Afrikaner hat kein Recht auf Unterstützung, das er gegenüber einem bestimmten wohlhabenden Deutschen einfordern könne. Trotzdem bleibt die Pflicht zur Hilfe als eine moralische Pflicht bestehen. Sie resultiert aus den sekundären Gründen der Moral, „die jede Person dafür hat, dabei zu helfen, ein Übel oder eine Notlage zu beseitigen und einen moralisch besseren Zustand hervorzubringen“ (Gosepath 2009, S. 221). Im Gegensatz dazu sind primäre moralische Gründe solche, „denen ein Individuum folgen muss, da es sich andernfalls unmoralisch verhielte“ (ebd. S. 221).

Die Differenzierung zwischen vollkommenen und unvollkommenen Pflichten setzt unterschiedliche Abstufungen von Verantwortung voraus. Aus einem moralisch verwerflichen Zustand lässt sich eine geringere Verantwortung zur Beseitigung ableiten, wie aus direkten Handlungen, die zur Ungerechtigkeit beitragen. Aus der Veränderbarkeit des Zustandes lässt sich dessen moralische Relevanz ableiten: „Demnach sind nur solche Handlungen oder Unterlassungen moralisch, die sich den von der Handlung oder Unterlassung Betroffenen gegenüber unter Bedingungen der Freiheit und Gleichheit allgemein und reziprok rechtfertigen lassen. Diesem Prinzip zufolge sind alle veränderbaren Zustände rechtfertigungsbedürftig, sofern sie Auswirkungen auf die Interessen und oder das Wohl von Individuen haben können“ (ebd. S. 221).

Die Pflicht zur Hilfe wird zweifach eingeschränkt. Das Recht auf Selbstbestimmung sichert den Individuen ein Leben in Eigenverantwortung. Daraus folgt, dass eine Hilfspflicht nur bei einer unverschuldeten Notlage Bestand hat. D.h. dass die betroffenen Menschen nicht Verursacher der Notlage sein dürfen. Das Recht auf Selbstbestimmung verlangt außerdem, dass nur jenen geholfen wird, die sich nicht aus eigenen Kräften aus der Notlage befreien können (ebd. S.221). Damit werden auch die Umstände einer Situation bewertet, während der im Utilitarismus angelegte Konsequenzialismus nur die Ergebnisse einer Handlung als moralisch relevant ansehen kann. Hilfe muss nicht in Form von Spenden erfolgen, sondern kann auch auf institutioneller Ebene geleistet werden, so ist die Errichtung von Infrastruktur eine wichtige Vorbedingung für einen funktionierenden Spendenfluss (ebd. S.229-231).

6.4.2 Das Ausmaß der Hilfspflicht

Die korrektive Gerechtigkeit findet in der unvollkommenen Hilfspflicht eine notwendige Ergänzung. Die Verursacher einer Notlage tragen weiterhin die primäre Verantwortung. Eine Hilfspflicht lässt sich nur in Fällen nachweisen, wenn Personen, die unverschuldet in Not geraten sind, solchen, die weder dazu beigetragen haben, noch davon profitieren, aber mindestens die Fähigkeit haben zu helfen, gegenüber stehen. Beziehen die potentiellen Helfer nicht den geringsten Vorteil aus der Situation der Hilfsbedürftigen, deduziert sich ihre Hilfspflicht nur aus sekundären Gründen der Moral. „Die Verantwortung für die Hilfe basiert in diesem Fall jedoch nicht auf Gerechtigkeitsgründen, sondern auf moralischen Gründen" (Gosepath 2009, S. 235). Während die Singer´sche Hilfspflicht eine Angleichung der Lebensverhältnisse gebietet, ist das Ausmaß der unvollkommenen Hilfspflicht auf Notsituationen mit außerordentlichem Leid und Elend beschränkt.

Mit Blick auf die Armutsproblematik (und Klimaproblematik) stellt sich allerdings die Frage nach der Relevanz der Hilfspflicht. Nur wenige Armutsfälle sind frei von Selbstschuld. Deshalb liegt eine tatsächliche Pflicht zur Unterstützung nur in seltenen Fällen vor. Naturkatastrophen können hier als Beispiel angeführt werden, aber nur dort, wo zugleich nicht absichtlich an den Mitteln für Selbstschutzmaßnahmen (Deiche, stabile Bauweise, etc.) gespart wurde. Insofern kann die Hilfspflicht nur eine untergeordnete, sekundäre Rolle spielen. Sie veranschaulicht, dass auch Individuen in einer moralischen Verpflichtung stehen, welche sich nicht vollständig auf die Institutionen übertragen lässt. Es ist weder ausreichend, sich an die Gesetze des eigenen Landes zu halten, noch ungerechten Institutionen die Unterstützung zu verweigern. Vielmehr steht der Einzelne in der Verpflichtung, moralisch verwerfliche Zustände zu beheben, falls man über entsprechende Möglichkeiten verfügt.

Die Hilfspflicht resultiert aus moralisch verwerflichen Zuständen. Als solche muss man ein Leben in absoluter Armut und ohne Zugang zu Menschenrechten definieren. Jedoch bleibt eine Hilfspflicht auf Fälle unverschuldeter Not beschränkt. Bezogen auf das korrektive Gerechtigkeitsverständnis von Thomas Pogge gewinnt die Hilfspflicht aber an Bedeutung. Geht es um die richtige Verteilung von Verantwortung und Pflichten, entwickelt Armut nach meinem Verständnis einen potenzierenden Faktor. Dieser tritt insbesondere bei fremdverschuldeten Notlagen in Kraft. Zu einer Kompensationspflicht, die aus gerechtigkeitsethischen Gründen notwendig ist, wird eine Hilfspflicht zur Behebung moralisch verwerflicher Zustände addiert. Die Verpflichtung der Verursacher des Unrechts nimmt gegenüber den besonders armen Menschen zu, so dass diese aus moralischer Sicht einen größeren Anspruch auf Ausgleich als besser gestellte Parteien haben, wie ich mit folgendem Beispiel veranschaulichen möchte:

Zwei Häuser wurden bei einem Erdbeben zerstört. Ein Gutachten bestätigt, dass die Häuser auch deshalb zusammen stürzten, da beim Bau einige kleinere Fehler gemacht wurden. Der Bauträger hat damit eine gewisse Mitschuld. Das kleine Haus gehörte einer armen Familie, deren Existenz durch den Verlust des Hauses bedroht ist. Die Besitzer des zweiten, größeren Hauses sind hingegen deutlich wohlhabender und können den Verlust ausgleichen. Die Situation sollte wie folgt bewertet werden:

1. Aus dem Blickwinkel der korrektiven Gerechtigkeit ist die Baufirma ein Mitverursacher der Katastrophe. Sie müsste folglich die zerstörten Häuser wieder aufbauen oder einen finanziellen Ausgleich leisten. Beide Familien würden gleichwertigen Ersatz für ihren Verlust erhalten.

2. Angenommen die Baufirma würde Konkurs anmelden und hätte nur noch ein geringes Restbudget, um ihre Schuld an den Familien zu begleichen. Dem korrektiven Gerechtigkeitsanspruch folgend, sollte die wohlhabendere Familie einen größeren Ausgleich erhalten, weil ihr Haus mehr Wert besaß. Vom moralischen Standpunkt aus wäre dies ungerecht, weil der Verlust der armen Familie größer ist. Die Zerstörung ihres Hauses hat die Familie in Armut und große Not gestürzt, ohne dass sie die Möglichkeit hat sich selbst zu helfen. Dieser Zustand wirkt sich als potenzierender Faktor auf die Verantwortlichkeit der Baufirma aus, die der armen Familie einen größeren Teil des Restbudgets geben sollte.

3. In der dritten Variante ist die Baufirma bankrott und kann keinen Ausgleich an die Familien leisten. Darum geht die Verantwortung auf die Stadt und die anderen Bewohnern, die keine Schäden vom Erdbeben erlitten, über. Unklar bleibt jedoch das Ausmaß der Hilfspflicht, die sie ausschließlich gegenüber der armen Familie innehaben. Sie kann durch Spenden oder der Bereitstellung von Arbeitszeit sowie Materialien für den Bau eines neuen Hauses gewährleistet werden. Die Pflicht wäre aber ebenso erfüllt, wenn der Familie zunächst eine Sozialwohnung und die notwendigsten Mittel zum Leben gestellt würden.

Zusammenfassend lässt sich eine Hilfspflicht in vielfacher Weise in Pogges Konzept der korrektiven Gerechtigkeit integrieren. Zum einen deckt sie Fälle von unverschuldeter Not ab, zum anderen impliziert die Hilfspflicht den Anspruch, moralisch verwerfliche Zustände zu beheben, wenn man über entsprechende Fähigkeiten verfügt. Für die vorliegende Arbeit gewinnt aber v.a. jene Konsequenz an Bedeutung, die sich aus dem potenzierenden Charakter von Armut ableiten lässt. In Anlehnung an Pogge muss der Zugang zu Menschenrechten und zu einem gewissen Lebensstandard gewährleistet sein. Dieses Minimum fungiert als ein Schwellen- oder Grenzwert, unterhalb dessen man von einem moralisch verwerflichen Zustand sprechen muss. Verpflichtungen, die der korrektiven Gerechtigkeit entwachsen, werden durch die Einbeziehung der Hilfspflicht verstärkt, also potenziert. Je mehr der Grenzwert unterschritten wird, desto höher ist der Grad der Verpflichtung.

6.4.3 *Hierarchisierte Verpflichtung*

Aus der Synthese Singer-Pogge lässt sich ein Bewertungsmaßstab ableiten, um zwischenstaatliche Pflichten und Rechte zu identifizieren und in ihrem Umfang zu bestimmen. Die Ergebnisse aus diesem Exkurs sollen auf die ethische Klimadiskussion übertragen werden.

Die internationale Klimapolitik setzt sich, wie gezeigt wurde, aus *mitigation* und *adaptation* zusammen. Um der drohenden Gefahr eines unkontrollierten Klimawandels zu entgehen, muss der Zugang zur Ressource Atmosphäre begrenzt und mit Hilfe von Emissionszertifikaten nach einem gerechten Verteilungsschlüssel auf alle Staaten verteilt werden. Gleichzeitig soll auch die ungleiche Verteilung der Lasten kompensiert werden, da von den Folgen des Klimawandels vorwiegend arme Staaten betroffen sind. Bei der Verteilung der Kosten internationaler Klimapolitik prallen verschiedene, sowohl distributive als auch korrektive Ansprüche von Industrie-, Schwellen- und Entwicklungsländern aufeinander. Um die Chancen auf einen Weltklimavertrag zu erhöhen, sollte die differenzierte Verantwortung der Staaten in der Klimapolitik auf Basis gerechtigkeitsethischer Grundsätze ermittelt werden. Angesichts der zeitlichen Dimension des Klimawandels sollte zudem eine intergenerationelle Perspektive eingenommen werden: Während ein Großteil der Emissionen von früheren Generationen verursacht wurde, sind von den Folgen der Klimaerwärmung vor allem nachfolgende Generationen betroffen.

Der Vergleich zwischen Singer und Pogge hat die grundlegende Frage nach Ursprung und Umfang von Verpflichtungen zwischen Staaten beantwortet. Im Folgenden gilt es nun, die Ergebnisse aus der Synthese zusammenzufassen und eine „Hierarchie von unterschiedlichen *Graden* der Verpflichtung" zu entwickeln, bevor in Kap.7 noch einmal auf das Verhältnis zwischen Entwicklungspolitik und Klimapolitik eingegangen wird.

Um den Verpflichtungsgrad einer Handlung zu bestimmen, ist das Netzwerk aus Adressaten und Beziehungen zu untersuchen:

1. Voraussetzung ist ein Zustand, der als moralisch gut oder schlecht bewertbar ist und grundsätzlich die Möglichkeit beherbergt, veränderbar zu sein.

2. Wer hat zur Ungerechtigkeit beigetragen? Auszumachen sind die (Mit-)Verursacher von Armut oder Menschenrechtsverletzungen.
3. Sodann ist zu hinterfragen, wer das Unrecht indirekt ermöglicht hat.
4. Welche Personen, Gruppen oder Institutionen profitieren aus der Notlage?
5. Des Weiteren sind alle Personen ausfindig zu machen, die als potentielle Helfer in Frage kommen, also über Fähigkeiten (z.B. finanzieller Art) verfügen. Auch hier sollte noch einmal geprüft werden, in welcher Beziehung potentielle Helfer und Hilfsbedürftige stehen.

In Relation zum jeweiligen Beitrag zum Unrecht kann der Grad der Verpflichtung bestimmt werden, woraus sich eine Hierarchie von Verpflichtungsgraden ableiten lässt:

Auf der obersten Verpflichtungsstufe steht der *direkte Beitrag* zum Unrecht. Damit verbunden ist ein Höchstmaß an Verpflichtung, dieses Unrecht zu kompensieren. Auf internationaler Ebene trägt ein Staat direkt zum Unrecht bei, wenn seine Handlungen zu Menschenrechtsverletzungen in einem anderen Staat führen.

Im Fall eines *indirekten Beitrags* zum Unrecht verringert sich der Grad der Verpflichtung. Durch Ressourcen- und Kreditprivilegien können Staaten zum Beispiel indirekt Unrecht ermöglichen, ohne das Unrecht gezielt und durch eine direkte Handlung zu verursachen. Für den Anteil ihrer Mitverantwortung sollten sie dennoch Kompensationsleistungen erbringen.

Die dritte Stufe bildet das *Profitieren von Unrecht*. Da die Profiteure keinen Einfluss auf das geschehene Unrecht ausüben konnten, sind sie auch nicht für das ganze Ausmaß der Ungerechtigkeit verantwortlich. Sie sind lediglich die Nutznießer, weshalb sie ihren unrechtmäßigen Gewinn zur Wiederherstellung von Gerechtigkeit nutzen sollten.

Die ersten drei Stufen sind mit der historischen Gerechtigkeit verwoben. Besonders das Profitieren von Unrecht begründet Verpflichtungen heutiger Generationen. Ihre Verantwortung resultiert aus Handlungen früherer Generationen, die gegenüber Dritten Unrecht ausübten. Ebenso unterliegen auch heutige Generationen einer Verpflichtung, nicht zu Ungerechtigkeit gegenüber zukünftigen Generationen beizutragen. Mit Blick auf die Klimaproblematik spielen vor allem die erste und dritte Stufe eine wichtige Rolle. So kann man allgemein feststellen, dass die Bürger in den Industriestaaten sich in einer vorteilhaften Lage (Profitieren von Unrecht) befinden, die zum Teil auch auf den hohen Emissionsausstoß (direkter Beitrag zum Unrecht) ihrer Vorfahren zurückgeführt werden kann. Ein indirekter Beitrag zum Unrecht ist dagegen weniger verallgemeinerbar, sondern erfordert eine Einzelfallanalyse (z.B. welche Verträge hat ein Staat abgeschlossen?), die aber den Rahmen dieser Arbeit sprengen würde.

Die ersten drei Stufen bilden Grade der Verpflichtung, die mit Anspruchsrechten der Opfer einher gehen. Eine Intensivierung oder Reduzierung der Verpflichtung kann zusätzlich durch interne und externe Faktoren erfolgen. Interne Faktoren sind moralischer Natur. Absolute Armut ist ein moralisch verwerflicher Zustand und kann eine gewisse Priorisierung erzeugen. Stünden beispielsweise im Klimaschutz bestimmte Fonds zur Finanzierung von Präventionsmaßnahmen zur Verfügung, sollten besonders arme Staaten einen größeren Anteil an den begrenzten Mitteln erhalten, um die Zunahme der Armut zu verhindern oder die lebensbedrohlichen Maßnahmen abzumildern. Externe Faktoren können zu einer Zu- oder Abnahme der Verpflichtung führen. In Anlehnung an die Rechtsprechung sind sie den mildernden oder erschwerenden Umständen geschuldet, in denen ein Unrecht begangen wurde. Beispielsweise war die Wirkung von Treibhausgasen in Zeiten der Industrialisierung unbekannt. Unwissenheit stellt einen externen Faktor, weil frühere Generationen unbewusst zum Klimawandel beigetragen haben.

Die ersten drei Verpflichtungsgrade können durch das *Ermöglichen* von Unrecht ergänzt werden. Letzteres ist problematisch, weil nicht jede Kausalität von moralischer Bedeutung ist. Daher muss fallweise untersucht werden, ob das *Ermöglichen* von Unrecht eine Verpflichtung zur Wiedergutmachung hervorruft oder nicht und in welchem Umfang dadurch Verpflichtungen entstehen.

Den kleinsten Grad der Verpflichtung findet man auf der vierten und letzten Stufe, die für die Fähigkeit zu helfen bei unverschuldeter Not steht. Hier liegen Pflichten, jedoch keine korrespondierenden Rechte vor.

Die Darstellung „Hierarchisierung von Verpflichtungsgraden" soll neben einem institutionellen Strang auch die individuelle Verantwortung widerspiegeln. Denn auch der Einzelne trägt als Nutznießer der Atmosphäre und Emittent von Treibhausgasen eine Mitverantwortung für den Klimawandel.

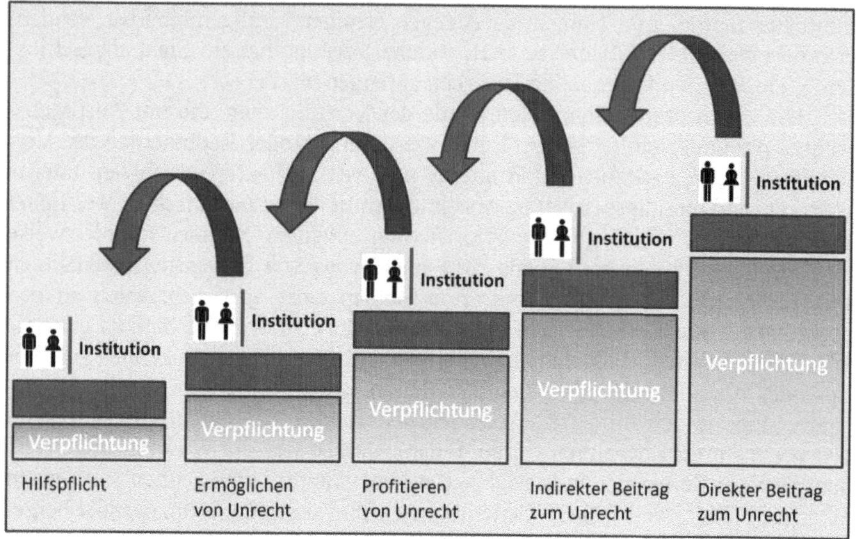

Abb. 9 Hierarchisierung von Verpflichtungsgraden

7 Klimawandel und Armut – Konklusion aus dem Exkurs

Ein Weltklimavertrag sollte die Verantwortung für *mitigation* und *adaptation* international *gerecht* verteilen. Beide Klimaschutzstrategien stellen eine Herausforderung für die globale Gemeinschaft dar. Aus der Diskrepanz zwischen Verursachern und Geschädigten entsteht der Zündstoff der Klimadebatte, die sich in der Frage nach gegenseitiger Verpflichtung von Staaten zuspitzt. Der Exkurs „Gerechtigkeit und Armut“ hat als Ergebnis eine Hierarchie von Verpflichtungsgraden hervorgebracht, das basierend auf einem vorwiegend korrektiven Gerechtigkeitsverständnis, eine rein nationale Betrachtung zurückweist und stattdessen Pflichtbeziehungen zwischen Staaten (und Individuen) begründet. Darauf aufbauend sollte es gelingen, die enge Vernetzung von Armut und Klimawandel ethisch zu bewerten.

Die Auswirkungen des Klimawandels auf die Situation in extremer Armut lebender Menschen verlangt nach einer genaueren Differenzierung zwischen Armutspolitik und Klimapolitik:

1. Hat die Bekämpfung von Armut Vorrang vor dem Klimaschutz?

Nein, primär muss Armutspolitik getrennt von Klimapolitik betrachtet werden. Die in einem Staat herrschende Armut kann durch Korruption, Misswirtschaft, etc. selbstverschuldet sein. In diesem Fall liegen keine korrektiven Kompensationsansprüche gegenüber anderen Staaten vor. Eine (Teil-) Verpflichtung der globalen Gemeinschaft oder von einem oder mehreren Staaten entsteht hingegen, wenn Armut das Ergebnis fremder Einwirkung (z.B. Krieg) ist. Armut infolge von Naturkatastrophen bewirkt eine unvollkommene Hilfspflicht der globalen Gemeinschaft.

Der anthropogene Klimawandel ist hingegen das Ergebnis menschlicher Aktivitäten. Die Ansprüche verschiedener Akteure müssen bei dem Entwurf eines Post-Kyoto-Protokolls Beachtung finden. Eine Verschmelzung von Armutspolitik mit Klimapolitik könnte erstens die Rechte zukünftiger Generationen gefährden, wenn beispielsweise *mitigation*-Maßnahmen nicht umgesetzt werden, weil Entwicklungsstaaten davon ausgenommen würden (s.a. Anmerkungen zum polluter-pays-principle; Kap. 8.3.1). Zweitens besteht die Gefahr der Benachteiligung von Entwicklungsländern, die zukünftig besonders stark vom Klimawandel betroffen sein werden. Ihr Anspruch auf Unterstützung bei der Finanzierung präventiver und adaptiver Maßnahmen würde in Konkurrenz mit den Ansprüchen von Staaten stehen, in denen mehr Armut herrscht, die aber zugleich nur gering den Einflüssen des Klimawandels ausgesetzt sind.

Die vergleichende Analyse von Singer und Pogge hat zur Priorisierung der Ergebnis- vor der Beseitigungsverantwortung geführt. Die Festlegung der Verpflichtung von Staaten innerhalb der Klimapolitik kann nur dann gelingen, wenn der Klimawandel isoliert von Armut betrachtet wird. Nur so lässt sich die Rolle der beteiligten Akteure bestimmen, so dass entsprechend der hierarchisierten Verpflichtungsgrade Ansprüche abgeleitet werden können. Dasselbe Prinzip ist auf die Armutspolitik übertragbar – ein Problemfeld das wiederum für sich untersucht werden muss. Armutspolitik hat insofern keine Priorität gegenüber Klimapolitik. Sie bildet vielmehr einen weiteren Baustein internationaler Politik.

2. Muss Klimaschutz immer auch Armutsbekämpfung sein?

Der Klimawandel verschlechtert die Lebenssituation in vielen Entwicklungsländern: Als Folge steigender Temperaturen wird der Zugang zu Nahrung und Wasser weiter eingeschränkt. Besonders für die in absoluter Armut lebenden Menschen stellt der Klimawandel eine existentielle Bedrohung dar (Kap. 5.3). Doch während arme Staaten mit geringen CO_2-Konten oftmals nicht über die Fähigkeit verfügen, sich selbst zu helfen, können die wohlhabenden Industriestaaten (die Verursacher des anthropogenen Klimawandels) die eigenen Kosten für *adaptation* tragen.

Ein internationales Klimaschutzprogramm zur Finanzierung präventiver und adaptiver Maßnahmen sollte weitgehend identisch sein mit Armutsbekämpfung. Denn arme Bevölkerungsschichten sind am schlechtesten informiert, besitzen den geringsten Handlungsspielraum und haben zu wenig Machtpotential, um den Druck auf die eigenen Regierungen zu erhöhen. Sie bedürfen folglich am meisten der Unterstützung der internationalen Gemeinschaft. Zu klären ist hingegen, wer für die Finanzierung dieser Anpassungsmaßnahmen verantwortlich ist und in welchem Umfang diese zu erfolgen haben. Die bloße Fähigkeit der Industriestaaten ist für eine moralische Begründung unzureichend.

3. Wird der Grad der Verpflichtung in der Klimaschutzpolitik durch den Faktor Armut beeinflusst?

Mit dem anthropogenen Klimawandel gehen Pflichten und Rechte einher, die im Folgenden noch genauer zu bestimmen sind. Der Grad der Verpflichtung richtet sich nach dem Beitrag der Staaten zum Klimawandel (= Unrecht). Diese Verpflichtung kann durch externe oder interne Faktoren zu- oder abnehmen. Absolute Armut ist ein moralisch verwerflicher Zustand, weshalb die Existenz von Armut als potenzierender Faktor Auswirkungen auf die Klimapolitik hat. Der Grad der Verpflichtung nimmt gegenüber armen Staaten zu. Umgekehrt kann Armut auch von Verpflichtungen befreien, um Zustände in armen Staaten nicht noch weiter zu verschlechtern.

Um eine Bewertung des Klimawandels durchzuführen wird in den folgenden Kapiteln Klimapolitik getrennt von Armutspolitik betrachtet. Dabei werden die Ergebnisse aus dem Exkurs auf den klimapolitischen Diskurs übertragen: Die in der Klimadiskussion vorherrschenden Argumente und Prinzipien sollen anhand der Hierarchie von Verpflichtungsgraden überprüft werden. Der Schwerpunkt wird dabei auf der Verteilung von Emissionszertifikaten, also auf *mitigation* liegen, da *adaptation* in der aktuellen Klimadiskussion eine nachgeordnete Stellung einnimmt. Durch Analyse und Kritik der wesentlichen Positionen lassen sich die Grundpfeiler einer globalen und gerechten Klimapolitik ableiten, die dann in einen neuen Ansatz, dem dualen Konzept *Indiko*, integriert werden, welcher *mitigitation* und *adaptation* umfassen soll.

8 Auf der Suche nach einem gerechten Verteilungsprinzip

In den nachfolgenden Kapiteln möchte ich mich auf die Suche nach einem gerechten Verteilungsprinzip für die Ressource Atmosphäre machen. In der Klimadiskussion stehen sich verschiedene Ansätze gegenüber, die jeweils einem anderen Gerechtigkeitsverständnis folgen und dementsprechend unterschiedliche Lösungsvorschläge für den Klimakonflikt unterbreiten. Diese gilt es nun dahingehend zu überprüfen, ob sie mit dem Schema der hierarchisierten Verpflichtung kompatibel sind.

Nach Peter Singer ist die Atmosphäre vergleichbar mit einer riesigen Senkgrube. Sind die Dorfbewohner in den letzten Jahrzehnten davon ausgegangen, dass die Grube endlos mit Müll gefüllt werden könnte, zeigt sich seit kurzer Zeit, dass ihre Aufnahmekapazität beschränkt ist. Erste Anzeichen dafür sind Versickerungen, die im Dorf einen unangenehmen Geruch verursachen. Des Weiteren verbreiten sich Algen im Dorfteich und man muss befürchten, dass die lokale Wasserversorgung durch Verunreinigungen zukünftig gefährdet ist. Darum soll die Benutzung der Senkgrube eingeschränkt und die verbleibende Kapazität auf die Anwohner des Dorfes aufgeteilt werden. Hier stellt sich die Frage nach welchem Verteilungsprinzip dies geschehen soll (Singer 2004, S. 26-29).

Die begrenzte Kapazität der Atmosphäre stellt auch das globale Dorf vor die Aufgabe, das verbliebene Aufnahmevermögen gerecht zu verteilen. Um das 2°C-Klimaziel nicht zu gefährden, sollte global ein Gesamtbudget von 750 Gt CO_2 bis zum Jahr 2050 nicht überschritten werden (WBGU 2009a, S. 27). Neben Kohlestoff muss auch der Ausstoß von anderen Treibhausgasen wie Lachgas oder Methan eingeschränkt werden. Über einen Inversansatz lässt sich ermitteln, um wie viel der globale Treibhausgasausstoß zu reduzieren ist (WBGU 2009a, S. 23). Damit die nationalen *mitigation*-Ziele kosteneffizient zu realisieren sind, wurde das Instrument Emissionshandel eingeführt. Zu bestimmen bleibt der Anteil an Emissionszertifikaten, die jeder Staat erhalten soll, um den Umfang erlaubter Emissionen pro Staat festzulegen.

8.1 Das Pro-Kopf-Prinzip

Gesucht wird folglich ein gerechtes Prinzip, nachdem das Gesamtbudget zulässiger Treibhausgase zwischen den Staaten aufgeteilt werden kann. Als Ausgangspunkt soll das Pro-Kopf-Prinzip dienen, dass eine Gleichverteilung der Atmosphäre propagiert. Die Emissionsrechte würden entsprechend der Bevölkerungszahl eines Landes verteilt werden.

„Nach dieser Option würde jedem Menschen (bezogen auf die Weltbevölkerung in 2010) ein Budget von knapp 110 t CO2-Emissionen für die kommenden 40 Jahre zur Verfügung gestellt, was durchschnittlichen jährlichen Pro-Kopf-Emissionen von etwa 2,7 t CO2 entspricht“ (WBGU 2009a, S. 27). Abhängig von der sozioökonomischen Entwicklung, dem Waldbestand, dem Bevölkerungswachstum, etc. müssten die Pro-Kopf-Emissionen schrittweise reduziert werden, um angesichts des wesentlich geringeren Restbudgets von 2050 bis zum Jahr 2100 die „Anschlussfähigkeit“ nicht zu verlieren (WBGU 2009a, S. 27). Derzeit liegt der Weltdurchschnitt bei 4,4 t CO_2 pro Kopf und Jahr.

Durch das Pro-Kopf-Prinzip würden sich drei Gruppen von Staaten ausmachen lassen[81]. Die erste Gruppe von rund 60 Staaten müsste umfassende Dekarbonisierungsleistungen vor 2050 vornehmen. Darunter fallen vor allem die Industriestaaten, deren hoher Pro-Kopf-Verbrauch das zulässige Emissionsbudget in nur wenigen Jahren überschreiten würde. USA und Australien müssten bereits nach 6 Jahren, Deutschland nach 10-12 Jahren Nullemissionen produzieren und zusätzliche Emissionsrechte durch Emissionshandel erwerben. Der zweiten Gruppe sind ca. 30 Staaten, vorwiegend Schwellenländer, zuzuordnen, die ihren Emissionsausstoß primär stabilisieren müssten. Hauptverursacher in dieser Gruppe ist China, dessen Budget bei gleichbleibendem Pro-Kopf-Verbrauch in 24 Jahren aufgebraucht wäre. Ähnliches gilt für Mexiko, Chile, Argentinien oder Thailand. Ebenfalls zur zweiten Gruppe zählen Staaten wie Syrien, Tunesien oder Kuba, deren Pro-Kopf-Verbrauch bei 2,7 - 3,0 t CO_2 einzuordnen ist. Diese müssten ihre Emissionen bis 2050 kaum reduzieren, aber es verbliebe auch ihnen nur ein kleines Restbudget für die zweite Jahrhunderthälfte. Zu der dritten Gruppe zählen alle Staaten, deren Pro-Kopf-Verbrauch unterhalb von 2,7 t CO_2 liegt. Die rund 95 Staaten tragen insgesamt mit nur 12 % zum globalen Emissionsausstoß bei, obwohl ihnen nach dem Bevölkerungsanteil über die Hälfte des globalen Gesamtbudgets zustünde. Diese Gruppe könnte folglich ihren Ausstoß an

81 Die folgenden Angaben wurden dem Sonderbericht des WBGU „ Kassensturz für den Weltklimavertrag – Der Budgetansatz“ entnommen. Der Budgetansatz sieht einen Emissionshandel für das Treibhausgas Kohlenstoffdioxid vor, während für andere Treibhausgase gesonderte Regelungen getroffen werden sollten. Darum beziehen sich die hier vorgestellten Zahlen allein auf den Pro-Kopf-Verbrauch CO2 ohne Emissionen aus Landnutzungsänderungen.

Treibhausgasen wesentlich steigern oder aber den Überschuss an Emissionsrechten an andere Staaten verkaufen. Innerhalb dieser Gruppe haben Staaten wie Ägypten, Brasilien und Peru den höchsten CO_2-Ausstoß. Mit einem Pro-Kopf-Verbrauch von nur 0,5 t CO_2 bilden Afghanistan und weitere 45 Staaten (vor allem südlich der Sahara) die Schlusslichter der globalen Klimasünder. Ihr Budget würde bei gleichbleibendem Ausstoß noch 250 Jahre ausreichen (WBGU 2009a, S. 27).

8.1.1 Ein globaler Emissionshandel: Chance und Verpflichtung

Das Pro-Kopf-Prinzip ist gekoppelt an einen globalen Emissionshandel, in dem alle Staaten eingebunden sind. Daraus lassen sich verschiedene Vorteile ableiten:

Um einen gefährlichen Klimawandel zu vermeiden, sollte das globale Emissionsbudget nicht überschritten werden. Dafür ist die Umsetzung eines globalen Klimaschutzabkommens notwendig. Durch die Beteiligung aller Staaten umginge man die Gefahr von sogenannten Klimainseln: Denn Staaten, die vom Emissionshandel ausgeschlossen blieben, entwickelten eine besondere Attraktivität gegenüber klimaintensiven Industriesektoren. Das könnte zur Abwanderung von Fabriken und Unternehmen führen, so dass sich der Treibhausgasausstoß lediglich regional verschieben würde – aber mit global gleichbleibenden Konsequenzen. Die Emissionsverlagerungen, genannt Leakage, schmälerten das Ergebnis in der Gesamtbilanz ausgestoßener Treibhausgase und ließen nur in einem bescheidenen Umfang *mitigation* zu.

Begrenzte Handelssysteme wie der europäische Emissionshandel hätten zudem negative Auswirkungen auf die Preisentwicklung fossiler Brennstoffe. Die verminderte Nachfrage auf den Rohstoffmärkten führte zu einem Preisverfall von Rohstoffen, was wiederum Schwellen- und Entwicklungsländer mit einem hohen Energiebedarf animierte, zusätzliche Rohstoffe zu importieren. Das könnte den Gesamtklimaeffekt der Klimainsel Europa weiter reduzieren (PIK 2010, S. 9-10).

Die Etablierung eines globalen Emissionshandelssystems ist deshalb dringend notwendig. Die Begrenzung der weltweiten Treibhausgase erfolgte auf doppelte Weise, nämlich auf nationaler und globaler Ebene, d. h. die Reduktionsanstrengungen einer Region könnten nicht durch die zunehmenden Emissionen einer anderen zunichte gemacht werden (WBGU 2009b, S. 4b).

Das 2°C-Klimaziel hat für die Schwellen- und Entwicklungsländer zur Folge, dass auch sie einen nachhaltigen Weg ökonomischer Entwicklung begehen müssen. Dieser darf nicht auf der Verbrennung fossiler Energieträger aufbauen, sondern sollte vor allem klimaverträglich sein (WBGU 2009a, S. 22). Der Emissionshandel verspricht Staaten mit niedrigem CO_2-Ausstoß Vorteile, weil diese den Überschuss an Emissionsrechten an andere Staaten verkaufen können. Der für sie profitable Handel würde zur Einnahmequelle und implizierte einen materiellen Anreiz für Investitionen in einen klimaverträglichen Ausbau der Wirtschaft. Im Gegensatz zu international finanzierten Projekten zur Unterstützung der Entwicklungsstaaten bei der Umstellung ihrer Wirtschaft, garantierte der Verkauf von Emissionsrechten ein unabhängiges und langfristig gesichertes Einkommen (PIK 2010, S. 16).

Zusammengefasst fördert ein globales Emissionshandelssystem Nachhaltigkeit. Die Atmosphäre würde nicht länger als *kostenlose Schadstoffdeponie* genutzt werden. Stattdessen bildete sich auf dem Markt ein globaler Preis für CO_2, der Anreize für ein nachhaltiges Wirtschaften, d.h. ein klimafreundliches Investitions- und Konsumverhalten setzte und internationale Klimaprojekte sowie die Zusammenarbeit von Industrie- und Entwicklungsländern förderte (PIK 2010, S. 4). Die Attraktivität und Wettbewerbsfähigkeit von nicht-fossilen Brennstoffen erhöhte sich und die Suche nach alternativen oder erneuerbaren Energiearten nähme zu. Diese Entwicklung würde sich auch auf das private Konsumverhalten auswirken, wo der persönliche Lebensstil auf Klimaverträglichkeit überprüft werden würde. Energiesparende Eigenschaften von Konsumgütern etablierten sich zu einem Qualitätsmerkmal, ein umweltbewusstes Kaufverhalten setzte ein und der individuelle Klimafußabdruck verringerte sich (PIK 2010, S. 16).

8.1.2 One Right – One Emission[82]

„Before there can be selling and buying, there must first be property rights" (Barnes 2001, S. 34). Die Verteilung des Gesamtbudgets geht mit der Einführung von Eigentumsrechten einher. Im Pro-Kopf-Prinzip wird die Atmosphäre als Gemeingut definiert, auf das jeder Mensch einen Anspruch hat. Entsprechend werden die Emissionsrechte verteilt, die nichts anderes darstellen, als Eigentums- oder Nutzungsrechte an der Atmosphäre. Sie bilden die Voraussetzung für den globalen Emissionshandel.

Die Vergabe der Emissionsechte erfolgt nach dem Prinzip *One Right – One Emission.* Der Ursprung des Pro-Kopf-Prinzips geht auf die Menschenrechte zurück. „[E]ach citizen of the world is entitled to an equal share of the atmos-

82 Für das Pro-Kopf-Prinzip sprechen sich neben namenhaften Institutionen, wie der Wissenschaftliche Beirat der Bundesregierung „Globale Umweltveränderungen" (WBGU) und das Potsdam-Institut für Klimafolgenforschung (PIK), verschiedene Wissenschaftler und Philosophen aus; darunter Peter Singer, Dale Jamieson, Paul Baer, Tom Athanasiou und Peter Barnes.

phere´s ability to absorb GHGs " (Raymond 2008, S. 7). Dahinter steckt ein *distributiver* Gerechtigkeitsansatz, während die historische Verantwortung der Staaten unbeachtet bleibt. Entsprechend dem „time-slice"-Prinzip (Singer 2004, S. 26) werden die vergangenen Emissionen ausgeblendet, um ausgehend von den aktuellen Verhältnissen den *Kuchen* neu zu verteilen. Demnach würden die restlichen, noch zulässigen CO_2-Emissionen „gleichmäßig auf die Weltbevölkerung verteilt" werden (WBGU 2009a, S. 27).

Das Pro-Kopf-Prinzip fokussiert das Individuum, stärkt dessen Stellung gegenüber Staaten als genuine Einheiten und nimmt es zum Ausgangpunkt seiner Verteilung. Da jeder Mensch einen Anspruch auf die Atmosphäre hat, wäre es ungerecht, wenn man das Gesamtbudget an Emissionsrechten zwischen Staaten aufteilte. In der Konsequenz würde man das Recht auf die Atmosphäre von Bürgern eines vielbevölkerten Staates begrenzen, weil diese Ihren Anspruch mit vielen Mitbürgern teilen müssten. China würde den gleichen Anteil wie Lichtenstein erhalten, so dass ein Mensch in Lichtenstein wesentlich mehr als ein Chinese emittieren dürfte.

Das Pro-Kopf-Prinzip vermag es außerdem besser den relativen Beitrag eines Staates zum Klimawandel zu bemessen (s.a. Agarwal; Narain 1991, S. 24-29). In der Singerischen Metapher muss der Zugang zur Senke begrenzt und die verbleibende Kapazität unter den Dorfbewohnern aufgeteilt werden. Ein Haushalt mit 7 Personen produziert in der Regel mehr Müll, als ein Haushalt mit nur zwei Personen. Folglich wäre es ungerecht zu behaupten, dass der 7-Personen Haushalt am meisten Müll produziert, obwohl vielleicht die einzelnen Bewohner besonders umweltbewusst leben und das Pro-Kopf-Volumen Müll wesentlich geringer als der Durchschnitt ist.

Aus dem individuellen Ansatz könnte man schließen, dass Emissionszertifikate direkt an Menschen und nicht an Staaten ausgeteilt würden[83]. Es lägen jedoch praktische, nicht ethische Gründe vor, warum Staaten stellvertretend für ihre Bürger am Emissionshandel teilnähmen: Man müsste einen unvorstellbar großen globalen Markt errichten und zusätzlich den Emissionsausstoß eines jeden Menschen kontrollieren und dokumentieren (Baer 2002; S. 401).

Charakteristisch für das Pro-Kopf-Prinzip ist der Ausschluss historischer Emissionen. Nach Weisbach und Posner seien korrektive Gerechtigkeitsansprüche schon deshalb vernachlässigbar, weil empirische Studien darauf schließen ließen, dass Industriestaaten und Entwicklungsländer in naher Zukunft im gleichen Umfang emittieren würden (Posner, Weisbach 2010, S. 190). Auch Dale

83 Für ein individuelles Emissionsbudget hat unter anderem der britische Umweltminister David Miliband plädiert (vgl. Caney 2011, S. 87).

Jamieson wertet den Stellenwert historischer Emissionen gegenüber gegenwärtigen oder zukünftigen Emissionen ab (Jamieson 2010b, S. 271-273).

Im Rahmen eines individuellen Ansatzes können die in der Vergangenheit ausgestoßenen Treibhausgase in der Tat nur eine untergeordnete Rolle spielen. Bringt man das Konzept der hierarchisierten Verpflichtung zur Anwendung, muss man zwischen einem direkten und einem indirekten Beitrag zum Unrecht sowie einem Profitieren vom Unrecht differenzieren. Die heute lebende Generation ist nicht für den Großteil ausgestoßener CO_2-Emissionen seit der Industrialisierung verantwortlich. Der anthropogene Klimawandel ist stattdessen auf die Vorfahren der Bürger wohlhabender Industriestaaten zurückzuführen. Die heutige Generation konnte den Treibhausgasausstoß vergangener Generationen nicht beeinflussen und ist somit auch nicht für das Unrecht früherer Generationen anzuklagen.

Aus heutiger Sicht limitiert die begrenzte Aufnahmekapazität der Atmosphäre das Handeln aller Menschen, wie man durch ein fiktives Beispiel veranschaulichen kann: Deutschland hat sich durch Raubzüge in den Jahren 1890 bis 1950 alle Ölvorkommen der Erde angeeignet und speichert diese in riesigen Silos. Ein kleiner Teil der Beute wurde auf alle anderen Staaten verteilt. Im Jahr 2010 hat sich die politische Landschaft gewandelt. Politik wird nicht mehr durch das Recht des Stärkeren bestimmt, sondern durch Anerkennung souveräner Staaten und Achtung der Menschenrechte. Da die verbliebenen Ölvorräte der anderen Staaten nahezu aufgebraucht sind, verlangen sie von Deutschland Entschädigung. Deutschland hätte mit seinen Raubzügen direktes Unrecht verursacht. Ohne weiteres Öl würde das Wirtschaftssystem der meisten Staaten zusammenbrechen und sich die Lebenssituation zahlreicher Menschen verschlechtern. Deutschland stünde in einer Kompensationspflicht und sollte seine zu Unrecht erworbenen Ölvorräte gerecht mit den anderen Staaten teilen. Nach korrektiven Gerechtigkeitsprinzipien obläge den deutschen Bürgern eine vollkommene Verpflichtung, da sie von vergangenem Unrecht profitierten.

Damit unterscheidet sich ihre Situation grundlegend von den Bürgern wohlhabender Industriestaaten. Diese besitzen kein „Öl“, das sie mit den Entwicklungsländern teilen könnten. Auch haben sie keinen Vorrat an Atmosphäre gehortet, welchen sie wieder zurück geben könnten. Insofern müssen Sie mit genau der gleichen Kapazität auskommen, wie alle anderen Menschen.

Wie Dale Jamieson erläutert, ist die Nutzung der Atmosphäre erst in jüngster Zeit zum Gegenstand politischer Auseinandersetzungen geworden. Dementsprechend sollte man sein Verhalten dem heutigen Wissenstand über den Zusammenhang zwischen Treibhausgasen und Klimawandel anpassen und sich in diesem Konflikt auf neue Regelungen einigen (Jamieson 2010b, S. 271-273).

Letzten Endes befänden sich alle Staaten in einer Pattsituation. Niemand könne vom *Gebrauch* der Atmosphäre abgehalten werden. Zugleich würde ein überproportionaler Ausstoß von Treibhausgasen den Lebensraum Erde global bedrohen. Diese gegenseitige Abhängigkeit führe deshalb zu einer moralischen Situation, indem jede Partei die andere schädigen könnte (Baer 2002, S. 404). Eine Gleichverteilung der Atmosphäre schiene die praktikabelste Lösung zu sein, der auch die Industriestaaten zustimmen würden (Singer 2004, S. 43-46).

8.2 Argumente für eine Ungleichverteilung

Eine Gleichverteilung der Ressource Atmosphäre scheint geboten, solange sich keine moralischen Gründe für ein „gerechtfertigtes Abweichen von der Gleichheit“ (Garvey 2010, S. 69) finden. Das Pro-Kopf-Prinzip könnte dann zugunsten des armen „Südens“ oder des reichen „Nordens“ modifiziert werden.

8.2.1 Pro Wohlstand: Gleichverteilung der Lasten

Alternativ zum Pro-Kopf-Prinzip, welches die Bevölkerung eines Landes im Verhältnis zur Weltbevölkerung bemisst, um daraus eine gerechte Verteilung der atmosphärischen Restkapazität abzuleiten, könnte man ausgehend vom Status-Quo aktueller Treibhausgasemissionen prozentuale Reduktionsvorgaben definieren. Demnach müsste beispielsweise jeder Staat 30% seiner Treibhausgasemissionen einsparen. Dahinter steckt die Idee der Gleichverteilung der Lasten: Industrie-, Schwellen- und Entwicklungsländer sollten gerecht, im Sinne von gleich stark, belastet werden. Auch das Kyoto-Protokoll folgt dem Prinzip des Grandfathering[84]. „Es akzeptiert die gegenwärtig ungleiche Verteilung der Emissionen und legt allen - den größten Klimasündern wie den effizienteren Staaten - die gleichen Minderungspflichten auf“[85] (Santarius 2007, S. 22).

---

84 Der Begriff Grandfathering kann mit Großvaterrechte übersetzt werden. Bei dem Prinzip des Grandfathering richtet sich die Verteilung der Emissionszertifikate nach den Emissionen in der Vergangenheit (historische Emissionen). Staaten, die bisher in einem größeren Umfang emittiert haben, sollen auch zukünftig einen größeren Anteil an der Atmosphäre erhalten (Wuppertal Institut für Klima, Umwelt, Energie 2006, S.92).

85 Das Kyoto-Protokoll verpflichtet die Annex-B-Staaten ihre gesamten Treibhausgas-Emissionen bis 2012 um *durchschnittlich* 5,2 % im Vergleich zum Jahr 1990 zu reduzieren. Statt gleichen Reduktionsraten von 5,2 % hat man eine differenzierte Verpflichtung beschlossen. „Letztendlich sind die Ziele der meisten anderen Industrieländer eher Ausdruck ihrer nationalen Interessen, ihres Starsinns und ihrer Chuzpe, als dass sie von Kompromissbereitschaft im internationalen Prozess zeugten. [...] [Trotzdem] sind die Hauptverursacher der westlichen

Dies bedeutet jedoch eine Verteilung der verbleibenden Kapazität nach dem Zufall. Statt jedem Menschen einen gleich großen Anteil an der Atmosphäre zuzugestehen, würden die Emissionsrechte von Land zu Land variieren. Die Bürger eines Landes mit hohen Treibhausgasemissionen dürften per Geburt einen größeren Pro-Kopf-Ausstoß CO_2-eq erzeugen als die Bürger von Staaten mit geringem Ausstoß. Dies sei jedoch, so Posner und Weisbach, durchaus gerechtfertigt, da auch mit der Gleichverteilung der Atmosphäre keine Gleichverteilung von Lasten und Vorteilen einherginge.

Erstens wären Staaten mit gleichem Pro-Kopf-Verbrauch unterschiedlich stark vom Klimawandel betroffen. „The net effects of a climate treaty with per capita rights would be quite different for [the] [...] countries" (Posner, Weisbach 2010, S. 126). Das Gleichheitsprinzip gelte nur für die Verteilung der atmosphärischen Kapazität nicht aber für die Verteilung der mit dem Klimawandel einhergehenden Vor- und Nachteile. Kleine Staaten mit einem hohen Emissionsausstoß, die darüber hinaus stark von den Folgen des Klimawandels betroffen sein könnten, würden durch das Pro-Kopf-Prinzip benachteiligt werden.

Trinidad & Tobago ist zum Beispiel Mitglied der AOSIS-Gruppe. Die Vereinigung vertritt die Interessen tiefliegender Länder und Inseln, die in einem besonderen Maße von den Folgen des Klimawandels betroffen sein werden. Zukünftig wird Trinidad & Tobago verstärkt vom ansteigenden Meeresspiegel und zunehmenden Stürmen bedroht sein. Trotzdem kommt dem Land auch eine Verursacherrolle zu: Derzeit belegt es Rang 6 auf der Skala der größten Pro-Kopf-Produzenten CO2-eq und nur einen Rang unter den USA auf der Skala der größten Pro-Kopf-Produzenten CO2 (CAIT 8.0). „In Anbetracht ihrer kleinen Fläche und Bevölkerungszahl sind die AOSIS-Länder insgesamt jedoch nur in einem vernachlässigbaren Maße am weltweiten CO2-Ausstoß beteiligt" (Oberthür; Ott 2000, S. 55).

Da sich die umverteilenden Effekte von Klimaverträgen generell nur schwer abschätzen ließen, plädieren Posner und Weisbach für eine Trennung von Klimaschutz und Armutsbekämpfung. So könnten sich die Staaten auf ein effektives Abkommen einigen und darüber hinaus Maßnahmen zur Armutsbekämpfung beschließen (Posner, Sunstein 2010, S. 367-369).

Zweitens führe ein Pro-Kopf-Prinzip zu einer ungleichen Verteilung der Lasten. Staaten der ersten Gruppe müssten ihren CO_2-eq-Ausstoß um ein Vielfaches verringern. Zugleich stiegen die Kosten für den Kauf von Emissionszertifikaten sowie für Investitionen in klimafreundliche Technologien. Die meisten

Industriewelt Reduktionsverpflichtungen eingegangen" (Oberthür, Ott 2000; S. 177). Aufgrund der geringen Unterschiede in den Verpflichtungen der meisten Annex-B-Staaten und angesichts des Grundgedankens des Kyoto-Protokolls könne man hier durchaus von einem Prinzip der gleichen Lastenverteilung sprechen.

Entwicklungsländer profitierten hingegen von der zusätzlichen Einnahmequelle. Doch würde dieses System auch einen Anreiz für arme Staaten bieten sich nicht weiter zu entwickeln. Der Argumentation von Posner und Weisbach folgend impliziere das Pro-Kopf-Prinzip sogar eine Bestrafung für jene Staaten, die ihre Wirtschaftsleistung besonders schnell steigerten (Posner, Weisbach 2010, S. 125-132).

Gegen die Argumentation von Posner und Weisbach lässt sich einwenden, dass auch deren Prinzip keiner Gleichverteilung der Lasten entspricht. Die prozentuale Verringerung der Treibhausgasemissionen bezieht die Folgen des Klimawandels nicht mit ein, so dass Staaten in der Gesamtbilanz unterschiedlich belastet würden. Trinidad & Tobago würde im Vergleich zu Deutschland wesentlich stärker belastet werden, da es nicht nur seinen Treibhausgasausstoß reduzieren müsste, sondern darüber hinaus erheblich unter den Folgen des Klimawandels zu leiden hätte. Damit wird das eigentliche Ziel dieses Ansatzes verfehlt. Das Argument von Posner und Weisbach spricht damit nicht gegen, sondern für das Pro-Kopf-Prinzip, das die gerechte Aufteilung des Gesamtbudgets entsprechend der Bevölkerung eines Landes garantiert. Folglich erhalten auch arme Staaten Zugang zur Atmosphäre, während eine Gleichverteilung der Lasten diesen Zugang weiter beschränken würde. Staaten wie Afghanistan oder Uganda müssten ihren Treibhausgasausstoß entsprechend den Reduktionsvorgaben verringern, obwohl ihr Anteil am globalen Gesamtausstoß verschwindend gering ist. Ihr Recht auf Entwicklung bliebe folglich in jeder Hinsicht unerfüllt. Das Pro-Kopf-Prinzip beschränkt eben nicht das Wachstumspotential von Entwicklungsstaaten, sondern fordert und fördert klimafreundliches, sprich CO_2-armes Wachstum unter der Nutzung erneuerbarer und umweltschonender Technologien. Denn eine nachholende Entwicklung armer Staaten kann nicht auf der Nutzung fossiler Brennstoffe beruhen, ohne zu einem Kollaps des Klimasystems der Erde zu führen.

Zusammenfassend lassen sich zwei wichtige Erkenntnisse aus den oben diskutierten Einwänden extrahieren. Das Pro-Kopf-Prinzip fällt in den Bereich *mitigation*. Doch ohne den Transfer von Know How und neuer Technologien könnten Entwicklungsländer schnell an die Grenzen ihrer Entwicklungsmöglichkeiten stoßen. Zweitens bedarf es der Ergänzung präventiver und adaptiver Maßnahmen, um die ungleiche Verteilung der Folgen des Klimawandels auszugleichen. Das Pro-Kopf-Prinzip allein kann folglich nur die Basis eines Klimaabkommens bilden, dass ohne eine Ergänzung durch weitere Verteilungsprinzipen den Anspruch der Gerechtigkeit nicht erfüllen kann.

Gegen eine Gleichverteilung der Lasten spricht außerdem, dass mit prozentualen Reduktionsverpflichtungen die Zementierung bestehender Ungerechtigkeiten einherginge. „This proposal would, of course, mean that those countries which use most fossil fuel now would continue to use most in the future. That would scarcely command worldwide support“ (Meyer 2000, S. 19). USA, Kanada und Australien erzeugen derzeit fast 20 t CO_2/Kopf, während bevölkerungsreiche Staaten wie Indien nur einen Pro-Kopf-Verbrauch von 1,1 t CO_2 vorweisen. Warum sollten die Industriestaaten langfristig einen größeren Anteil an dem Allgemeingut Atmosphäre beanspruchen dürfen? Mit welcher Begründung könnte Indien der gleiche Anspruch verwehrt werden? Am Beispiel Privateigentum veranschaulicht Singer, dass eine ungleiche Verteilung durchaus gerechtfertigt werden könnte. Wie John Locke in „Two Treatises of Government“ darstellt, profitierten die Menschen in England von der Einführung des Privateigentums. Im Vergleich zu den Ureinwohnern Amerikas, sei selbst ein Tagelöhner in England besser gestellt als deren König. Obwohl sich Landbesitz und Zugang zu Ressourcen ungleich zwischen den Bürgern verteilten, würden sie bessere Kleidung und mehr zum Essen besitzen sowie insgesamt ein besseres Leben führen. Bezogen auf den Klimawandel ließe sich nach Singer jedoch kein vergleichbarer Vorteil der armen Staaten durch den überproportionalen Ausstoß der Industriestaaten benennen. In den Entwicklungsländern lebten zahlreiche Menschen in absoluter Armut. Produkte des Westens seien für sie unerschwinglich, so dass sie auch nicht vom wirtschaftlichen, technischen oder medizinischen Fortschritt der reichen Staaten profitierten. Auch könne man nicht davon ausgehen, dass die wohlhabenden nur wenig mehr als die armen Staaten von der Kapazität der Atmosphäre verbrauchten. Tatsächlich sei deren Emissionsausstoß um ein Vielfaches höher. Zudem könnten die Entwicklungsländer nicht mehr den Weg der Industrialisierung auf gleiche Art und Weise einschlagen, nämlich basierend auf der Verbrennung fossiler Energieträger (Singer 2004, S. 27-34, vgl. Pogge in Kap. 6.2.6.2).

Folglich ist eine ungleiche Verteilung zu Gunsten der entwickelten Staaten moralisch nicht zu begründen. Das Pro-Kopf-Prinzip ist aus gerechtigkeitsethischer Perspektive dem Prinzip der gleichen Lastenverteilung vorzuziehen. Aus diesem Blickwinkel heraus sind zwei weitere Vorschläge zu negieren, die eine Priorisierung der Interessen wohlhabender Staaten vorsehen: Der Ansatz „contraction and convergence“ und das Effizienz-Prinzip.

1. Der vom Global Common Institute entwickelte Ansatz „contraction and convergence“ enthält eine Übergangzeit, in der die Staaten zunächst Zertifikate in Höhe ihres tatsächlichen Treibhausgasausstoßes erhalten würden, um einen genügend großen Spielraum zu haben, ihre Energiewirtschaft umzustellen: „[T]he over-consuming countries would have to be allowed an adjustment period in which to bring their emissions down before the Convergence on the universal level“ (Meyer 2000, S. 19). Das Pro-Kopf-Prinzip würde erst ab dem Jahr 2050 greifen (vgl. Edenhofer, Flachsland, Luderer 2009, S. 127; Baer, Athanasiou,

Kartha 2010, S. 221 und 228; Meyer 2000). Der C&C-Ansatz ist aber weitgehend überflüssig, da erstens mit der Etablierung eines globalen Emissionshandels die Industrieländer optional zusätzliche Zertifikate erwerben könnten. Die vorgegebene Treibhausgasreduktion müsste zudem nicht unmittelbar auf dem Territorialgebiet eines bestimmten Nationalstaates stattfinden. Das hätte den ökonomischen Vorteil, dass Treibhausgase dort eingespart würden, wo es kostengünstig ist. Zweitens lassen sich keine moralischen Gründe anführen, die den Fortbestand der globalen Ungleichverteilung der Treibhausgasemissionen rechtfertige. Eine Übergangszeit mit Zugeständnissen an einen höheren Pro-Kopf-Verbrauch der Industriestaaten würde dem Grundsatz One Right – One Emission wiedersprechen. Drittens soll ein globaler Emissionshandel nicht nur den weltweiten Treibhausgasausstoß begrenzen, sondern auch die Kosten für die Nutzung der Atmosphäre internalisieren. Der Ausstoß von CO_2 und anderen Treibhausgasen muss zukünftig bepreist werden, damit sich Investitionen in klimafreundliche Technologien lohnen. Der C&C-Ansatz würde diesem Ziel entgegen laufen und die Umstellung der Energiewirtschaft um Jahrzehnte verzögern.

2. Das Effizienz-Prinzip setzt den Verbrauch von Treibhausgasen in Relation zum Bruttosozialprodukt und der Menge an erzeugter Energie. Entscheidend ist die Frage, wie viel Treibhausgase bei der Produktion anfallen („emissions per unit of productive work", Raymond 2008, S. 6). „Common proposed measures include GHG emissions per unit of economic output (GDP) and per unit of energy produced" (Raymond 2008, S. 6). Der Effizienz-Ansatz würde eine CO_2-arme Produktionsweise fördern. Der Einsatz neuer und klimaschonender Technologien würde mit einem größeren Anteil an Emissionszertifikaten belohnt. Der Effizienz-Ansatz muss jedoch kritisch hinsichtlich seines Umgang mit Staaten, die nur wenig produzieren, hinterfragt werden. Warum sollten die darin lebenden Bürger auf einen gerechten Anteil an der Atmosphäre verzichten? Davon abgesehen dass der globale Emissionshandel auch klimafreundliche Produktionsprozesse fördert, ermöglicht er armen Staaten eine zusätzliche Einnahmemöglichkeit durch den Verkauf ihrer Zertifikate. „This feature would lead to a steady flow of purchasing power from countries that have used fossil energy to become rich to those still struggling to break out of poverty" (Meyer 2000, S. 20). Das Pro-Kopf-Prinzip birgt die Chance zur ökonomischen und ökologischen Entwicklung zahlreicher Staaten und sollte nicht zu Gunsten der Interessen reicher Staaten abgewandelt werden.

8.2.2 *Pro Armut: Luxusemissionen vs. Subsistenzemissionen*

In der vorangegangen Diskussion haben sich keine moralischen Gründe anführen lassen, die für eine Ungleichverteilung der Atmosphäre zugunsten wohlhabender und industrialisierter Staaten sprechen würden. Man kann aber auch umgekehrt die Frage stellen, ob nicht die armen und sich noch entwickelnden Staaten ein besonderes Anrecht auf die verbleibende Restkapazität besitzen. Auch diese Art von Umverteilung wäre nur dann gerecht, wenn sich dafür moralische Argumente finden.

Mit Blick auf die weltweit existierende Armut sind vor allem zwei Aspekte des Pro-Kopf-Prinzips zu diskutieren:

Strittig ist zum einen das Spektrum an Treibhausgasen, welches ein Klimaabkommen enthalten sollte. Ein globaler Emissionshandel könnte, wie vom WBGU vorgeschlagen, nur CO_2-Emissionen umfassen, während für die anderen Treibhausgase gesonderte Abkommen geschlossen werden müssten. Dagegen reglementiert das Kyoto Protokoll neben Kohlenstoffdioxidauch Methan, Lachgas, perfluorierte Kohlenwasserstoffe, teilfluorierte Kohlenwasserstoffe und Schwefelhexafluorid. Die Bedeutung der Emissionsarten resultiert daraus, dass bestimmt Emissionen wie Lachgas und Methan vorwiegend in der Landwirtschaft entstehen. Deren Integration in den globalen Emissionsmarkt könnte sich schädlich auf arme Bevölkerungsschichten auswirken, die auf die landwirtschaftlichen Erzeugnisse angewiesen und deren Fähigkeiten zur Emissionsminderung begrenzt sind.

Zum anderen lässt sich gegen das Pro-Kopf-Prinzip einwenden, dass es alle Emissionen gleich bewertet: Unabhängig von ihrem Entstehungshintergrund werden alle ausgestoßenen Emissionen auf das Gesamtbudget angerechnet. Jedoch fallen Emissionen bei der Produktion von Luxusgütern ebenso an wie beim Reisanbau. Damit stellt sich die Frage nach der Berechtigung von Emissionen.

Die flexiblen Mechanismen des Kyoto-Protokolls zielen darauf ab, Emissionen dort zu reduzieren, wo es am kostengünstigsten ist. Damit einher geht nach Shue eine Homogenisierung: „[A]ll gas sources (every source of every gas) are thrown into the same pot" (Shue 2010c, S. 211). Würde man einem ökonomischen Ansatz folgen (Shue bezieht sich hier auf Stewart und Wiener[86]), müsste man alle Wünsche oder Bedürfnisse der Menschen über einen Kamm scheren und als verschiedene Präferenzen gleichwertig nebeneinander stellen. Tatsächlich existierten jedoch fundamentale Unterschiede zwischen bloßen Wünschen und lebensnotwendigen Bedürfnissen. Diese generelle Einsicht sei auf den Emis-

86 Stewart, Richard B.; Wiener, Jonathan B.: The comprehensive approach to global climate policy: Issues of design and practicality. In: Arizona journal of international and comparative law, 9, 1992. S. 83-113.

sionshandel zu übertragen, so dass man nicht allen Emissionen den gleichen Wert zugestehen sollte. „To suggest simply that it is a good thing to calculate cost-effectiveness across all sources of all GHGs is to suggest that we ignore the fact that some sources are essential and even urgent for the fulfillment of vital needs and other sources are inessential or even frivolous" (Shue 2010c, S. 211). Der Kostenfaktor müsse daher relativiert werden: „What if, as is surely in fact the case, some of the sources that it would cost least to eliminate are essential and reflect needs that are urgent to satisfy, while some of the sources are inessential and reflect frivolous whims" (ebd. S. 211).

Zum Beispiel hätte es fatale Konsequenzen den Reisanbau in einer armen Region zu reduzieren, nur weil sich dadurch günstig Emissionen einsparen ließen. Die dort lebenden Menschen müssten mit weniger Essen auskommen und eine Hungersnot könnte sich ausbreiten. Auf der anderen Seite wäre es vielleicht teurer, Emissionen im Industriesektor einzusparen, weil dafür Investitionen anfielen. Doch müsse man alle Kosten mit einbeziehen. Während im ersten Fall Menschenleben bedroht würden, verteure sich im zweiten Fall lediglich der Endpreis für das Produkt.

Eine Gleichbewertung aller Emissionen sei ungerecht, weshalb Shue und Vanderheiden vorschlagen, zwischen Luxusemissionen und Subsistenzemissionen zu differenzieren. Nur einige wenige Emissionen seien notwendig und unvermeidbar, um die vitalen und essentiellen Bedürfnisse der Menschen decken zu können. Nur sie definierten daher ein „basic right", das jedem Menschen zukommen müsse. Subsistenzemissionen seien lebenserhaltende Emissionen, die in einem Mindestumfang garantiert werden müssten, um einen gewissen Lebensstandard nicht zu unterschreiten (Shue 2010c; Vanderheiden 2008b).

Im Gegensatz zum Pro-Kopf-Prinzip filtert das *Subsistenzemissionsprinzip* (s. Gesang 2011, S. 60-62) aus dem Gesamtbudget alle nicht-verhandelbaren Emissionen. „Wenn die daseinserhaltenden Emissionen unterhalb der weltweiten Grenze liegen und wir noch weiter verringern müssen, dann können wir nur die Verringerung der Luxusemissionen einfordern" (Garvey 2010, S. 83). Die Gegenwart erhält damit eine Vorrangstellung vor der Zukunft, indem Reduktionsanstrengungen durch die Rechte heute lebender Menschen begrenzt bleiben (Gesang 2011, S. 61).

Das Subsistenzemissionsprinzip muss jedoch hinsichtlich seiner Umsetzbarkeit kritisch betrachtet werden. Drennen schlägt vor, nur Kohlenstoffdioxid und Methan in ein Klimaabkommen zu integrieren, da es sich dabei um die Treibhausgase mit der größten Wirkung handle. Die ausgestoßenen Treibhausgase sollten entsprechend ihrer Quellen gegliedert werden in industriebezogene und landwirtschaftliche Emissionen, wobei letztere keiner Kontrolle unterzogen werden sollten. Shue sieht darin einen Ansatzpunkt, um der Homogenisierung entgegenzuwirken. Eine gerechtere Umsetzung des Subsistenzemissionsprinzips scheitere an der technischen Machbarkeit, da sich Querverbindungen von Emissionen zu Verbrauchern und Nutznießern nicht aufzeigen ließen. So sei es beispielsweise nicht möglich, das ausgestoßene Methan von Rindern den späteren Endverbrauchern anzurechnen, denn obwohl das Fleisch vorwiegend in die Industriestaaten exportiert wird, findet ein Großteil der Rinderzucht in den Entwicklungsländern statt, deren Klimakonto durch das durch die Rinder erzeugte Methan belastet wird. Doch die Trennung zwischen industriebezogenen und landwirtschaftlichen Emissionen reflektiere immerhin, dass der größte Anteil von Emissionen aus der Landwirtschaft eine existenzerhaltende Funktion einnähme (Shue 2010c, S. 212-213).

Das Subsistenzemissionsprinzip basiert wie das Pro-Kopf-Prinzip auf einem individuellen Ansatz, der aber nicht nur für die Verteilung der Atmosphäre Geltung besitzt, sondern auch bezüglich der produzierten Treibhausgase angewendet wird. Individuelle Emissionskonten sind jedoch nicht kontrollierbar. Man könnte allenfalls, wie Shue und Denner vorschlagen, die Emissionen aus der Landwirtschaft aus dem Verteilungsbudget herausnehmen, würde dadurch aber auch die luxuriösen Essgewohnheiten der wohlhabenden Bevölkerungsschichten honorieren.

Die Einführung von Mindest-Pro-Kopf-Emissionen, wie sie Santarius vorschlägt, ist nicht minder problematisch. In einem globalen Emissionshandel bestünde die Gefahr, dass einige Staaten zu viele Emissionsrechte verkauften. Reiche Despoten könnten sich beispielsweise auf Kosten armer Bevölkerungsschichten bereichern. Darum sollte pro Staat ein unverkäufliches Kontingent an existenzerhaltenden Emissionen festgelegt werden (Santarius 2007, S. 24). Dieser Sockelbetrag garantiert allerdings nicht die Realisierung von Subsistenzemissionsrechten. Denn letztendlich steht es den Staaten frei zu entscheiden, in welchen Bereichen Emissionen produziert werden sollen.

Voraussetzung für die Einführung von Mindest-Pro-Kopf-Emissionen wäre außerdem die Definition eines Schwellenwertes: Was ist unter Subsistenz zu verstehen? Wie viele Emissionen sind notwendig, um welche Art von Lebensqualität abzusichern? Hier einen internationalen Konsens zu finden scheint nahezu unmöglich, weshalb die Idee von Mindest-Pro-Kopf-Emissionen hinfällig wird (Gesang 2011, S. 61).

Gegen die Trennung von Luxusemissionen und Subsistenzemissionen spricht neben der Umsetzbarkeit auch der Wert dieser Variante, da das Pro-Kopf-Prinzip doch ebenso den Umfang an notwendigen Existenz-Emissionen garantieren würde (Gardiner 2010b, p. 16-17). Die Verteilung der Emissionszertifikate richtet sich nach der Bevölkerung. Entsprechend dem WBGU-Ansatz stehen somit jedem Staat pro Einwohner Emissionszertifikate in Höhe von 2,7 t CO_2 bis zum Jahr 2050 zur Verfügung (WBGU 2009a, S. 27). Dieser Wert ist abhängig von der verbleibenden Aufnahmekapazität der Atmosphäre, die durch den global hohen Ausstoß von Treibhausgasen mit jedem Tag schrumpft. Je länger die Verhandlungen um ein Post-Kyoto-Abkommen dauern, desto geringer wird der zulässige Pro-Kopf-Verbrauch ausfallen. Er könnte auch unterhalb des Niveaus von Subsistenzemissionen sinken, wovon dann aber jeder Staat gleichermaßen betroffen wäre. Sollte dieser Fall eintreten, wäre Klimaschutz im Sinn von *mitigation* nicht mehr möglich. Denn dann würde tatsächlich der Primat der Gegenwart gegenüber der Zukunft eintreten und das Überleben gegenwärtiger Generation gegenüber zukünftigen Generation Priorität haben. In der Bedeutung von daseinserhaltenden Emissionen findet sich folglich ein weiteres Argument für einen baldigen Abschluss eines neuen Klimaabkommens.

Das Pro-Kopf-Niveau darf nicht unterhalb der Grenze zu Subsistenzemissionen liegen. Dafür ist erstens eine Reduzierung der Treibhausgase sowie zweitens ein reguliertes Bevölkerungswachstum notwendig: Je mehr Menschen auf der Erde leben, desto geringer wird das zulässige Pro-Kopf-Niveau ausfallen. „Therefore a nation that increases its population would be imposing additional burdens on other nations. Even nations with zero population growth would have to decrease their carbon outputs to meet the new, reduced per capita allocation" (Singer 2004, S. 36). Ein Klimaabkommen kann jedoch keine Vorschriften über ein zulässiges Bevölkerungswachstum enthalten. Das Pro-Kopf-Prinzip offeriert jedoch den Anreiz, durch eine hohe Geburtenrate sich ein möglichst großes Stück vom Kuchen zu sichern. Dieser Anreiz wäre nach Pogge *inherently regrettable,* da er dem moralischen Ziel des Klimaschutzes entgegenläuft und damit ein moralisches Schlupfloch enthält. Um dieses zu schließen schlägt Singer vor, dass sich das Pro-Kopf-Prinzip nach der geschätzten Weltpopulation zu einem in der Zukunft liegenden Zeitpunkt ausrichten sollte. Diese Schätzungen könnten beispielsweise auf den Statistiken der Vereinten Nationen beruhen und die Atmosphäre entsprechend der Weltbevölkerung im Jahr 2050 verteilen. Bis 2050 würden folglich Staaten mit einem geringeren Bevölkerungswachstum als angenommen belohnt, da sie indirekt einen höheren Pro-Kopf-Verbrauch erhielten. Staaten, deren Population die Schätzwerte überstiege, müssten dagegen einen reduzierten Pro-Kopf-Ausstoß hinnehmen (Singer 2004, S.35-36).

8.3 Historische Verpflichtungen

Bis hierhin hat sich das Pro-Kopf-Prinzip als Ausgangspunkt bewährt. Weder konnte eine Ungleichverteilung zu Gunsten der Bürger industrialisierter noch zum Vorteil der sich entwickelnden Länder moralisch begründet werden.

Das Pro-Kopf-Prinzip erscheint aber auch deshalb gerecht, weil wir Prämissen vorausgesetzt haben, die es jetzt zu überprüfen gilt. Insbesondere die Rechtmäßigkeit des time-slice-Prinzips wirft Zweifel auf. Es kann, wie wir bei Singer gesehen haben, immer nur einen kleinen Ausschnitt betrachten und fokussiert daher lediglich die Beseitigungsverantwortung. Allein distributive Gerechtigkeitsansprüche stehen im Vordergrund, ohne dass Bezug darauf genommen wird, wie die Verhältnisse zustande gekommen sind. Das Pro-Kopf-Prinzip verteilt die verbleibende Kapazität der Atmosphäre, ohne nach den Verursachern des Klimawandels zu fragen. Doch wie in der Auseinandersetzung mit Pogge gezeigt wurde, verlieren korrektive Gerechtigkeitsansprüche mit der Zeit nicht an Bedeutung, sondern begründen eine Ergebnisverantwortung, die an den Verursachern eines Unrechts haften bleibt. Die historische Verantwortung stellt auch die zweite Prämisse in Frage: Inwiefern ist ein individueller Ansatz ausreichend, um ein generationenübergreifendes Phänomen wie den Klimawandel ethisch bewerten zu wollen? Pogge zufolge tragen auch Nationen Rechte und Pflichten. Dem individuellen Pro-Kopf-Prinzip ist daher ein institutioneller Denkansatz gegenüberzustellen, auf dem das Verursacherprinzip angewendet werden soll.

8.3.1 Das Verursacherprinzip

„The-polluter-pays-principle" wird von vielen als unmittelbar überzeugend angesehen, zumal wenn man es mit Shue auf die einfache Regel „to clean up one´s own mess" (Shue 2010a, S. 102) zurückführt. Bereits Kindern würde beigebracht werden, dass sie nach dem Spielen aufräumen müssten. So lernten sie, den Spaß am Spiel gegenüber den damit verbundenen Kosten abzuwägen. Da sie sich nicht vor dem Aufräumen drücken könnten, würden sie lernen, dass sie selbst für die Beseitigung der entstandenen Unordnung aufkommen müssten: „[W]hoever reaps the benefit of making the mess must also be the one who pays the cost of cleaning up the mess" (Shue 2010a, S. 103).

Wie das Pro-Kopf-Prinzip folgt auch das Prinzip „the-polluter-pays"[87] der Grundannahme, dass die Menschen das gleiche Recht zur Nutzung der atmo-

---

87 Das Verursacherprinzip ist kein neues Prinzip, sondern ist bereits Bestandteil verschiedener internationaler Verträge (vgl. Watanabe 2008, p. 8-10).

sphärischen Kapazität besitzen – es wird jedoch durch einen korrektiven Gerechtigkeitsansatz ergänzt. In seiner Micro-Version dient das Verursacherprinzip zur Beurteilung individueller Handlungen: „[I]f an individual actor, X, performs an action that causes pollution, then that actor should pay for the ill effects of that action" (Caney 2010a, S. 125). In der Macro-Version lassen sich Handlungen von Kollektiven beurteilen: „[I]f actors X, Y, and Z perform actions that together cause pollution, then they should pay for the cost of the ensuing pollution in proportion to the amount of pollution that they have caused" (Caney 2010a, S. 125).

Das Verursacherprinzip wird auf den anthropogenen Klimawandel in der Macro-Version angewendet: Die entwickelten Staaten seien als Verursacher des Klimawandels zu identifizieren, für die sozialen, ökonomischen und ökologischen Folgen verantwortlich und deshalb die primären Adressaten für *mitigation* und *adaptation*. Sie sollten erstens ihren Treibhausgasausstoß gegen null senken, da sie bereits den größten Teil der atmosphärischen Kapazität genutzt haben und außerdem zusätzlich Zertifikate von den weniger entwickelten Staaten kaufen, um ihr bestehendes Emissionskonto zu reduzieren. Zweitens sollten die Industriestaaten die Entwicklungsländer bei der Durchführung von präventiven und adaptiven Maßnahmen unterstützen, um die mit dem Klimawandel verbundenen Kosten zu kompensieren (vgl. Singer 2004, S. 27-34; Gesang 2011, S. 62-67).

Für das Prinzip „the-polluter-pays" könne man anführen, dass es das Recht auf Entwicklung armer Staaten respektiere. Heutige Technologien seien Grundvoraussetzung für Wohlstand und Fortschritt, basierten aber größtenteils auf der Verbrennung von fossilen Energieträgern und resultierten in dem Ausstoß von Treibhausgasemissionen. Mit der globalen Reduzierung der Pro-Kopf-Emissionen würde folglich das Entwicklungspotential armer Staaten begrenzt werden. Um das Recht auf Entwicklung nicht zu gefährden, sollten die Entwicklungsstaaten in einem größeren Umfang emittieren dürfen (Moellendorf 2011, S. 119), während zugleich die industrialisierten Staaten intergenerationelle Gerechtigkeit garantierten: „[T]he highly developed countries [] will have to emit less than their equal per capita allotments to compensate for the increased emissions in underdeveloped and developing countries (ebd. S. 119). Der Handel mit CO_2-Zertifikaten könne nur bedingt einen Ausweg darstellen. Zwar ermögliche er die Aufstockung des Emissionsbudgets, allerdings sei dies auch mit Kosten verbunden. Weitere Investitionen müssten für den Aufbau von Know-how sowie die Nutzung und Entwicklung erneuerbarer und CO_2-neutraler Technologien bereitgestellt werden. Daraus müsse man schließen, dass aus der Integration von Entwicklungsstaaten in einen globalen Emissionshandel eine Verteuerung von *hu-*

man development folge und deren Recht auf Entwicklung weiter eingeschränkt würde (Moellendorf 2011, S. 119).

Das Verursacherprinzip sei auch langfristig gerechter, da es die historische Verantwortung der Industriestaaten miteinbeziehe. Denn während das Pro-Kopf-Prinzip vergangene Emissionen ausblende, könne man mit Hilfe des Verursacherprinzips den jeweiligen Beitrag der Staaten zur Anreicherung der Atmosphäre mit Treibhausgasen bewerten. Eine Begrenzung der Treibhausgasemissionen der Industriestaaten *und* der Entwicklungsländer, wie das Pro-Kopf-Prinzip fordert, würde stattdessen dazu führen, dass der Gesamtumfang der Emissionen der Entwicklungsländer von der Industrialisierung bis in das Jahr 2100 dann immer noch geringer ausfiele als das der wohlhabenden Staaten (Baer 2010b, p. 220-221).

Zuletzt spricht für das Verursacherprinzip, dass nur ein korrektiver Gerechtigkeitsansatz bewerten kann, welche Pflichten sich aus vergangenen Emissionen für die heutige Generation und aus aktuellen Emissionen für spätere Generationen ergeben. In beiden Fällen handelt es sich um vollkommene Pflichten, weil die Folgen des Klimawandels die natürlichen Rechte zahlloser Menschen bedrohen. Der Vergleich zwischen Singer und Pogge hat zu einer Hierarchie von Verpflichtungsgraden geführt. Mit dem Verursacherprinzip gelingt es, Handlungen aus Vergangenheit und Gegenwart in dieses Schema einzuordnen und je nach Beitrag zum Unrecht den Grad der Verpflichtung festzulegen. Pflichten verlieren auch über die Staatsgrenzen hinweg nicht an Bedeutung, da das Risiko von Menschenrechtsverletzungen global zunehmen wird.

Hingegen kann das Pro-Kopf-Prinzip die lebensbedrohlichen Auswirkungen des Klimawandels auf die armen Bevölkerungsteile nur unzureichend integrieren. Durch die Finanzierung von Fonds für Klimaprojekte in armen Staaten oder durch CDM-Mechanismen im Emissionshandel (nach Vorbild des Kyoto-Protokolls) könnten die Industriestaaten arme Länder bei der Umsetzung von *adaptation* unterstützen. Doch würden diese Klimaprojekte den Status der Freiwilligkeit besitzen und verkennen, dass aus einem Unrecht konkrete Verpflichtungen erfolgen. Weder kann man den Menschen in Entwicklungsländern noch den zukünftigen Generationen das Recht auf Leben und körperliche Unversehrtheit, das ein stabiles Klima voraussetzt, verwehren. Vereinzelte Akte der freiwilligen Hilfe oder die sporadische Finanzierung von Klimaprojekten genügen hierzu sicher nicht.

8.3.1.1 Zweifel an der Umsetzbarkeit

„The-polluter-pays" betrachtet Staaten als zeitlose Einheiten, die miteinander in Beziehung stehen. Als Verursacher des Klimawandels tragen die Industriestaaten eine Verantwortung gegenüber den Entwicklungs- und Schwellenländern. Die Forderung nach Kompensation geht aus dem korrektiven Gerechtigkeitsverständnis hervor. Entsprechend ihrem kausalen Beitrag zur Klimakrise sollten die Industriestaaten erstens weniger emittieren und zweitens die Kosten für Prävention und Adaption übernehmen. Dabei treten mehrere Problemstellungen auf:

Eine umfassende Klimabilanz kann nicht individuell für jeden Staat erstellt werden. Denn ursächlich für den Klimawandel sind neben der Verbrennung fossiler Energieträger auch sich verringernde Waldflächen oder Bodennutzungsänderungen, während Wiederaufforstungsmaßnahmen sich positiv auf die Bilanz auswirkten. Doch wie weit soll der historische Rahmen ausgedehnt werden? Die Bepflanzung von Bäumen ist schließlich nur dort möglich, wo zuvor Wald gerodet wurde. Folglich lässt sich der tatsächliche Beitrag zum Klimawandel kaum ermitteln (vgl. Singer 2004, S. 27-34).

Zudem ist das Verursacherprinzip hinsichtlich seiner Umsetzbarkeit zu hinterfragen (vgl. Singer 2004, S. 43-44; vgl. Gardiener 2010b, S. 18-19). Derzeit ist China der global größte CO_2-Produzent. Kein anderes Land der Erde erzeugt mehr CO_2 als China, so dass der asiatische Riese das 2°C-Klimaziel am stärksten gefährdet. Trotzdem müsse das Land nach dem Verursacherprinzip keinen Beitrag zur Reduzierung des globalen Treibhausgasausstoßes leisten, sondern dürfte im Gegenteil in einem noch größeren Umfang emittieren. Die Industriestaaten sollten indessen ihren Emissionsausstoß gegen Null senken, weshalb sie wirtschaftlich eklatante Nachteile zu befürchten hätten. Zusätzlich sollten sie die Finanzierung von Klimaschutzprojekten in armen Ländern tragen, um „ihre Schuld" zu kompensieren. Angesichts schleppender Kyoto-Verhandlungen und der partikularistischen Haltung der USA kann die Idee eines Weltklimavertrages nach den Grundsätzen des „the-polluter-pays" nur als Illusion bezeichnet werden. Ohne die Beteiligung der Entwicklungs- und Schwellenländer ist es äußerst unwahrscheinlich, dass die Industriestaaten einem künftigen Klimaabkommen zustimmen werden.

In der Moralphilosophie ist dieses Argument nur bedingt zulässig. Die Frage der Umsetzbarkeit sei nicht-ethischer Natur, weshalb sie kein entscheidendes Kriterium im pro und contra der Argumente sein könne. Aussagen über die Machbarkeit würden zudem die Kompetenz der Philosophen überschreiten, wie Paul Baer betont (Baer 2010b, p. 219-220).

Dabei übersieht Baer die ethische Dimension der Umsetzbarkeit internationaler Klimapolitik. Korrektive Gerechtigkeit ist nicht nur „backward-looking"

(Posner, Weisbach 2010, S. 102), sondern impliziert auch eine Verantwortung für zukünftige Generationen. Dem entgegen steht ein unkontrollierter Klimawandel von existentiellem Ausmaß, der die Lebensgrundlage zahlreicher Menschen gefährdet und zur Ausbreitung lebensfeindlicher Regionen beiträgt. Doch ohne die Etablierung eines globalen Emissionshandels wird das 2°C-Klimaziel in weite Ferne rücken und das Risiko eines gefährlichen Klimawandels nähme zu. Reduziert auf den Emissionsausstoß der Industriestaaten begrenzte ein Post-Kyoto-Abkommen Klimaschutz auf einzelne Regionen – mit, wie bereits dargestellt, schwerwiegenden Folgen: Die Abwanderung klimaintensiver Industriesektoren von diesen Klimainseln in das nicht-beschränkte Ausland würde lediglich zu einer Verlagerung von Emissionen führen und die Gesamtbilanz globaler Treibhausgase in einem nur geringen Umfang beeinflussen (WBGU 2009b, S. 4). Auch bildete sich kein globaler Preis für den Ausstoß von Kohlenstoffdioxid, so dass die Nutzung der Atmosphäre weiterhin kostenlos bliebe (PIK 2010, p. 8-9).

Das „the-polluter-pays"-Prinzip vermag es nicht, die Entwicklungsländer in ein globales Klimaschutzprogramm zu integrieren, und kann folglich auch keinen wirksamen Klimaschutz garantieren. Es ignoriert damit die Verantwortung gegenüber künftigen Generationen, obwohl diese bereits international anerkannt ist:

Auf der 29. UNESCO-Generalkonferenz 2007 wurde zum Beispiel die „Erklärung über die Verantwortung der heutigen Generation gegenüber künftigen Generationen"[88] verabschiedet, die einen Katalog an Maßnahmen im Hinblick auf *zeitübergreifende Solidarität* darstellt und fordert, Bedürfnisse und Interessen nachfolgender Generationen zu beachten. Nach Artikel 5 sollten die „heutigen Generationen [...] sicherstellen, dass die künftigen Generationen keiner Umweltverschmutzung ausgesetzt sind, die ihre Gesundheit oder gar Existenz gefährdet"[89]. Nach Artikel 8 dürfen die „heutigen Generationen [...] das völkerrechtlich

88 Die Verantwortung gegenüber künftigen Generationen wurde in verschiedenen Übereinkünften bestätigt, wie zum Beispiel: Generalkonferenz der UNESCO am 16. November 1972: Übereinkommen zum Schutz des Kultur- und Naturerbes der Welt; Rahmenübereinkommen der Vereinten Nationen über Klimaänderungen und Übereinkommen über die biologische Vielfalt am 5. Juni 1992 (Rio de Janeiro); Konferenz der Vereinten Nationen über Umwelt und Entwicklung am 14. Juni 1992: Erklärung von Rio über Umwelt und Entwicklung; Weltkonferenz über Menschenrechte am 25. Juni 1993: Erklärung und Aktionsprogramm von Wien; seit 1990: verschiedene Resolutionen der Generalversammlung der Vereinten Nationen zum Schutz des Weltklimas für heutige und künftige Generationen (Deutsche UNESCO-Kommission e.v. URL: http://www.unesco.de/446.html).

89 Deutsche UNESCO-Kommission e.v. URL: http://www.unesco.de/446.html

definierte gemeinsame Erbe der Menschheit unter der Voraussetzung nutzen, das dadurch kein irreparabler Schaden verursacht wird“[90].

Mit dem „polluter-pays-principle“ würden die Entwicklungsländer jedoch zu einem Handeln ermutigt, das die Rechte nachfolgender Generationen verletzte, die unter den vielfältigen Folgen wie extremer Dürre oder Wetterkatastrophen zu leiden hätten. Denn aus dem anthropogenen Klimawandel resultiert eine Verpflichtung der industrialisierten Staaten, aber auch der Entwicklungs- und Schwellenländer. Angesichts der drohenden Verletzung von Menschenrechten tragen auch sie eine Verantwortung gegenüber künftigen Generationen und sollten folglich zur Reduzierung des globalen Treibhausgasausstoßes beitragen. Andernfalls würden sie sich einem direkten Beitrag zum Unrecht schuldig machen.

8.3.1.2 Das Recht auf Entwicklung

Des Weiteren sollte man das Recht auf Entwicklung mit Blick auf zukünftige Generationen neu bewerten: „The South can´t develop the way the North has. It´s just not possible“ (Athanasiou, Baer 2002; S. 67).

Pro-Kopf-Einkommen, Pro-Kopf-Energieverbrauch und Pro-Kopf-Emissionen bildeten drei Parameter an Hand derer sich die zunehmende Industrialisierung eines Staates ablesen ließe. Grüne Technologien könnten den Emissions-Parameter überflüssig machen, doch sei bislang folgender Entwicklungsprozess verlaufstypisch:

In einer ersten Phase steigt der Energieverbrauch an, während das Pro-Kopf-Einkommen stabil bleibt. Parallel zum Energieverbrauch nimmt auch der Umfang ausgestoßener Emissionen zu. Mit zunehmenden Fortschritt verbesserten sich die Technologien, so dass die Energie-Intensität, also die Einheit Energie pro ökonomischer Aktivität, zurückgeht.

Dieser Prozess war beispielsweise in China zu beobachten, das den Verbrennungsprozess von Kohle effizienter gestaltete: Die Energie-Intensität verringerte sich, gleichzeitig steigerte sich aufgrund des Wirtschaftswachstums das Gesamtvolumen ausgestoßener Emissionen sowie der Umfang verbrauchter Energie (ebd. S. 68-69).

Die Entwicklung armer Staaten, so Athanasiou und Baer, würde unweigerlich mit einem Anstieg von Emissionen verknüpft sein. Ein Technologietransfer von reichen zu armen Staaten würde den Kollaps des Klimasystems nicht umgehen können. Dieser würde eintreffen, lange bevor sich der Fortschritt auf das

90 Ebd.

Pro-Kopf-Einkommen armer Bevölkerungsschichten auswirkte und die Ungleichheit zwischen den Staaten sich deutlich verringerte. Das Problem nachholender Entwicklung könne nach Athanasiou und Baer folgendes Gedankenexperiment beleuchten: Teilt man die eingesetzte Energie durch das Bruttoinlandsprodukt ist die Energie-Intensität der Entwicklungsstaaten um 300 % höher als bei den fortschrittlichen Industrienationen. „[A] magical efficiency revolution“ führte zu einer Angleichung der Werte auf das Niveau der entwickelten Staaten. Die armen Staaten benötigten folglich weniger Energie. Jedoch könne man daraus nicht auf einen automatischen Anstieg des Wohlstandes schließen. Denn im Vergleich zu den Industriestaaten verbrauchen Entwicklungsstaaten nur ein Fünftel der Pro-Kopf-Energie. Für Wachstum und Wohlstand bedürfte es auch hier einer Angleichung an die Verhältnisse wohlhabender Staaten. Da aber parallel zum Energieverbrauch auch die ausgestoßenen Treibhausgase anstiegen, stünde das Ziel einer nachholenden Entwicklung konträr zu globalen Klimaschutzzielen (ebd. S. 70-71). Zum Vergleich: Im Jahr 2003 haben 27 % der Weltbevölkerung 79 % des globalen CO_2-Ausstoßes verursacht. Von diesen 1,7 Mrd. Menschen lebten 54 % in OECD-Staaten (Socolow; English 2011; S. 183). Eine Angleichung des Pro-Kopf-Energieverbrauchs der übrigen 73 % in den Nicht-OECD-Staaten hätte katastrophale Auswirkungen auf das Klimasystem Erde.

Das Recht auf Entwicklung hat weiterhin Bestand, doch müssen dafür neue Wege geschaffen werden, um künftigen Generationen nicht zu schaden. „The claim is that one cannot jointly realize both (A) the goal of mitigation climate change and (B) the legitimate development of the global poor“ (Caney 2011, S. 83). *Mitigation* ist notwendig um die natürlichen Rechte künftiger Generationen zu schützen. Umgekehrt bildet die Reduzierung des Treibhausgasausstoßes aber auch eine Voraussetzung für die Entwicklung armer Staaten: Die Folgen des Klimawandels sind vor allem in den Entwicklungs- und Schwellenländern spürbar, da arme Bevölkerungsschichten vulnerabler gegenüber Klimaänderungen sind. Zudem entfalten höhere Temperaturen eine größere Wirkung in geographisch sensiblen Regionen, wo das ökologische Gleichgewicht einer höheren Empfindlichkeit unterliegt. Staaten in Afrika und Asien sollten deshalb ein besonders hohes Interesse an einer effektiven Minderung des Klimawandels haben. Denn ohne Klimaschutz wird auch kein ökonomischer Fortschritt möglich sein (Caney 2011, S. 83-84).

Das gilt auch für die aufsteigenden Schwellenländern wie Brasilien, China oder Indien, die häufig das Recht auf Entwicklung einfordern (s. Hansen 2009). Doch wäre es angesichts vorherrschender Armut sowieso naheliegender, die wenig und am wenigsten entwickelten Staaten vor allem auf dem afrikanischen Kontinent zu bedenken. Die Beteiligung an einem globalen Emissionshandel offeriert gerade diesen Staaten aufgrund ihrer geringen Emissionen eine neue Einnahmequelle, indem sie ihre nicht benötigten Emissionsrechte an die reichen Staaten verkaufen. Das Geld könnte dann beispielsweise in den Aufbau einer klimaneutralen Infrastruktur investiert werden, so dass sich langfristig ein Fortschritt einstellte. Um die Umstellung auf nachhaltige Wirtschaftsstrukturen zu erleichtern sieht das Kyoto-Protokoll das Instrument *Clean Development Mechanism* vor: Reiche Staaten können Klimaschutzprojekte in armen Staaten finanzieren und sich dafür Emissionszertifikate gutschreiben lassen. Die armen Staaten profitieren im Gegenzug von einer nachhaltigen Entwicklung. Daneben sei angemerkt, dass kein Automatismus zwischen wirtschaftlichem Prosperieren und dem Besitz von Emissionsrechten herrscht. Faktoren wie Innovation, Wissen, Kapital oder politische Stabilität sind hier maßgeblich, und die sind eher dem Feld der Armuts- und Entwicklungspolitik zuzuordnen.

8.3.1.3 Die Ressource Atmosphäre

Aus gerechtigkeitsethischer Perspektive begründet das Verursacherprinzip kein Recht auf die Ressource Atmosphäre, auch wenn der Diskurs über die gerechte Verteilung der atmosphärischen Restkapazität diesen Eindruck erweckt. Das Pro-Kopf-Prinzip ist ebenso egalitär wie das Verursacherprinzip mit dem Unterschied der zeitlichen Komponente. Beide Prinzipien dürfen aber nicht mit einem Ressourcen-Egalitarismus verwechselt werden. Dieser würde den gleichen Zugang zu Ressourcen dieser Erde fordern und dabei Mittel und Zweck verwechseln. Warum sollte jeder Mensch ein Emissionsrecht erhalten? Kohlenstoffdioxid ist selbst nicht von Wert. Stattdessen sind Treibhausgasemissionen ein Nebenprodukt, das bei Aktivitäten entsteht, die wünschenswert oder überlebenswichtig sind, wie das Einheizen, Kochen, Verreisen oder der Einsatz von Technologien. Dahinter stehen wiederum sogenannte *basic interests*, die jedem Menschen zugeschrieben werden. Diese Verbindung zwischen Treibhausgasen und den humanen Grundbedürfnissen erzeugt erst den Wert von emissionsintensiven Energiequellen. Angenommen man würde neue Energiequellen finden, die keine schädlichen Emissionen erzeugten, würde sich die Frage nach dem Zugang des Menschen zur Atmosphäre nicht stellen (Caney 2011, S. 90-94).

Aus dieser Erkenntnis lassen sich zwei Schlüsse ziehen. Die Verteilung von Emissionsrechten ist nur deshalb notwendig, um die vom Klimawandel ausgehende Bedrohung der Menschenrechte einzugrenzen, wie folgendes Beispiel veranschaulicht: An einem Fluss liegen zwei Dörfer. In den Jahren mit großem Fischvorkommen liefert der Fluss genug Nahrung für beide Dörfer. Bei Knappheit sind die Fischer aus dem Dorf nahe der Flussquelle im Vorteil. Die vorteilhafte Position garantiert ihnen einen ausreichenden Fischfang. Das Dorf weiter unten am Flusslauf befindet sich in einer schlechteren Ausgangslage. Die Möglichkeit zum Fischen wird durch den Fischfang des ersten Dorfes begrenzt (Bovens 2011, S. 134-136). Die Beziehung zwischen Treibhausemittenten ist von der Situation in dem Beispiel grundsätzlich zu unterscheiden. Der hohe Treibhausgasausstoß eines Staates verringert nicht den potentiellen Treibhausgasausstoßes eines zweiten Staates. Der Zugang zur Ressource kann nur künstlich begrenzt werden. Darüber hinaus unterscheidet sich auch die Art der Schädigung. Die Folgen des Klimawandels sind global spürbar aber regional unterschiedlich und von der ursprünglichen Handlung (mit Emissionen als Nebenprodukt) losgelöst. Um die Aufnahmekapazität der Atmosphäre nicht zu überstrapazieren und in Folge dessen Menschenrechtsverletzungen zu steigern, muss der globale Treibhausgasstoß reduziert werden. Und nur aus diesem Grund spielt die Frage nach einer gerechten Verteilung der Ressource Atmosphäre eine wesentliche Rolle.

Ist damit das Pro-Kopf-Prinzip widerlegt? Nein, das Prinzip „One Right – One Emission“ betrachtet die Atmosphäre als ein Allgemeingut, das aufgrund der drohenden Gefahr verteilt werden muss. Eine Gleichverteilung dieser Ressource gilt auch weiterhin als gerecht, solange sich keine Gründe für eine Ungleichverteilung finden lassen. Anhänger des Verursacherprinzips plädieren indessen für eine Ungleichverteilung und begründen diese Entscheidung durch ein korrektives Gerechtigkeitsverständnis, demnach die Verursacher eines Unrechts in der Pflicht stehen, eben jenes Unrecht zu beseitigen oder zu kompensieren.

Doch wer genau sind die Verursacher? Aus einem kollektiven Blickwinkel sind hier die Industrienationen zu identifizieren, die seit Beginn der Industrialisierung nahezu 80 % der gesamten Treibhausgase ausgestoßen haben (Müller, Fuentes, Kohl 2007, S. 36, 54). Die zwei folgenden Beispiele sollen die mit dieser Sichtweise verbundene Problematik offenbaren:

1. Norwegen bezieht seine Energie größtenteils aus Wasserkraft und produziert deshalb nur wenige Emissionen. Seine Mitschuld fällt daher eher gering aus im Vergleich mit Staaten wie USA oder Deutschland. Andererseits bildet der Gas- und Ölexport ein Schlüsselsektor der norwegischen Wirtschaft, der 2010 einen Anteil von 47 % des Exportes ausmachte und mit 21 % zum BIP beitrug[91]. Norwegen profitiert von der Ölförderung, auch wenn es am Verbrennungsprozess selbst unbeteiligt ist. Trotzdem kann man das Land nach dem Prinzip „the-polluter-pays“ nicht zu den Verursachern zählen (Gesang 2011, S. 64).

91 Auswärtiges Amt. URL: http://www.auswaertiges-amt.de/DE/Aussenpolitik/Laender/Laenderinfos/Norwegen/Wirtschaft_node.html

2. Das Verursacherprinzip fasst Staaten als homogene zeitlose Einheiten auf. Dagegen spricht zum einen, dass die individuellen Fußabdrücke innerhalb eines Staates sehr unterschiedlich ausfallen können. Zum anderen sind die in einem Staat lebenden Bürger endliche Wesen, deren Aktivitäten sich auf einen Zeitraum beschränken. Ursächlich für die Entstehung des anthropogenen Klimawandels sind Treibhausgase, die der Mensch seit dem Jahr 1850 erzeugt hat. Die heute in den Industriestaaten lebenden Menschen sind also nicht für den Großteil der Emissionen ihrer Vorfahren in der Vergangenheit verantwortlich und haben auch nicht durch direkte oder indirekte Handlungen den anthropogenen Klimawandel verursacht (das sie durch ihren derzeitigen CO_2-Ausstoß direkt das Klimaproblem verschlimmern wird an anderer Stelle noch behandelt). Folglich würde das Verursacherprinzip der heute lebenden Generation keine Gerechtigkeit widerfahren lassen, wenn es sie als Verursacher des Klimawandels einstuft.

Außerdem besitzen die Bürger der Industriestaaten kein Stück Atmosphäre, dass sie den anderen Staaten zurückgeben könnten. Insofern würde die ungleiche Verteilung der Atmosphäre eine Bestrafung für sie darstellen: Angenommen ein Bruder und eine Schwester bekommen jeden Tag 4 Bonbons von der Mutter. Der Bruder würde stets 1 Bonbon seiner Schwester wegnehmen. Nach Jahren haben die Geschwister jeweils ein Kind. Jeden Nachmittag treffen sie sich und verteilen 4 Bonbons an ihre Kinder. Sollte dann das Kind des Bruders nur ein Bonbon erhalten, um das Unrecht des Vaters auszugleichen?

Beide Beispiele decken ein dem „polluter-pays-priciple“ immanentes Gerechtigkeitsdefizit auf. In Reaktion darauf haben Philosophen wie Eric Neumayer das Prinzip modifiziert und in ein „beneficiary-pays-principle“ (vgl. Caney 2010a, S. 128) abgewandelt. Um einen Weg zu finden, korrektive Gerechtigkeitsansprüche in einem ethischen Konzept zur Gestaltung internationaler Klimapolitik einzulösen, soll auch die neue Version des Verursacherprinzips kritisch überprüft werden.

8.3.2 Das „beneficiary-pays-principle“

Nach dem „beneficiary-pays-principle“ unterliegen jene Staaten einer besonderen moralischen Verantwortung, die am meisten von der Verschmutzung *profitiert* haben (vgl. Neumayer 2000, p. 188-189). Der Fokus liegt damit nun nicht mehr auf der korrektiven Gerechtigkeit und der Gegenüberstellung von Opfern und Verursachern des Klimawandels, sondern auf der weltweit vorherrschenden Ungleichheit, die es im Zuge der Klimapolitik zu beheben gelte.

Das „beneficiary-pays-principle“ interpretiert die Bewohner reicher Staaten als Nutznießer der Industrialisierung. Ihr Wohlstand basiere auf Verkauf und Verbrennung von Kohle, Öl oder Gas in der Vergangenheit. Als Bürger profitiere man vielfach – von einer besseren Ernährung über gute Bildung bis hin zum medizinischen Standard innerhalb eines wohlhabenden Staates (vgl. Neumayer 2000, 188-189). Diese unverdiente Besserstellung gehe einher mit einer ungleichen Verteilung der durch den Klimawandel entstehenden Kosten. Obwohl die Profiteure keinen Einfluss auf das Handeln ihrer Vorfahren hatten, obliege ihnen die moralische Verpflichtung, durch *mitigation* und *adaptation* die ungleichen Effekte des Klimawandels zu reduzieren (Das, Eng, Weijers 2010, S. 146-149).

Klimaschutz sei Aufgabe wohlhabender Staaten. Damit unterscheidet sich das „beneficiary-pays-principle“ nur im Ansatz, nicht aber im Ergebnis vom Verursacherprinzip. Das Profitieren von Unrecht ist auch im Konzept der hierarchisierten Verpflichtung wiederzufinden. Demzufolge entsteht durch das Profitieren von einer unrechtmäßigen Handlung die Pflicht, den erworbenen Vorteil zur Behebung eben jenes Unrechts einzusetzen. Die Verpflichtung ist jedoch von einem ethisch niedrigeren Rang: Denn von Unrecht zu profitieren kann moralisch nicht gleichgesetzt werden mit bewusst und aktiv zu einem Unrecht beizutragen oder jemandem Unrecht zuzufügen. Folglich muss auch das Ausmaß der Kompensationspflicht sich deutlich abgrenzen. Da die ursprünglichen Verursacher des Klimawandels die Kosten für *mitigation* und *adaptation* nicht übernehmen können, geht ein Teil der Verpflichtung auf ihre Nachfolger über, die aufgrund ihrer vorteilhaften Lage eine Kompensationspflicht gegenüber den heutigen Bürgern der Entwicklungs- und Schwellenländer besitzen.

Auf der Suche nach einem gerechten Verteilungsschlüssel für die Atmosphäre ist das „beneficiary-pays-principle“ dem Pro-Kopf-Prinzip nicht vorzuziehen. Wie das Verursacherprinzip gefährdet es den Erfolg globaler Klimapolitik und stellt Forderungen gegenüber den Bürgern wohlhabender Staaten, die aus gerechtigkeitsethischen Überlegungen nicht zu rechtfertigen sind. Andererseits ist ein Weltklimavertrag nur dann gerecht, wenn er die Verpflichtung aus einem „Profitieren von Unrecht“ anerkennt und in die Verteilung der Kosten des Klimawandels einfließen lässt.

An dieser Stelle soll ein Zwischenfazit gezogen werden, um die Kenntnisse aus der vorangegangenen Analyse zusammenzufassen. Sichtbar wird eine dreistufige Argumentationspyramide:

1. Die heutige Generation besitzt allgemein die Pflicht zur Minderung des Klimawandels, um künftigen Generationen keinen Schaden zuzufügen. Dementsprechend muss der globale Treibhausgasausstoß reduziert werden.

2. Die heutigen Bürger der Entwicklungs- und Schwellenländer haben Nachteile aus dem hohen Emissionsausstoß früherer Generationen (vornehmlich

aus den Industrienationen). Einerseits darf der Ausstoß von Treibhausgasen nicht unbegrenzt fortgesetzt werden, da sonst das Risiko eines gefährlichen Klimawandels besteht (s. Punkt 1). Folglich müssen sie mit einem begrentzen Emissionsbudget auskommen. Andererseits sind sie am stärksten von den Folgen des Klimawandels betroffen. Daher sind sie gezwungen, in präventive und adaptive Maßnahmen zu investieren, um zum Teil sich selbst, aber vor allem künftige Generationen vor den negativen Klimafolgen zu schützen.

3. Die heutigen Bürger der Industrienationen müssen ebenso in *mitigation* und *adaptation* investieren. Allerdings profitieren sie von dem hohen Emissionsausstoß früherer Generationen der Industrienationen, wodurch ihnen dafür ein großes finanzielles Budget zur Verfügung steht. Zudem sind sie weniger stark von den Folgen des Klimawandels betroffen, da diese in den mittleren Breiten milder ausfallen.

Durch ihre vorteilhafte Lage sollten die Industriestaaten mit Blick auf die Generationengerechtigkeit einen Ausgleich gegenüber all jenen leisten, denen Ungerechtigkeit widerfahren ist, bzw. all jenen, die heute noch Nachteile aufgrund der früher begangenen Ungerechtigkeit haben. Wie aus (2) hervorgeht, ist der Handlungsspielraum der nicht-industrialisierten Staaten durch (1) beschränkt. Eine nachholende Entwicklung bleibt ihnen verwehrt, bis neue Technologien einen neuen Weg der Industrialisierung begehbar machen. Die Industriestaaten können die Aufgabe namens *mitigation* nicht alleine bewältigen, aber einen größeren Beitrag für die Finanzierung von Maßnahmen leisten, die auf eine Verringerung des globalen Emissionsausstoßes abzielen.

8.3.3 Das Profitieren von Unrecht: Zwei Beispiele

Die Minderung des Klimawandels erfordert die Begrenzung der Treibhausgase sowie große ökologische und ökonomische Anstrengungen. Die Industriestaaten sollten ihre vorteilhafte Lage einsetzen, um den Entwicklungs- und Schwellenländer bei der Umstellung ihrer Energiesysteme zu helfen und um einen Beitrag zum Erhalt von Ökosystemen zu leisten. Im Folgenden werden zwei Betätigungsfelder vorgestellt, auf denen sich wohlhabende Staaten engagieren sollten. Das Ausmaß ihrer Verpflichtung kann nicht vollständig bestimmt werden. Schließlich bleibt unklar, welche Vorteile sie durch den hohen Emissionsausstoß ihrer Vorfahren beziehen und welcher Teil ihres Wohlstandes auf harte Arbeit, Erfindungsreichtum, Mut, etc. zurückgeht. Doch da sich ein deutlicher Zusammenhang zwischen *human development* und Treibhausgasemissionen nachweisen lässt, sollten die Anstrengungen der Industriestaaten den klimaverträglichen Fortschritt in armen Staaten deutlich fördern. Von dieser Verpflichtung ausgenommen bleiben Staaten, die, wie im Fall von Trinidad und Tobago, nicht von den hohen Emissionen früherer Generationen profitieren.

8.3.3.1 Schutz der Regenwälder

Die Zerstörung von Regenwäldern und nicht-nachhaltige Forstwirtschaft verursachen jährlich 20 % des globalen Emissionsausstoßes und sind nach der Verbrennung fossiler Energieträger die zweitgrößte Quelle für CO_2-Emissionen (Niles 2002, S. 337-340). Die globale Gemeinschaft sollte sich für den Erhalt der Regenwälder engagieren, deren Funktionen sich positiv auf das Erdklima auswirken: Regenwälder zählen zu den CO_2-Senken, bieten Lebensraum und Nahrungsgrundlage vorwiegend für indigene Völker sowie für zahlreiche Tier- und Pflanzenarten, stabilisieren das Klima und beeinflussen den globalen Wasser- und Energiekreislauf (ebd. S. 345).

Tropische Regenwälder finden sich zu beiden Seiten des Äquators bis zum 10. Breitengrad – in Süd- und Mittelamerika, in Teilen Afrikas und Südostasiens sowie in Australien (Edenhofer u.a. 2010, S. 179). Die Gründe für die zunehmende Zerstörung sind vielseitig und komplex (vgl. Kap. 4.5). Ökonomische Anreize der Export-Landwirtschaft und der Anstieg illegaler Holzgewinnung beschleunigen den jährlichen Holzeinschlag. „Waldverluste hängen also mit dem ungehemmten Gewinnstreben einzelner Unternehmen und der Wachstumseuphorie von Regierungen zusammen, ebenso mit zunehmender Verarmung, einer verfehlten Energiepolitik und einer unzureichenden Bewirtschaftung und Überwachung der Waldbestände. Entsprechend schwierig ist es, diese Prozesse zu stoppen“[92].

Die Regenwälder zu erhalten sollte ein wichtiger Baustein globaler Klimapolitik sein. Ohne Schutzmaßnahmen könnten große Mengen CO_2 freigesetzt werden, die potentielle Erfolge eines globalen Emissionshandels gefährden.

Seit 2008 existiert das UN-Programm REDD[93] (Reducing Emissions from Deforestation and Forest Degradation), das auf die Reduzierung der Treibhausgasemissionen aus der Zerstörung der Regenwälder abzielt. In Cancún einigte man sich auf die Ausweitung des Programms. Mit REDD+ will man nachhaltiges Wald-Management stärker in den Fokus rücken und „Anreize für den Erhalt und die Aufforstung von Wäldern als Kohlenstoffspeicher“[94] schaffen. Hinter

92 DGVN. URL: http://www.dgvn.de/812.html

93 REDD wird unterstützt von der Welternährungsorganisation FAO, dem UN-Entwicklungsprogramm UNDP, dem UN-Umweltprogramm UNEP und der Weltbank.

94 BMZ. URL: http://www.bmz.de/de/was_wir_machen/themen/klimaschutz/minderung/REDD/index.html;

dem Sammelbegriff REDD stehen keine konkreten Maßnahmen, sondern eine Reihe von Ansätzen, die auf eine nachhaltige und ökonomische Entwicklung von waldreichen Regionen abzielen (Edenhofer u.a. 2010, S. 180-181). Vorwiegend sollen Entwicklungsstaaten für den Erhalt des Kohlenstoffspeichers Wald entschädigt werden, indem sie Kompensationsleistungen durch Industriestaaten für *nachgewiesene* Emissionseinsparungen beziehen. Vorausgesetzt wird ein transparentes System zur Überprüfbarkeit der Waldbestände[95].

Erste Projekte wurden bereits umgesetzt. Insgesamt haben die Industriestaaten einen finanziellen Ausgleich von 4,5 Milliarden Dollar zur Erhaltung der Regenwälder geleistet. Vorreiter ist Norwegen, das ein Milliarde Dollar an Indonesien bezahlt hat. Künftig sind wesentlich höhere Beträge gefordert, um die Entwicklungsstaaten zu entschädigen. Denn diese müssen auf die Gewinne aus dem Handel mit Holz oder dem Anbau von Plantagen verzichten und entrichten entsprechend hohe Kompensationsforderungen an die Industriestaaten[96]. Zwei Strategien konkurrieren miteinander, wie die notwendigen Milliardenbeträge aufgebracht werden sollen. Mit einem integrierten Marktansatz versucht man die eingesparten Emissionen aus vermiedener Abholzung in das Kyoto-Protokoll zu intergieren. Entweder erhielten Entwicklungsstaaten zusätzliche Emissionsrechte, die sie an andere Staaten verkaufen könnten (Edenhofer u.a. 2010, S. 184-187), oder Industriestaaten hätten die Möglichkeit, im Rahmen des *Clean Development Mechanism* in Projekte zur Erhaltung von Wäldern zu investieren (Niles 2002, S. 347). Eine Reihe von Argumenten spricht gegen den integrierten Marktansatz: Im Vergleich zu Emissionsreduktionen im Energiesektor sind die Kosten für den Waldschutz wesentlich niedriger. Die Industriestaaten könnten CDM benutzen, um Kosten für aufwändigere Reduzierungsmaßnahmen auf nationaler Ebene einzusparen. Aufgrund der verminderten Nachfrage würde die Entwicklung klimaneutraler Technologien verzögert werden oder der globale Preis für CO_2 abnehmen. Viele Umweltgruppierungen befürchten zudem, dass Wald immer mehr zu einer handelbaren Ware gemacht würde. Wenn Industriestaaten für deren Erhaltung bezahlten, wüchse der Druck auf indigene Bevölkerungen: Um die Kompensationsleistungen aus dem Ausland abzuschöpfen, könnten Regierungen und Unternehmen Eigentumsrechte am Wald zu ergattern versuchen, indem sie der indigenen Bevölkerung den Zugang zu ihrem vertrauten Territorium verwehrten[97].

---

http://www.klimawandel-bekaempfen.de/news0.html?&no_cache=1&tx_ttnews[tt_news]=971

95 BMZ. URL: http://www.bmz.de/de/was_wir_machen/themen/klimaschutz/minderung/REDD/index.html

96 DGVN. URL: http://www.dgvn.de/812.html

97 DGVN. URL: http://www.dgvn.de/812.html

Auch aus ethischer Perspektive lässt sich gegen einen integrierten Marktansatz argumentieren. Viele Industriestaaten haben nur noch geringe Waldflächen vorzuweisen, da sie die Wälder bereits in der Vergangenheit abgeholzt und in Wohn- oder Nutzflächen umgebaut haben. Es ist kaum verwerflich, dass Entwicklungsstaaten durch landwirtschaftliche Expansion ebenfalls Wohlstand generieren möchten. Daher ist es nur fair, wenn die Industriestaaten sie für den Verzicht darauf entschädigen. Denn die entwickelten Staaten profitieren von der Senke des Regenwaldes und dessen positiver Wirkung auf das Klima. Andererseits sollten sie ihre begünstigte Lage nutzen, um andere Staaten bei der Reduzierung ihrer Treibhausgase zu unterstützen. Schließlich sollte es ihnen angesichts ihres Wohlstandes leichter fallen, das Geld für *mitigation* zuträgliche Maßnahmen bereitzustellen.

Bei einem intergierten Marktansatz erhielten Industriestaaten einen Ausgleich in Form von Emissionszertifikaten. Dadurch würden sie erneut profitieren, ohne eine tatsächliche Aufwandsentschädigung zu leisten. Von einem ethischen Standpunkt aus sollten die Industriestaaten in einen Fonds investieren, um den Erhalt der Regenwälder zu fördern und die notwendigen Mittel zum Schutz der Wälder vor illegalem Holzeinschlag zu ermöglichen.

Sie sollten auf diese Weise Ihren Vorteil aus der unrechtmäßigen Bereicherung der Atmosphäre in der Vergangenheit einsetzen, um einen positiven Beitrag zum globalen Emissionshaushalt zu leisten. Die Größe des Fonds resultiert aus der Höhe der Opportunitätskosten, die sich aus den entgangenen Gewinnen aus dem Verkauf von Holz und Agrarprodukten sowie aus dem Aufbau eines funktionierenden Kontroll- und Schutzsystems zusammensetzen (Edenhofer u.a. 2010, S. 181-182). Trotzdem sind die „Kosten für die Reduzierung von Emissionen durch vermiedene Entwaldung [überschaubar und] werden mit anfänglich 1-3 US-$ pro Tonne CO_2 derzeit weit niedriger angesetzt als im Energie- und Industriesektor“ (ebd. S. 182).

Ausgenommen von dieser Verpflichtung sind Staaten wie USA (Alaska), Kanada oder Russland, die selbst über große Flächen borealer Wälder verfügen. Ihre Verpflichtung besteht jedoch in der Erhaltung dieser Wälder, deren CO_2-Speicherkapazität zweimal so hoch wie die der Regenwälder ist. Derzeit liegt die Entwaldungsrate in den borealen Waldregionen vergleichsweise niedrig, doch könnte die Nachfrage nach diesem Holz durch den Schutz der Regenwälder ansteigen (ebd. S. 187).

Der Fonds sollte zusätzlich auch Gelder enthalten, um das Überleben der armen Bevölkerungsteile zu gewährleisten, die auf die Einnahmequelle Wald angewiesen sind. Entwicklungsprojekte können zu einem nachhaltigen Waldmanagement beitragen und der Zerstörung von Waldflächen durch Brandrodung entgegenwirken. Kakao kann beispielsweise nach dem „Cabruca“-System angebaut werden, um die Pflanzenvielfalt zu erhalten. Dabei pflanzt man die niedrige Kakao-Pflanze direkt im Urwald an, der dafür nur geringfügig ausgedünnt werden muss[98]. Ziel der Entwicklungsprojekte sollte es sein, den indigenen Bevölkerungen alternative und umweltschonende Einnahmequellen aufzuzeigen, ohne ihre Unabhängigkeit zu gefährden.

Ein fondsbasierter Ansatz zum Schutz der Regenwälder erfordert Anstrengungen der Industriestaaten, aber auch der waldreichen Entwicklungsländer. Brasilien relativiert die Chancen auf ein international forciertes Waldschutzprogramm und beruft sich staatdessen auf sein Recht auf nationale Souveränität. Die Regierung verfolgt mit *Advance Brazil* ein Entwicklungsprogramm, demnach im Gebiet des Amazonas für 40 Mrd. Dollar neue Siedlungsgebiete und Verkehrsnetze entstehen sollen. Mit einem international finanzierten Fonds gelänge es zumindest positive Anreize zu setzen und den Druck auf Staaten wie Brasilien zu erhöhen, in den natürlichen Kohlenstoffspeicher zu investieren und die Rechte indigener Bevölkerungen zu beachten (Niles 2002, S. 360-362).

8.3.3.2 Transfer von Technologien und Know-how

Das Klimaproblem ist ein Energieproblem – komplex, unübersichtlich, intransparent. Auf der einen Seite stehen die Industriestaaten, die zwar über effiziente und neueste Technologien verfügen, deren Energiebedarf aber nach wie vor ungebremst ist. Auf der anderen Seite befinden sich die Schwellenländer und fortschrittlicheren Entwicklungsländer, deren Wirtschaftswachstum mit einem täglich steigenden Energieverbrauch einhergeht. „90 % des Bevölkerungswachstums, 70 % der Zunahme der Wirtschaftsleistung und 90 % des Wachstums des Energieverbrauchs entfallen im Zeitraum 2010 bis 2035 auf Nicht-OECD-Länder“ (IEA 2011, S. 4). Im Zeitraum von 2020 bis 2030 wird die Hälfte der jährlich ausgestoßenen Emissionen aus den Entwicklungsländern stammen (Smith 2006, S. 36). Kaum Beachtung im Kampf um Energie erhalten die 1,3 Milliarden in Armut lebenden Menschen, die keinen Zugang zu bezahlbarer Energie besitzen – knapp 20 % der Weltbevölkerung. Rund 2,7 Milliarden Menschen verwenden zum Kochen noch traditionell Biomasse (IEA 2011, S. 10). Die dort entstehenden Rauchgase aus unvollständiger Verbrennung führen zu fast 2 Millionen Todesfällen pro Jahr[99]. Nach den Millenniumsentwicklungszielen

98 Rat für Nachhaltige Entwicklung. URL: http://www.nachhaltigkeitsrat.de/de/news-nachhaltigkeit/archiv/2003-12-10/kakao-anbau-und-schutz-des-tropenwaldes-gehen-hand-in-hand/?size=ouomytjhs

99 WHO. URL: http://www.who.int/mediacentre/factsheets/fs292/en/index.html

bildet der Zugang zu Energie eine Grundlage der globalen Entwicklungsagenda: Energie ist notwendig um zu kochen, Wasser zu reinigen, hygienische Standards einzuhalten oder Medizin kühl zu lagern und damit eine Voraussetzung zur Armutsbekämpfung (Vijay, McDade, Lallement, Jamal 2006, S. 1ff).

Ohne eine Kehrtwende in der internationalen Klimapolitik wird die Nachfrage nach Energie den Schätzungen der IEA (*International Energy Agency*) folgend von 2010 bis 2035 bei nur geringen energiepolitischen Maßnahmen[100] um ein Drittel ansteigen. Um das 2°C-Klimaziel zu erreichen ist eine neue *energieerzeugende und –verbrauchende Infrastruktur* aufzubauen. Andernfalls wird das zulässige CO_2-Budget bereits 2017 ausgereizt sein, so dass keine neuen Kraftwerke, Fabriken o.ä. gebaut werden dürften, die nicht zu 100 % CO_2-neutral sind (IEA 2011, S. 3-5). Märkte mit besonderer Umweltrelevanz sind Energiegewinnung und –speicherung, Energieeffizienz, Rohstoffeffizienz, Nachhaltige Mobilität, Abfallmanagement und Recycling, sowie Nachhaltiges Wassermanagement (Studie der Roland Berger Strategy Consultants 2007 in Hütz-Adams, Haakonsson 2008).

Zwei Ziele stehen in der internationalen Energiepolitik im Vordergrund: Erstens sollte die Energie-Intensität weltweit abnehmen und zweitens pro Einheit Energie weniger Kohlenstoffdioxid (carbon-intensity) ausgestoßen werden (vgl. Schmith 2006, S. 38-43). Das Gros der Investitionen in den Energiesektor, speziell in die Stromwirtschaft, ist vor 2020 zu tätigen, da sich sonst die Kosten für die Vermeidung von Emissionen auf das 4,3fache belaufen werden (IEA 2011, S. 4-5).

Um den Emissionsausstoß zu reduzieren ist es notwendig, die Energieeffizienz weltweit zu erhöhen. Die IEA hält eine Reduzierung des globalen Emissionsvolumens um 50 % durch eine verbesserte Energieeffizienz für machbar (IEA 2011, S. 5). Der WBGU geht von einer potentiellen Senkung des Energiebedarfs je Energiedienstleistung um mehr als 80-85 % im Vergleich zum heutigen Energiebedarf aus. In den Industriestaaten könnte 20-35 % weniger Energie im Umwandlungssektor von der Primärenergie bis zur Endenergie eingesetzt werden und ca. ein Drittel in der Wandlung von Endenergie in Nutzenergie. Auch beim Nutzenergiebedarf (wie etwa bei der Gebäudeklimatisierung) ließe sich der Energieeinsatz um 30-35 % senken (WBGU 2003, S. 90). Das größte Einsparungspotential gibt es in den Entwicklungs- und Schwellenländern, die eine um

100 Das Szenario der „neuen energiepolitischen Rahmenbedingungen“ ist eines von drei Szenarien der IEA. Das Szenario richtet sich nach den politischen Zusagen von Staaten weltweit zur Reduktion von Treibhausgasen und Abschaffung von Subventionen für fossile Brennstoffe. Das Szenario geht von der Umsetzung der Maßnahmen aus, auch wenn diese noch nicht eingeleitet wurden. Die Klimaschutzverpflichtungen gingen mit einer Entwicklung der CO2-Emission einher, die zu einem Temperaturanstieg von 3,5°C führten (vgl. a. IEA 2010, S. 4).

den Faktor drei höhere Energie-Intensität aufweisen (vgl. Athanasiou, Baer 2002; S. 68-70). Hier muss eine Anbindung der Entwicklungsländer an das Niveau der Industriestaaten erfolgen (Smith 2006, S. 38).

Ein weiterer Baustein internationaler Energiepolitik ist die Verringerung der „carbon-intensity". Nach dem IEA Szenario der neuen energiepolitischen Rahmenbedingungen wird der Anteil fossiler Brennstoffe am globalen Primärenergie-Verbrauch in einem nur geringen Umfang sinken– von 81 % im Jahr 2010 auf 75 % im Jahr 2030 (IEA 2011, S.3-4). Bei den erneuerbaren Energien wird ein Anstieg an der Stromerzeugung erwartet: Dieser soll, gefördert durch eine fünffache Erhöhung der jährlichen Subventionen auf $180 Milliarden, im Zeitraum von 2009 bis 2035 von 3 % auf 15 % steigen (IEA 2001, S. 7).

Für einen *Kurswechsel* zur Einhaltung des 2°C- Klimaziels sind deutlich höhere Anstrengungen notwendig. „Erneuerbare Energien sind von entscheidender Bedeutung, um die Welt auf einen sichereren, zuverlässigeren und nachhaltigeren Energiepfad zu führen. Das Potential ist zweifellos immens, aber wie schnell ihr Anteil bei der Deckung des globalen Energiebedarfs wächst, hängt kritisch von der Stärke staatlicher Unterstützungsmaßnahmen ab" (IEA 2010, S. 10). Die Förderung erneuerbarer Energien könnte durch staatliche Forschungsmittel und Forschungsförderung lanciert oder durch Steuerbefreiung oder Maßnahmen zur Markeinführung beschleunigt werden (WBGU 2003, S. 156-157).

Um die gezielte Umstellung der Energiesysteme anzutreiben, sollten staatliche Subventionen auf fossile Brennstoffe abgeschafft werden. Mit direkten Subventionen wird der Preis für Öl, Kohle und Gas *künstlich niedrig gehalten*. Indirekte Subventionen findet man zum Beispiel zur Förderung der Kernenergie, indem Staaten die Kosten für einen Risikoabsicherungsfonds übernehmen (WBGU 2003, S. 154). Im Jahr 2009 wurde die Nutzung fossiler Energieträger weltweit mit $312 Mrd. subventioniert. Dies führe zu einer Verzerrung des Marktes, verzögere die Umstellung auf regenerative Energien und liefe dem eigentlichen Klimaschutzziel entgegen, nämlich den globalen Ausstoß von CO_2-Emissionen zu reduzieren (IEA 2010, S.4).

Dagegen könnte durch die Abschaffung der gesamten Energiesubventionen auf fossile Brennstoffe eine Transformation des globalen Energiesystems eingeleitet werden. Die IEA schätzt, dass sich so die Nachfrage nach Primärenergie um 5 % senken ließe. Einem Umfang, der ungefähr dem Gesamtverbrauch von Japan, Korea und Neuseeland gleichkäme. Der Ausstoß der globalen Kohlenstoffdioxidemissionen würde gleichzeitig um 5,8 % sinken (IEA 2010, S. 15-16).

Carbon-intensity und *energy-intensitiy* könnten des Weiteren durch die Einführung emissionsarmer Technologien verbessert werden. Hier ist eine Aufgabenverteilung zwischen staatlichen und privaten Investoren notwendig. Bislang gibt es zu wenig Anreize für die Entwicklung neuer Technologien, da die Forschung sehr kostenintensiv ist. Gerade im Anfangsstadium empfiehlt es sich für Unternehmen abzuwarten, welche Technologien sich durchsetzen und erst zu einem späteren Entwicklungsstadium zu investieren. Staatlich finanzierte Projekte und öffentliche Forschungseinrichtungen könnten die Entwicklung gerade am Anfang beschleunigen (Edenhofer u.a. 2010, S. 187-190).

Auf internationaler Ebene sollten Industriestaaten ihre Verpflichtung aus dem Profitieren von Unrecht ernst nehmen, indem sie die Entwicklungsstaaten bei der Transformation ihrer Energiesysteme unterstützen und einen Teil der entstehenden Mehrkosten übernehmen. Zusätzlich ist ein Know-How-Transfer notwendig, um die Entwicklung neuer Technologien und den Einsatz erneuerbarer Energien in den Entwicklungsländern zu fördern (WBGU 2003, S. 177). Auch würde es sich anbieten, einen *Fonds zur Finanzierung des Technologietransfers* einzurichten, um in den Entwicklungsstaaten neue Entwicklungsimpulse auszulösen und Austausch und Umsetzung von Technologien und Projekten vor Ort zu begleiten (vgl. Edenhofer u.a. 2010, S. 193).

Um die Millenniumsentwicklungsziele zu erreichen, sollte der Fonds auch den ärmsten Menschen Zugang zu Energie ermöglichen. Dafür sind laut IEA Investitionen in Höhe von $48 Milliarden notwendig, was angesichts erforderlicher Investitionen gerade mal 3 % des Gesamtinvestitionsbedarfs im Energiesektor bis 2030 entspricht (IEA 2011, S. 10). Dieses Engagement steht in keinem Gegensatz zu ethischen Klimaschutzzielen: „Durch die Sicherung des Energiezugangs für alle bis zum Jahr 2030 würden sich der weltweite Verbrauch an fossilen Brennstoffen und die damit verbundenen CO2-Emissionen um weniger als 1 % erhöhen – ein unerhebliches Volumen gemessen an dem Beitrag, der damit zur Entwicklung und zum Wohlergehen der Menschen geleistet würde“ (IEA 2011, S. 11).

8.3.4 Der Faktor Armut

Auf der Suche nach einem gerechten Verteilungsmaßstab für die Ressource Atmosphäre standen sich bisher zwei Ansätze gegenüber. Das Pro-Kopf-Prinzip und dessen Variationen hatten eine distributive *und* individuelle Perspektive eingenommen. Die Einbeziehung historischer Gerechtigkeitsansprüche setzte einen korrektiven *und* institutionellen Ansatz voraus. Auch das *Profitieren von Unrecht* baut auf korrektive Gerechtigkeitsprinzipien auf und begründet nur eine verminderte Verpflichtung der heutigen Generation der Industriestaaten. Die Kombination einer individuellen Perspektive mit korrektiven Gerechtigkeitsansprüchen muss scheitern, da sich weder ein individuelles Klimakonto für jeden

Menschen aufstellen lässt, noch das Errechnen und Überwachen von individuellen Kompensationsleistungen möglich ist.

Dagegen findet eine vierte Variante großen Zuspruch von einigen Philosophen. Eng mit dem ursprünglichem „beneficiary-pays-principle" verwandt ist der sogenannte Fähigkeiten-Ansatz („ability-to-pay-principle"), der eine institutionelle Perspektive mit distributiven Forderungen verknüpft.

Der Fähigkeiten-Ansatz[101] wird beispielsweise von Edward Page vertreten, für den relative oder absolute Ungleichheit an sich ungerecht ist. Angenommen neueste Erkenntnisse erklärten, der Klimawandel sei ein rein natürliches Phänomen unabhängig von menschlichen Handlungen (Page 2006, S. 169). Dann stünden nach Page reiche Staaten auch in der Pflicht zu helfen: „[D]eveloped countries and their inhabitants should shoulder the burden of climate justice because their greater comparative and absolute wealth means that they are uniquely able to undertake the action required" (ebd. S. 170-171). In einer starken Interpretation wird die Umverteilung aller Ressourcen und Güter bis zur Gleichheit aller Bürger gefordert. In einer schwachen Auslegung wird die Umverteilung von wohlhabenden Staaten hin zu armen Ländern propagiert, bis ein gewisser Schwellenwert erreicht ist Der Beitrag zur Klimapolitik wird in Abhängigkeit von der Leistungsfähigkeit bestimmt. Wer über die größten Mittel verfügt, sollte auch am meisten für Klimaschutz bezahlen. Ausschlaggebend ist allein die Fähigkeit dazu (Das, Eng, Weijers 2010, S. 149-150). Das Verursacherprinzip wird durch ein Fürsorgeprinzip ersetzt und anstelle des korrektiven Gerechtigkeitsansatzes treten distributive Forderungen (Birnbacher 2010 S. 119).

Der Fähigkeiten-Ansatz verwechselt Armutsbekämpfung mit Klimaschutz. Statt Verpflichtung aus einem direkten oder indirekten Unrecht zu begründen, führt das Prinzip eine generelle Hilfspflicht ein. Wie in der Synthese von Pogge und Singer dargestellt, sprechen für eine Hilfspflicht moralische Gründe, die jedoch nur eine unvollkommene Verpflichtung begründen. Mit dem Klimawandel gehen dagegen vollkommene Rechte und Pflichten einher. Der Fähigkeiten-Ansatz bietet infolgedessen keine Lösung auf der Suche nach einer gerechten Klimapolitik. Doch zeigt sich, dass der Zusammenhang zwischen Armut und Klimawandel bisher zu kurz kam. Weder das Pro-Kopf-Prinzip noch das Verursacherprinzip verstehen es, den Faktor Armut in seiner moralischen Relevanz einzubeziehen.

Der Faktor Armut kommt erstens bei den mitigation zuträglichen Maßnahmen zu tragen: Laut WBGU stünden nach dem Pro-Kopf-Prinzip jedem Menschen jährlich 2,7 t CO2 bis zum Jahr 2050 zur Verfügung. Damit die Entwick-

101 Argumente für den Fähigkeiten-Ansatz finden sich auch bei Dieter Birnbacher und Henry Shue (Birnbacher 2010; Shue 2010a).

lungs- und Schwellenländer in ihrer Entwicklung aufholen, müssen sie im Vergleich zu den industrialisierten Staaten einen nachhaltigeren und klimafreundlicheren Weg einschlagen. D.h., dass sie nicht beliebig Treibhausgase emittieren dürfen, sondern klimaneutral wachsen müssen. Durch die zwei Beispiele Wald und Technologietransfer wurde bereits deutlich, dass die Industriestaaten ihre Verpflichtung aus dem Profitieren von Unrecht erfüllen sollten, um andere Staaten bei der Reduzierung der Treibhausgasemissionen zu unterstützen. Dazu wurde die Installation von verschiedenen Fonds vorgeschlagen, deren finanzieller Umfang aber begrenzt bliebe, wodurch die internationale Gemeinschaft erneut mit einem Verteilungsproblem konfrontiert wäre. Welche Länder können finanzielle Unterstützung aus den Fonds beantragen? Und in welchem Umfang? Gemessen an dem Umfang von Pro-Kopf-Emissionen lassen sich drei Gruppen von Staaten differenzieren (vgl. Kap. 8.1.1). Die erste Gruppe besteht vorwiegend aus Industriestaaten, die hohe Anstrengungen unternehmen müssen, um ihren CO2-Ausstoß zu reduzieren. Die zweite Gruppe muss ihren Emissionsausstoß vor allem stabilisieren und/oder geringfügig senken. Zur dritten Gruppe zählen alle Staaten, deren Pro-Kopf-Verbrauch unterhalb von 2,7 t CO_2 liegt. Man könnte dafür plädieren, die Mittel aus den Fonds den Staaten mit den niedrigsten CO_2-Emissionen zukommen zu lassen. Diese könnten mit Hilfe des Transfers von Technologie und Know-how von Beginn an einen neuen emissionsarmen Weg der Entwicklung beschreiten. Andererseits lässt sich auch für die Unterstützung der Schwellenländer argumentieren. Diese haben bereits einen hohen Emissionsausstoß vorzuweisen, so dass sie in ihrer zukünftigen Entwicklung eingeschränkt sind. Durch neuere Technologien könnte man beispielsweise die Energieintensität verbessern. Angesichts der Bevölkerungszahlen von China und Indien würde dort eine Reduzierung der Pro-Kopf-Emissionen global den größten Nutzen bringen. Aber sind Schwellenländer nicht fähig, sich selbst zu helfen? Die Verminderung des Klimawandels ist notwendig, um Menschenrechte künftig nicht zu gefährden oder das Ausmaß an Armut zu vergrößern. In Folge der Klimapolitik soll Armut nicht verbreitet, sondern verhindert werden. Darum muss bei der Verteilung von Fonds nicht nur der größte Nutzen, sondern auch die Auswirkungen des Pro-Kopf-Prinzips auf die jeweiligen Staaten bedacht werden. Die Mittel sollten deswegen zuerst an Entwicklungsländer verteilt werden, die ihren CO_2-Ausstoß senken müssen, aber nicht über die Ressourcen zur Durchführung von mitigation-Maßnahmen verfügen. Erst dann sollten Kriterien wie Entwicklungspotential oder die Höhe der Einsparmöglichkeiten von Emissionen eine Rolle spielen.

Zweitens ist der Faktor Armut mit Blick auf das zweite Feld der Klimapolitik – *adaptation* – anzuwenden:

Die Folgen des Klimawandels stellen vor allem für die in relativer oder absoluter Armut lebenden Menschen eine Bedrohung dar. Sie weisen die größte Vulnerabilität auf und zugleich die geringste Fähigkeit zur Anpassung. Eine ethische Bewertung des Klimawandels darf deshalb nicht nur auf die Frage reduziert werden, wie die Ressource Atmosphäre unter den Staaten gerecht aufgeteilt werden soll. Stattdessen muss die zweite Herausforderung der Klimapolitik, die Realisierung präventiver und adaptiver Maßnahmen, in ein ethisches Konzept einbezogen werden. Viele arme Staaten verfügen weder über finanzielle Möglichkeiten noch über ausreichendes Know-how, um *adaptation* durchzuführen. Wie aber bereits dargelegt wurde, sind viele Präventionsleistungen speziell im Wassermanagement, der Landwirtschaft und zum Schutz von Ökosystemen in den nächsten drei Jahrzehnten zu erbringen. Die Industriestaaten haben die Pflicht, die mangelnde Anpassungsfähigkeit der Entwicklungsstaaten zu erhöhen. Denn sie profitieren nicht nur als Nachfahren von den hohen Emissionen früherer Generationen, sondern – und dieser Aspekt wurde bisher vernachlässigt – sie tragen auch durch ihren höheren Pro-Kopf-Verbrauch direkt zum Unrecht bei.

8.4 Adaptation: Zusätzliche Pflichten der Industriestaaten

Die Verpflichtungen der Bürger wohlhabender Staaten resultieren nicht allein aus ihrem „Profitieren von Unrecht". Darüber hinaus muss auch ihr *direkter* Beitrag zum Unrecht berücksichtigt werden, der sich in ihrem bis heute höheren Verbrauch manifestiert. Der CO_2-Ausstoß von USA, Kanada, Australien und den Staaten der EU ist gemessen am Pro-Kopf-Verbrauch um ein vielfaches höher als der meisten Schwellen- und Entwicklungsländer. Mit 20 Tonnen pro Kopf und 10 Tonnen pro Kopf liegen die USA und Deutschland weit über einer klimaverträglichen Obergrenze für Treibhausgasemissionen. Mit jedem Tag tragen die Industriestaaten direkt zum Unrecht bei, indem sie die Luft weiterhin mit Treibhausgasen verschmutzen.

Im Gegensatz zum Verursacherprinzip stehen hier nicht alle Emissionen aus Vergangenheit und Gegenwart, sondern nur die Emissionen der heutigen Generation im Fokus. Die daraus ableitbaren Pflichten sind vollkommene Pflichten, die der korrektiven Gerechtigkeit zuzuordnen sind.

Weil das individuelle Volumen an Emissionen nicht für jeden Menschen berechenbar ist, muss eine kollektive Perspektive eingenommen werden. Pflichtenträger sind folglich nicht mehr die einzelnen Bürger, sondern die Industriestaaten, die zwar als Einheiten aufgefasst werden, aber, mit Blick auf den Umfang ihrer Verpflichtung, zeitlich auf die heutige Generation begrenzt bleiben.

Zur Ermittlung der heutigen Generation könnte beispielsweise das Durchschnittsalter herangezogen werden. Bei einem Durchschnittsalter von 46 Jahren könnte man schlussfolgern, dass diese Generation seit 46 Jahren zum Klimawandel beiträgt. Allerdings sollte die heutige Generation nicht dafür bestraft werden, unwissentlich Klimaschäden verursacht zu haben. Denn das Wissen um die Wirkung von Treibhausgasemissionen auf das Klima war auch noch in den 1980er Jahren wenig verbreitet (vgl. Jamieson 2010b, S. 263-264). Als Grenze eignet sich daher das Jahr 1990, indem das von den Vereinten Nationen sowie der Weltorganisation für Meteorologie gegründete Intergovernmental Panel on Climate Change seinen ersten Bericht veröffentlichte.

Mit dem Wissen um Ursache und Wirkungen des Klimawandels tragen die Industriestaaten eine besondere Verantwortung, da sie vorsätzlich zu viel von der Kapazität der Atmosphäre genutzt haben. Bis zum Abschluss eines Weltklimavertrages und der umgehenden Reduzierung des Treibhausgasausstoßes, bzw. dem Zukauf von Emissionszertifikaten, wird die Verpflichtung der Industriestaaten für das Mitverursachen des Klimawandels weiter ansteigen.

Rechtsträger sind die zukünftigen Generationen, deren Lebensumstände von den Folgen des Klimawandels negativ beeinflusst werden. Um das Unrecht abzugelten, sollten die Industriestaaten ihre Kompensationsanstrengungen auf die nächsten Jahrzehnte ausrichten. Im Fokus steht nun nicht mehr *mitigation* sondern *adaptation*, mit dem Ziel, die Fähigkeit der Menschen zur Anpassung an die klimatisch bedingten Veränderungen zu steigern. Der Maßnahmenkatalog ist vielfältig. Gerade in den armen und unterentwickelten Ländern sind präventive Maßnahmen zu treffen, um den Zugang zu Wasser und Nahrung weiterhin zu gewährleisten. Vorbeugend sollten die reichen Staaten Vorkehrungen zum Schutz vor Naturkatastrophen treffen und z.B. Frühwarnsysteme installieren und Schutzbauten errichten. Hilfsprojekte sollten aber auch langfristige Ziele verfolgen und auf die Förderung von Ökosystemen ausgelegt sein. Investitionen in den Erhalt von Mangroven, Flussauen oder Korallenriffen können langfristigen Schutz und nachhaltige Nahrungsquellen generieren.

Notwendig ist ein Bewusstsein dafür, dass es sich hierbei nicht um eine freiwillige Unterstützung handelt und eine einfache Erhöhung der Entwicklungspolitik von Seiten der Industriestaaten nicht ausreicht. Mit ihrem direkten Beitrag zum Unrecht unterliegen sie nach ethischen Maßstäben einer vollkommenen Kompensationspflicht gegenüber den Opfern des Klimawandels. Besonders betroffen sind die in Armut lebenden Menschen. Aufgrund ihrer prekären Lebenslage haben sie einen höheren Anspruch auf Hilfe, so dass sich das Gros an Projekten auf die besonders gefährdeten Menschen konzentrieren sollte. Trotzdem darf Armutspolitik nicht mit Klimapolitik verwechselt werden. Im Gegenteil: Die Trennung beider Bereiche ist notwendig, damit die traditionelle Entwicklungspolitik fortgesetzt wird. Zwar besitzen nur die vom Klimawandel bedrohten Armen einen vollkommenen Anspruch auf Kompensation, aber auch eine unvollkommene Hilfspflicht ist aus moralischen Gründen geboten.

Aus dieser Perspektive heraus kann es ethisch gerechtfertigt sein, in den Erhalt von Ökosystemen zu investieren statt Care-Pakete nach Afrika zu senden. Viele Maßnahmen werden aber auch der Armutsbekämpfung zu Gute kommen. So sollten Industriestaaten in die Erforschung und den Vertrieb von Medikamenten investieren, da durch die steigenden Temperaturen das Risiko von Krankheiten ansteigt.

Präventives Handeln kann die Anpassungsfähigkeit armer Menschen erhöhen, aber Naturkatastrophen und die Ausweitung lebensfeindlicher Regionen (Desertifikation) nicht verhindern. Insofern sollten industrialisierte Staaten auch Adaptionsleistungen erbringen. Die Zunahme von Hurrikans, Taifunen oder Zyklonen wird beispielsweise zur Verwüstung von Siedlungen und zum Tod zahlreicher Menschen führen. Nach solchen Naturkatastrophen sind vor allem in armen Staaten die Menschen auf Hilfe von außerhalb angewiesen. Bergungsarbeiten müssen durchgeführt, Häuser neu aufgebaut und die notleidende Bevölkerung mit Medikamenten und Nahrung versorgt werden. Um im Notfall schnell auf finanzielle Mittel zurückgreifen zu können, sollte ein Rettungsfonds eingerichtet werden. Da Armut in Folge von Naturkatastrophen eine moralische Hilfspflicht begründet, sollte der Fonds nicht nur von den Industriestaaten, sondern international finanziert werden.

Unter Adaptionsleistungen ist darüber hinaus die Entwicklung einer humanen Lösungsstrategie im Umgang mit Klimaflüchtlingen zu verstehen. Mit dem Anstieg der Temperaturen werden die bewohnbaren Regionen für den Menschen abnehmen und die Zahl der Flüchtlinge ansteigen. Der Druck auf Nachbarstaaten und Flüchtlingslager wird anwachsen und auch dort humanitäre Krisen auslösen. Ziel von *adaptation* sollte sein, humanitäre Hilfsprojekte auszubauen sowie Konflikte und Kriege zu vermeiden.

9 Das duale Konzept Indiko

Im Klimakonflikt stehen sich distributive und korrektive Gerechtigkeitsansprüche gegenüber. Problematisch ist vor allem die Einbeziehung der zeitlichen Komponente des Klimawandels, die eine kollektive Betrachtung erfordert. Folgt man dem Prinzip „the-polluter-pays" unterstreicht man die Verantwortung der Industriestaaten, vernachlässigt aber die Verantwortung heutiger Generationen gegenüber zukünftigen Generationen. Ignoriert man dagegen die historischen Gerechtigkeitsansprüche, führt das zu einer Negierung von Kompensationsansprüchen aus in der Vergangenheit begangenem Unrecht. Die Gleichverteilung der Ressource Atmosphäre würde letztendlich zu einer Zementierung bestehender Ungerechtigkeiten führen, da es die vorteilhafte Lage der Industrieländer nicht anerkennt.

Im Folgenden soll das duale Konzept **Indiko** (**in**dividuell - **di**stributiv – **ko**rrektiv) präsentiert werden, das auf dem Konzept der hierarchisierten Verpflichtung basiert, zwischen distributiven und korrektiven Gerechtigkeitsansätzen vermittelt und sowohl Individuen als auch Generationen berücksichtigt. Es ist das Ergebnis der vorangegangenen Analyse. Im Gegensatz zur klimapolitischen Diskussion soll nicht nur das Verteilungsproblem der Atmosphäre betrachtet, sondern Rechte und Pflichten bezüglich *mitigation* und *adaptation* bestimmt werden.

Da keine Argumente für eine Ungleichverteilung angeführt werden konnten, bildet eine Gleichverteilung nach dem Pro-Kopf-Prinzip die Grundlage von Indiko. In Relation zur geschätzten Bevölkerungsgröße im Jahr 2050 werden Emissionszertifikate unter den Staaten verteilt. Die Bürger der industrialisierten Staaten erhalten den gleichen Anteil der Ressource Atmosphäre, da auch sie aus der Vergangenheit keine Vorräte an atmosphärischer Kapazität gelagert haben. Die sich entwickelnden Staaten dürfen nicht länger von der Nutzung dieses Allgemeinguts ausgeschlossen bleiben und erhalten deshalb ein gleich großes Stück vom Kuchen.

Die Minderung des Klimawandels durch die Reduzierung des globalen Treibhausgasausstoßes ist für alle Staaten verpflichtend. Dafür ist die Einführung eines globalen Emissionshandels notwendig. Nur so kann das Risiko eines unkontrollierten Klimawandels und die massive Verletzung der Rechte künftiger Generationen verhindert werden.

Den Großteil klimarelevanter Treibhausgase haben frühere Generationen ausgestoßen. Die Bürger der Industriestaaten profitieren heute von den Vorteilen der Industrialisierung. Ihr Wohlstand basiert zum Teil auf früherer Ungerechtigkeit, nämlich dem überproportionalen Ausstoß von Treibhausgasen ihrer Vorfahren. Ihnen obliegt folglich eine Kompensationspflicht gegenüber den Bürgern von Schwellen- und Entwicklungsländern, die sie bei den mitigation zuträglichen Maßnahmen unterstützen sollten. Dazu gehört den Bestand der Wälder und den Schutz indigener Völker zu sichern und in die Entwicklung und Verbreitung klimafreundlicher Technologien zu investieren.

Aus dem direkten Beitrag der Industriestaaten zum Klimawandel seit 1990 lassen sich zusätzliche vollkommene Pflichten ableiten, die wohlhabende Staaten gegenüber künftigen Generationen tragen. *Indiko* wird an dieser Stelle durch eine kollektive Perspektive ergänzt und Pflichtenträger sind Staaten, nicht mehr einzelne Bürger. Um die Anpassung der armen Bevölkerungsteile an die nicht mehr vermeidbaren Folgen des Klimawandels zu unterstützen, sollten die Industriestaaten in präventive und adaptive Maßnahmen investieren.

Das duale Konzept schlägt eine Brücke zwischen dem distributiven Pro-Kopf-Prinzip und dem korrektiven Verursacherprinzip. Ihm zu Grunde liegt ein liberales Verständnis, nachdem zwar Armut mit einer moralischen Pflicht zur Hilfe einher geht, diese aber nur den Status einer unvollkommenen Pflicht besitzt. Soziale Ungleichheiten allein begründen eben noch keine korrektiven Gerechtigkeitsansprüche. Klimapolitik darf nicht mit Armutspolitik gleichgesetzt werden - muss aber um diese *ergänzt* werden. Damit bleibt der hier präsentierte Ansatz weit hinter den Forderungen des Verursacherprinzips zurück.

Indiko ist kein ausbuchstabiertes Vertragswerk wie das Kyoto-Protokoll. Doch es formuliert ethische Richtlinien für einen Weltklimavertrag, der das Prädikat „gerecht" verdient und die Zustimmung von Industrie- und Entwicklungsstaaten erhalten sollte.

Für die praktische Umsetzung von Indiko ist eine Methode zur Bestimmung der Höhe der Verpflichtung industrialisierter Staaten zu entwickeln. In welchen Umfang sollen die Industriestaaten in die Entwicklung neuer Technologien oder in Anpassungsmaßnahmen investieren? Wie viel *Schuld* hat sich seit 1990 angehäuft, die es jetzt abzubezahlen gilt? Außerdem geht *Indiko* mit der Forderung nach der Etablierung eines globalen Emissionshandels einher. In der bisherigen Darstellung fehlt eine klare Positionierung über die Art handelbarer Emissionszertifikate. Der WBGU spricht sich für einen reinen Markt für Kohlenstoffdioxid aus, während im Kyoto-Protokoll mehrere Treibhausgase gehandelt werden. Diese anderen Treibhausgase wie Methan, Lachgas oder Flurkohlenwasserstoffe verursachen 40 bis 50 % der Erderwärmung. Ihre Verweildauer ist im Vergleich zum Treibhausgas CO_2 wesentlich kürzer: Bei Methan sind dies nur 10 Jahre. Von Kohlenstoffdioxid sind 50 % nach ca. 30 Jahren abgebaut. Weitere 30 % verbleiben über Jahrhunderte und der Rest sogar bis zu einem Jahrtausend im

Klimasystem (Lawrence 2011). Würde man die Treibhausgase mit kürzerer Verweildauer regulieren, könnten schon in kurzer Zeit positive Ergebnisse erzielt werden. Die Entscheidung für oder gegen die Einbeziehung weiterer Treibhausgase in einen globalen Emissionshandel ist letztendlich von Politikern, Ökonomen und im Besonderen von Klimatologen zu treffen, die dessen Potential und Ausbaufähigkeit bestimmen müssen.

An dieser Stelle soll aber auf zwei Problemfelder hingewiesen werden: Erstens könnten sich strengere Richtlinien für Methan und Lachgas nachteilig auf die Entwicklungsländer auswirken, deren höherer Ausstoß eben jener Treibhausgase auf die Bedeutung der Landwirtschaft zurückzuführen ist. Zweitens sind die staatlichen Interessen bereits heute so gegensätzlich, dass die Chancen für die Übereinkunft auf einen Weltklimavertrag *50:50* stehen – und das ist eine noch optimistische Annahme. Angenommen es gelingt der globalen Gemeinschaft diesen Kraftakt zu vollführen, so würde dadurch zugleich die Kooperationsbereitschaft der Staaten aufgezehrt werden: Es ist äußerst unwahrscheinlich, dass man sich neben einem Abkommen zur Regulierung von CO_2 noch auf weitere Abkommen einigen wird. Darum scheint es aus pragmatischen Gründen vorteilhaft, einen globalen Emissionshandel zu installieren, der alle Treibhausgase umfasst, um ein wirkungsvolles Paket im Kampf für ein nachhaltiges Klimasystem zu schnüren. D.h., dass nach dem Vorbild des Kyoto-Protokolls der Handel mit CO_2 durch weitere Treibhausgase wie Methan oder Lachgas, die in CO_2-Äquivalenten gemessen und gehandelt würden, ergänzt werden sollte.

Auch in ethischer Sicht ist diese Forschungsarbeit nicht vollständig: Denn *Indiko* fokussiert hauptsächlich staatliches Handeln. Die individuelle Verantwortung der Bürger im Alltag wird nicht diskutiert. Hierzu bedarf es dringend weiterer Forschungsarbeiten. Wertvolle Beiträge findet man beispielsweise bei Dale Jamieson (Jamieson 2010c) und Walter Sinnott-Armstrong (Sinnott-Armstrong 2010). In dieser Forschungsarbeit steht allein die politische Handlungsebene im Vordergrund, da die mit dem Klimawandel verbundenen Herausforderungen auf globaler Ebene umfangreiche Anstrengungen erfordern, weshalb Appelle an ein nachhaltiges Verhalten der Individuen oder an freiwillige Umweltmaßnahmen von Unternehmen nicht ausreichen würden. Der *top-down* Ansatz erhält Priorität vor *bottom-up* Initiativen, ohne die Bedeutung Letzterer schmälern zu wollen. Gerade die Arbeit von NGOs (Non-governmental Organization) kann das Bewusstsein für das Klimaproblem schärfen und einen wertvollen Beitrag bei der Umsetzung von Adaptionsmaßnahmen leisten. Letztendlich muss klimafreundliche Politik die Legitimation der Bürger erhalten und von diesen aktiv unterstützt werden. Das steigende Bewusstsein der Zivilgesellschaft für Nachhaltigkeit kann so den Druck auf politische Entscheidungsträger erhöhen und zu einem Fortschritt in der Klimapolitik führen (vgl. Schuhmann 2008, S. 337 ff.).

Mit *Indiko* wurde die Frage beantwortet, wie Klimapolitik gestaltet werden muss, um gerechtigkeitsethischen Maßstäben zu genügen. In den folgenden Kapiteln steht nicht mehr die Ausgestaltung, sondern Umsetzung und Durchsetzbarkeit einer gerechten Klimapolitik im Mittelpunkt. Welche Institutionen sind notwendig, um *Indiko* zu verwirklichen und um Klimagerechtigkeit auch für nachfolgende Generationen zu gewährleisten?

10 Institutionelle Klimapolitik

10.1 Anreize zum Trittbrettfahren

Die gescheiterten Verhandlungen der UN-Klimakonferenz in Kopenhagen 2009 dämpften die Hoffnungen auf einen Weltklimavertrag. Erst zwei Jahre zuvor hatte man auf der UN-Klimakonferenz von Bali den „Bali Action Plan“ entworfen, demnach die internationale Staatengemeinschaft Verhandlungen über das Klimaschutzregime für die Zeit nach 2012, also nach Ablauf des Kyoto-Protokolls einleiten sollte. In der ersten Arbeitsgruppe “Ad Hoc Working Group on Further Commitments for Annex I Parties under the Kyoto Protocol” (kurz: AWG-KP) verhandelten die Staaten über ein Nachfolgeabkommen für das Kyoto-Protokoll und die Ausweitung des Verpflichtungsumfangs der im Kyoto-Protokoll angeführten Industrieländer bezüglich der Reduzierung ihrer CO_2-Emissionen. Die zweite Arbeitsgruppe „Ad Hoc Working Group on Long-term Cooperative Action under the Convention“(kurz: AWG-LCA) sollte die Reduktionsverpflichtungen aller Staaten, also auch der USA und der Schwellen- und Entwicklungsstaaten, einbeziehen und über einen Weltklimavertrag verhandeln. Doch weder in Kopenhagen noch in Cancún gelang es, diesen Fahrplan umzusetzen und ein rechtlich verbindliches Regelwerk zu verabschieden[102].

Im Vorfeld des Klimagipfels in Durban 2011 waren die Erwartungen dementsprechend niedrig. Doch konnte das Scheitern der Verhandlungen gerade noch verhindert werden: Man einigte sich darauf, auf dem Klimagipfel in Katar 2012 für das Kyoto-Protokoll eine weitere Verpflichtungsperiode einzuführen. Bis 2015 sollen sich die Staaten zudem auf einen rechtlich verbindlichen Weltklimavertrag einigen (vgl. Kap. 4.4).

Dieser wenngleich bescheidene Erfolg der internationalen Klimapolitik wurde vom Ausstieg Kanadas aus dem Kyoto-Protokoll überschattet. Zeitgleich weigerten sich Japan und Russland an einer weiteren Verpflichtungsperiode des Kyoto-Protokolls teilzunehmen. Obwohl oder gerade weil die drei Staaten zu den größten Klimasündern zählen, sprechen sie sich gegen langfristige Klimaschutzmaßnahmen aus. Ihre Bereitschaft, sich an einem neuen Abkommen zu beteiligen, hängt vor allem ab von der Beteiligung der beiden größten Kli-

---

102 BMU. URL: http://www.bmu.de/klimaschutz/internationale_klimapolitik/klimaschutz_nach_2012/doc/45900.php

masünder China und USA. Kanada will beispielsweise den Export von Öl weiter ausbauen, obwohl es die Ressource nur unter einem hohen Energieverbrauch aus Ölsand gewinnen kann. Wichtigster Abnehmer sind die USA. Zwischen beiden Staaten haben bereits die Bauarbeiten an einer 2700 km langen Pipeline begonnen - ein Milliarden Geschäft, auf das Kanada freiwillig nicht verzichten wird[103]. Ohne das Engagement von China und USA stehen die Chancen für einen Weltklimavertrag schlecht, da von ihrer Zustimmung auch die Beteiligung der Schwellen- und Entwicklungsstaaten abhängt. China hat sich mit Indien, Südafrika und Brasilien zur Gruppe der Basic-Staaten zusammengeschlossen. Sollte China sich weiterhin verbindlichen Klimaschutzzielen verweigern, würden die anderen Basic-Staaten diesem Beispiel vermutlich folgen. Das 2°C-Kliamziel würde damit in weite Ferne rücken. Doch bisher haben sich China und USA noch nicht auf eine klare Position in der Klimapolitik festlegen lassen.

Die schleppenden Verhandlungen der internationalen Staatengemeinschaft sind nicht zuletzt auf die besonderen Eigenschaften des Klimawandels zurückzuführen. Durch seine zeitliche und räumliche Dimension sind Politiker verschiedenen Anreizen zum Trittbrettfahren ausgesetzt, wodurch sowohl der Prozess der Verhandlungen um ein neues Abkommen erschwert, als auch Umsetzung und Durchsetzung der Klimapolitik in Zukunft gefährdet sein wird.

Klimapolitik gestaltet sich als besonders schwierig, da erstens Ursache und Wirkung des Klimawandels voneinander getrennt sind. Nationale Emissionen haben globale Auswirkungen, wobei darüber hinaus die Folgen nicht unmittelbar sondern zeitverzögert eintreten. Zweitens erfordert Klimapolitik Kooperation (z.B. Staaten) und Anerkennung (z.B. Generationen) unterschiedlicher Akteure. Die UN-Klimakonferenzen sind diplomatische Großveranstaltungen, in denen die Meinungen und Interessen von 194 Staaten aufeinanderprallen[104]. Drittens fehlt es derzeit an adäquaten Institutionen zur Koordination internationaler Klimapolitik. Dieser Mangel wirkt sich negativ auf das gegenseitige Vertrauen der Vertragspartner aus (s.u.).

Trotzdem sind alle Staaten aus einer ethischen Perspektive dazu verpflichtet, ein neues Vertragswerk durchzusetzen, ohne nationalstaatliche Partikularinteressen oder strategische Ziele zu verfolgen. Die zukünftigen Generationen haben das Recht auf einen wirksamen Klimaschutz. Gleichzeitig haben die armen Entwicklungsstaaten ein Recht darauf, bei der Umsetzung von *mitigation* und *adaptation* unterstützt zu werden. Mit diesen vollkommenen Rechten gehen vollkommene Pflichten einher.

---

103 DIE ZEIT. URL: http://www.zeit.de/politik/ausland/2011-11/pipeline-usa-kanada

104 BMU. URL: http://www.bmu.de/klimaschutz/internationale_klimapolitik/klimarahmenkonvention/doc/44134.php

Aus der ethischen Notwendigkeit globaler Klimapolitik lässt sich ein weiterer Anspruch an die internationale Staatengemeinschaft ableiten. Sie steht in der Verpflichtung alle Voraussetzungen zu schaffen, die notwendig sind, um Klimaschutzmaßnahmen heute und in Zukunft zu ermöglichen. Die Verhandlungen um einen Weltklimavertrag sowie dessen langfristige Umsetzung werden durch die zeitliche und räumliche Dimension des Klimawandels erschwert respektive gefährdet. Deshalb sollen im Folgenden die vorherrschenden Anreize zum Trittbrettfahren mit Hilfe der Spieltheorie determiniert werden, um im Anschluss institutionelle Reformen vorzuschlagen, die eben jenen Anreizen vorbeugten.

Auf globaler Ebene sind Staaten die zentralen Akteure in der Klimapolitik. Aus einer kollektiven Perspektive haben alle Staaten ein Interesse daran, einen gefährlichen Klimawandel zu vermeiden und würden sich folglich für Klimaschutzmaßnahmen aussprechen. Politisch (nicht moralisch) steht es jedoch dem einzelnen Staat frei, verbindliche Reduktionsziele für die Begrenzung des nationalen Emissionsbudgets zu vereinbaren. Jeder Staat wird für sich genommen ein Interesse daran haben, diese Wahlmöglichkeit aufrecht zu erhalten, da mit dem CO_2-eq-Ausstoß Vorteile verbunden sind. Verbindliche Reduktionsverpflichtungen beschränken dagegen die Handlungsfähigkeit der Staaten. Andererseits sind die Nachteile durch die Folgen des Klimawandels immens, so dass eine Kooperation aller Staaten die für alle Beteiligten beste Entscheidung darstellen würde.

Aus der individuellen Perspektive entsteht folglich ein Anreiz zum Trittbrettfahren, weil derjenige Staat am meisten profitieren wird, der seinen Treibhausgasausstoß nicht reduziert, während die anderen Staaten die Vorgaben eines Klimavertrages einhalten und den Klimawandel dadurch mindern. Die Gefahr des Trittbrettfahrens ist auch deshalb so groß, weil es keine Institutionen gibt, die bei Vertragsbruch Sanktionen aussprechen könnten. Umgekehrt trägt dieser institutionelle Missstand zu einem allgemeinen Misstrauen bei, dass die Chance auf eine Einigung weiter verschlechtert (Gardiner 2010c, S. 88-90).

Ein zweiter Anreiz zum Trittbrettfahren entsteht durch die Beteiligung verschiedener Generationen. Treibhausgase entwickeln nicht nur eine unmittelbare Wirkung auf das Klima, vielmehr beeinflussen sie das Leben auf der Erde langfristig. Die in der Vergangenheit ausgestoßenen Treibhausgase werden zu einem Temperaturanstieg in den nächsten Jahrzehnten von mindestens 0,6°C führen (Edenhofer u.a. 2010, S. 93-94) und lassen sich, zumindest auf Grundlage heutiger Technologien, nicht rückgängig machen. Um einen gefährlichen Klimawandel und den Anstieg der Temperaturen um über 2°C im Vergleich zum vorindustriellen Niveau zu vermeiden, ist die Reduzierung des globalen Treibhausgasausstoßes nach genauen Berechnungen voranzutreiben.

Die zeitliche Dimension erschwert das Handeln und die Motivation von Politikern und Bürgern. Die Wahlperioden in demokratischen Systemen zwingen den Politikern einen kurzfristigen Planungshorizont auf. Die Umstellung der Energiesysteme und die Entwicklung energiesparender Technologogien sind kostenintensiv und die Einhaltung der Reduktionsvorgaben von CO_2-eq-Emissionen erfordert zusätzlich von den Bürgern der Industriestaaten einen neuen klimafreundlicheren Lifestyle. Die Generationen der nächsten Jahrzehnte haben darüber hinaus die Kosten für präventive Maßnahmen zu tragen, da, um die Anpassungsfähigkeit in klimasensitiven Regionen zu erhöhen, ein Großteil der Adaptionsstrategien bereits vor 2050 umzusetzen ist (Meyer 2007, S. 9-10). Kostspielige Klimaschutzmaßnahmen sind auch deswegen unpopulär, weil heutige Generationen nicht die negativen Folgen der von ihnen ausgestoßenen Emissionen erkennen. Andererseits beschränken die heutigen Emissionen die Handlungsfähigkeit künftiger Generationen, die jedoch keinen Einfluss auf die bereits ausgestoßenen Treibhausgase ausüben können.

In der Spieltheorie führt die kollektive Perspektive wiederum zu einer Befürwortung von Klimaschutzmaßnahmen. Alle Generationen zusammen würden sich für Kooperation und damit gegen die Verschmutzung des Klimas durch einzelne Generationen aussprechen. Aus der individuellen Perspektive würde sich jede Generation für einen unbegrenzten Ausstoß von Treibhausgasen entscheiden, weil sie nicht mit den negativen Konsequenzen ihres Handelns konfrontiert wäre – jede Generation wird den Umweltschutz lieber den nachfolgenden Generationen überlassen als selbst in Nachhaltigkeit zu investieren (Gardiner 2010c, S. 90-94). Insofern besteht ein hoher Anreiz zum Trittbrettfahren. Der Wohlstand derzeitiger Genrationen scheint dem Wohl künftiger Generationen entgegenzustehen. Verstärkt wird dieser Anreiz wiederum durch das Fehlen einer Institution, die die Rechte künftiger Generationen sichert und generationsübergreifend handelt und handeln kann.

Mit dem Klimawandel geht außerdem ein Anreiz für moralisches Fehlveralten einher. Darunter versteht man zum Beispiel Lippenbekenntnisse für Klimaschutzmaßnahmen, die in der Realität nicht umgesetzt werden. Oder die öffentliche Darstellung des Klimaschutzes als Erfolgsgeschichte, um nur den Fortschritt, nicht aber die Fehler nationaler Klimapolitik offenzulegen. Auch besteht ein Anreiz zur bewussten Täuschung: Mit dem Verweis auf falsche Theorien in der Klimaforschung lassen sich willkommene Zweifel am anthropogenen Klimawandel schüren (vgl. Gardiner 2010c, S. 94). Hier kann man gleichfalls von einem Anreiz zum Trittbrettfahren sprechen. Denn Staaten, die ihr Interesse an einem effektiven Klimaschutz nur vorspielen, profitieren von dem ehrlichen Engagement anderer Staaten, während sie selbst nach den günstigsten Investitionsmöglichkeiten suchen. So wurde beispielsweise bei der Durchführung von CDM-Projekten bemängelt, dass Investitionen nicht in den ärmsten Staaten getätigt wurde, sondern vorwiegend in Indien und China. Gerade große Unternehmen profierten von der Einführung von CDM, da sie die hohen bürokratischen Anforderungen in juristischer und technischer Sicht erfüllten. Die Projekte würden zudem nicht den Technologietransfer fördern, sondern die *niedrigsten Früchte* für Emissionsreduzierungen abgreifen. Industriestaaten suchten nach den einfachsten Möglichkeiten zur CO_2-Einsparung, statt Projekte mit Langzeitwirkung auszusuchen, von denen die Entwicklungsstaaten nachhaltig profitieren könnten. Des Weiteren ist die Berechtigung vieler Projekte zu hinterfragen. So dürften Zertifikate nur dann für CDM-Projekte ausgegeben werden, wenn Erneuerungen wie Kraft-Wärme-Kopplungsanlagen nicht bereits geplant waren, bzw. nicht von den Nehmerländern durchgeführt worden wären (Schumann 2008, S. 326-330).

Letztendlich fehlt es auch hier an einer bürokratischen Verwaltung, bzw. einer Institution zur Priorisierung, Koordinierung und Prüfung von präventiven und adaptiven Projekten.

10.2 Reform des internationalen Institutionengefüges

Mit dem dualen Konzept *Indiko* ist ein theoretischer Gerechtigkeitsanspruch verbunden, der ohne Reflexion auf die politische Wirklichkeit ein leeres Versprechen bleibt. Die aufgezählten Anreize zum Trittbrettfahren schwächen die Chance auf einen Weltklimavertrag, bzw. dessen Einhaltung. Darüber hinaus wird ein neues Klimaabkommen nicht die politischen und strukturellen Schwächen der Entwicklungsländer beheben. Die Gefahr ist groß, dass sie in der Umsetzung der klimapolitischen Aufgaben und bei der Verteilung von finanziellen Mitteln benachteiligt werden. In letzter Konsequenz muss das internationale Institutionengefüge geändert werden, damit der vorgegebene Verteilungsschlüssel auch in der Umsetzung den gesetzten Wertmaßstäben genügt.

Für eine gerechte Klimapolitik wird die Schaffung einer neuen *Organization for Climate and Environment* (kurz: OCE) vorgeschlagen, an deren Seite ein *Global Environmental Court* (kurz: GEC) etabliert werden müsste.

10.2.1 Internationale Umweltpolitik

Strukturelle Reformen sind mit hohen Kosten verbunden, so dass das bestehende System internationaler Organisationen auf Synergieeffekte überprüft werden sollte: Rechtfertigt Klimapolitik die Installation neuer Institutionen im Rahmen der UN? Oder könnte eine Modifikation oder Expansion bestehender Strukturen, speziell in der internationalen Umweltpolitik, den Anforderungen der Klimapolitik gerecht werden?

Die Internationale Umweltpolitik ist von einer starken Fragmentierung geprägt. Insgesamt existieren über 900 multilaterale Übereinkommen zum Umweltschutz. Eine Vielzahl von Umweltkonventionen, Ausschüssen, Arbeitsgruppen und Organisationen prägen die intransparente und komplexe Struktur internationaler Umweltpolitik. Als wichtige Akteure lassen sich neben dem Umweltprogramm der Vereinten Nationen (UNEP), das UN-Sekretariat und Sonderorganisationen wie FAO (Food and Agriculture Organization of the United Nations), IFAD (International Fund for Agricultural Development), UNESCO (United Nations Educational, Scientific and Cultural Organization) und UNDP (United Nations Development Programme) sowie die Weltbank identifizieren (Rechkemmer 2004, S. 5).

Die Umwelt wird durch den Klimawandel wesentlich beeinflusst, weshalb in jüngster Zeit vorwiegend die Klimaproblematik die Agenda der Umweltpolitik auf internationaler Ebene beherrscht hat. Dennoch lässt sich Umweltpolitik nicht auf Klimapolitik beschränken. Erst kürzlich haben die Havarie des Containerschiffes „Rena“ vor Neuseeland (2011) und davor die explodierende Ölplattform „Deepwater Horizon“ (2010) für Schlagzeilen gesorgt. Eine Reduzierung der Verschmutzung der Meere, der Schutz vom Aussterben bedrohter Pflanzen- und Tierarten, die Regulierung rücksichtslosen Umgangs mit gefährlichen Chemikalien oder Giftstoffen, etc., sind wichtige Bausteine der internationalen Umweltpolitik, die sich vielfach nicht auf den Klimawandel zurückführen lassen.

Lange Zeit fehlte das Bewusstsein für einen nachhaltigen Umgang mit den natürlichen Ressourcen. Internationale Politik richtete sich vorrangig an ökonomischen und sozialen Fragestellungen aus und verkannte den Zusammenhang zwischen Umweltschutz und Entwicklung. Im Jahr 1972 fand die erste Weltumweltkonferenz in Stockholm statt, die zur Gründung des UN-Umweltprogramms führte. Mit UNEP sollten Umweltprobleme stärker in den politischen Fokus rücken. Trotz einiger Erfolge wie dem Montrealer Protokoll zum Schutz der Ozonschicht (1985), steht die Organisation heute in der Kritik, zumal es nicht gelang sie als ein zentrales Organ für Umweltpolitik zu etablieren (Rechkemmer 2004, S. 9). „Seit langem wird von Experten moniert, daß die bestehende Weltumweltarchitektur an zahlreichen Profilüberschneidungen leidet, die ihrerseits erstens erhöhte Verwaltungs- und Personalkosten mit sich bringen, zweitens die Stellung des globalen Umweltschutzes gegenüber großen Regimen und Organisationen wie etwa der WTO schwächen und das Politikfeld drittens auch als Völkerrechtsfaktor vergleichsweise schwach aussehen lassen“ (Rechkemmer 2004, S. 15). Konkret wird die Handlungsfähigkeit von UNEP durch folgende Faktoren begrenzt:

UNEP ist ein Nebenorgan der Vereinten Nationen und besitzt keinen eigenen völkerrechtlichen Status. Gegenüber den UN-Sonderorganisationen, die wie beispielsweise WHO, FAO oder WMO rechtlich, finanziell und organisatorisch unabhängig sind, besitzt das UN-Umweltprogramm eine geringere politische Autorität (Ivanova 2005, S. 14). „UNEP has not been able to claim the autonomy necessary to become an effective anchor for the global environment" (Ivanova 2005, S. 14). Steuerungsorgan des Unweltprogramms ist das *Governing Council*, das *Agenda Setting* betreibt und für Budget und Programm des UNEP verantwortlich ist. Bestehend aus Vertretern der 58 Mitgliedsstaaten untergräbt das *Governing Council* die Unabhängigkeit der Organisation, da Entscheidungen immer auch die Interessen der Mitgliedsstaaten spiegeln (Ivanova 2005, S. 14-16). Zudem sind die finanziellen Ressourcen von UNEP sehr begrenzt, da es größtenteils von freiwilligen Beiträgen der Regierungen abhängig ist. 2005 umfasste das UNEP-Budget $215 Millionen (Ivanova 2005, S. 16) und konnte daher „kaum mehr leisten als Öffentlichkeits- und Forschungsarbeit" (Schumann 2008, S. 376). Mit Hauptsitz in Nairobi liegt das UNEP weit abgeschiedenen von den politischen Entscheidungszentren. Formaler Status und Struktur der Organisation haben dazu beigetragen, dass internationale Umweltpolitik weiterhin dezentralisiert und unkoordiniert verläuft (Ivanova 2005, S. 19).

Mehrere Regierungen folgten einer französischen Initiative zur Gründung einer United Nations Environment Organization, kurz: UNEO, die im Gegensatz zum existierenden Umweltprogramm die verschiedenen Stränge internationaler Umweltpolitik vereinen, Projekte zum Umweltschutz effizienter vorantreiben und über eine finanzielle Planungssicherheit verfügen soll (Rechkemmer 2004, S. 15). In die gleiche Richtung argumentieren Vorschläge zur Gründung einer Weltumweltorganisation, kurz WEO oder GEO[105]. Eine Reform des UN-Umweltprogramms ist sinnvoll und notwendig, aber auch ein Argument gegen die Integration der Klimapolitik, solange der Reformprozess noch nicht beendet ist. Denn die internationale Gemeinschaft ist zu effizientem Handeln verpflichtet und sollte so schnell wie möglich die Reduzierung des globalen Treibhausgasausstoßes einleiten. Eine Verzögerung in der Klimapolitik durch Uneinigkeit in rein umweltpolitischen Fragestellungen kann nicht riskiert werden. Außerdem sollte die neue Organisation für Klima und Umwelt einem universalen Anspruch genügen und die Mitgliedschaft aller UN-Mitgliedsstaaten anstreben.

105 Zu den Unterschieden vgl. UNEP. URL: http://www.unep.org/environmentalgovernance/Portals/8/InstitutionalFrameworkforSustainabledevPAPER4.pdf

10.2.2 Richtlinien für eine internationale Klimaorganisation

Aus dem Diskurs um eine Weltumweltorganisation lassen sich Kriterien zur Gründung einer Klima- und Umweltorganisation festhalten:

1. Die OCE sollte im UN-System verankert sein, auch wenn dieses selbst reformiert werden muss. Der Sicherheitsrat ist längst kein Abbild mehr der politischen Situation im 21. Jahrhundert. Kritisiert wird vor allem das Vetorecht der fünf ständigen Mitglieder Frankreich, England, USA, Russland und China. Kein einziges Land in Südamerika oder dem afrikanischen Kontinent besitzt einen ständigen Sitz im Gremium und weder das bevölkerungsreiche Indien noch ein muslimisches Land erhielten bisher ein dauerhaftes Vetorecht (Schumann 2008, S. 377). Dennoch gehören mit 192 Staaten nahezu alle Staaten der Erde den Vereinten Nationen an. Ihre hohe Legitimität leitet sich aus ihrer universellen Akzeptanz ab. Folglich sollte auch eine internationale Organisation für Klimapolitik in das UN-System integriert werden. Dafür spricht nicht zuletzt, dass sich die jährlich stattfindenden Klimakonferenzen im Rahmen der UN bewährt haben.
2. Für die Klima- und Umweltorganisation sollte ein hohes Maß an politischer Autorität und Unabhängigkeit angestrebt werden. Durch die anfallenden Kosten in der Klimapolitik wird die Organisation einem hohen politischen Druck ausgesetzt sein. Die Einflussnahme von Staaten auf die Organisation sollte folglich begrenzt werden. Das Entscheidungsgremium der OCE sollte nicht ausschließlich wie das *Governing Council* des UNEP aus politischen Vertretern der Mitgliedsstaaten bestehen. Stattdessen sollte die Organisation über ein politisches Gremium verfügen, das unabhängig von staatlichen Weisungen handlungsfähig ist. Zusätzlich sollte die OCE zu einem gerechten Ausgleich zwischen den staatlichen Machtverhältnissen führen. Es gilt folglich die Interessen der Entwicklungsstaaten gegenüber dem Einfluss der Industrie- und Schwellenländer aufzuwerten. Viele UN-Organisationen, allen voran IWF und Weltbank, stehen in dem Ruf, Politik im Interesse der Industriestaaten zu betreiben und mehrfach umweltschädigende oder armutsfördernde Entscheidungen getroffen zu haben (vgl. Singer 2004, S. 55-90; Schumann 2008, S. 379-388; Schefczyk 2003). Eine neue Organisation wie die OCE hätte dagegen den Vorteil, politisch unbelastet zu sein. Sie sollte eine gleichberechtigte Stellung neben bereits etablierten UN-Sonderorganisationen wie der Weltbank einnehmen.
3. Schließlich sollte die Handlungsfähigkeit der OCE abgesichert werden. Dafür ist die Organisation mit einem jährlich festgelegten Budget aus-

zustatten, welches größtenteils von den Industriestaaten finanziert werden sollte. Der Ausschluss finanzieller Erpressbarkeit ist Voraussetzung dafür, dass die OCE den Fortschritt der internationalen Klimapolitik unabhängig von nationalstaatlichen Interessen fördern kann. Die Finanzleistungen der Staaten dürfen jedoch nicht zu Lasten der Entwicklungshilfe gehen oder gar als Entwicklungshilfe angerechnet werden. Unabhängig von der Klimapolitik sollte die Bekämpfung der Armut weiterhin ein wichtiges Ziel der internationalen Gemeinschaft bleiben.

10.3 Die OCE: Organization for Climate and Environment

10.3.1 Ein neuer UN-Akteur

Artikel 63. der UN-Charta setzt die Vereinten Nationen in Beziehung zu UN-Sonderorganisationen. Diesen Status besitzen zwischenstaatliche internationale Organisationen, die auf den Fortschritt der in Artikel 55 der UN-Charta formulierten Ziele hinwirken:

(a) „die Förderung des Lebensstandards, die Vollbeschäftigung und die Voraussetzungen für wirtschaftlichen und sozialen Fortschritt und Aufstieg;

(b) die Lösung internationaler Probleme wirtschaftlicher, sozialer, gesundheitlicher und verwandter Art sowie die internationale Zusammenarbeit auf den Gebieten der Kultur und Erziehung;

(c) die allgemeine Achtung und Verwirklichung der Menschenrechte und Grundfreiheiten für alle ohne Unterschied der Rasse, des Geschlechts, der Sprache oder der Religion" (Art. 55 der UN-Charta in Hüffner 2005, S. 15).

UN-Sonderorganisationen sind rechtlich selbstständige Organisationen, die Budgethoheit besitzen und über eine eigenständige Organisationsstruktur verfügen. Auch wenn das Prinzip der universellen Mitgliedschaft gilt, können Staaten aus UN-Sonderorganisationen austreten, ohne die Mitgliedschaft in der UN aufzugeben[106].

Die Organization for Climate and Environment sollte den formalen Status einer UN-Sonderorganisation erhalten, um gegenüber Nebenorganen und Spezia-

106 BPB. URL: http://www.bpb.de/themen/EZM94E,0,Sonderorganisationen_der_Vereinten_Nationen.html

lorganen der Vereinten Nationen aufgewertet zu werden und gleichzeitig die notwendige politische Autorität und Unabhängigkeit innerhalb des UN-Systems zu besitzen. Andererseits ist eine enge Koordination und Zusammenarbeit mit weiteren UN-Akteuren unerlässlich. Denn die mit dem Klimawandel verbundenen Herausforderungen betreffen unterschiedliche Forschungs- und Handlungsfelder. Die OCE sollte zum Beispiel eng mit der Ernährungs- und Landwirtschaftsorganisation der Vereinten Nationen (FAO) zusammenarbeiten, weil der Klimawandel große Auswirkungen auf die Produktion von Lebensmitteln hat. Des Weiteren sollte eine enge Kooperation mit der Weltgesundheitsorganisation angestrebt werden, da der Klimawandel zu einem Anstieg von Seuchen und Krankheiten führen wird.

Die Organisation der OCE sollte folglich an den zwei Eckpfeilern *Unabhängigkeit* und *Vernetzung* innerhalb des UN-Systems ausgerichtet werden – zwei nur scheinbar gegensätzliche Zielsetzungen. Um die Zusammenarbeit mit anderen UN-Akteuren zu verbessern, sollte eine dafür eigens installierte Koordinationsstelle (Coordination Center) eingerichtet werden. Gefördert würden insbesondere der Austausch mit den UN-Sonderorganisationen WMO, FAO und WHO, dem UN-Umweltprogramm UNEP, dem UN-Entwicklungsprogramm UNDP sowie der Kommission für nachhaltige Entwicklung CSD. Der Wirtschafts- und Sozialrat der Vereinten Nationen wäre für die Kooperation und Koordination mit weiteren UN-Sonderorganisationen wie z.B. der Welthandelsorganisation WTO zuständig. Die Bedingungen für die Zusammenarbeit sind in Art. 63 der UN-Charta festgeschrieben. Demnach soll ein organisationsübergreifender Austausch gefördert und der doppelte Einsatz von Kapazitäten vermieden werden (vgl. Hüffner 2005, S. 6 und S. 16).

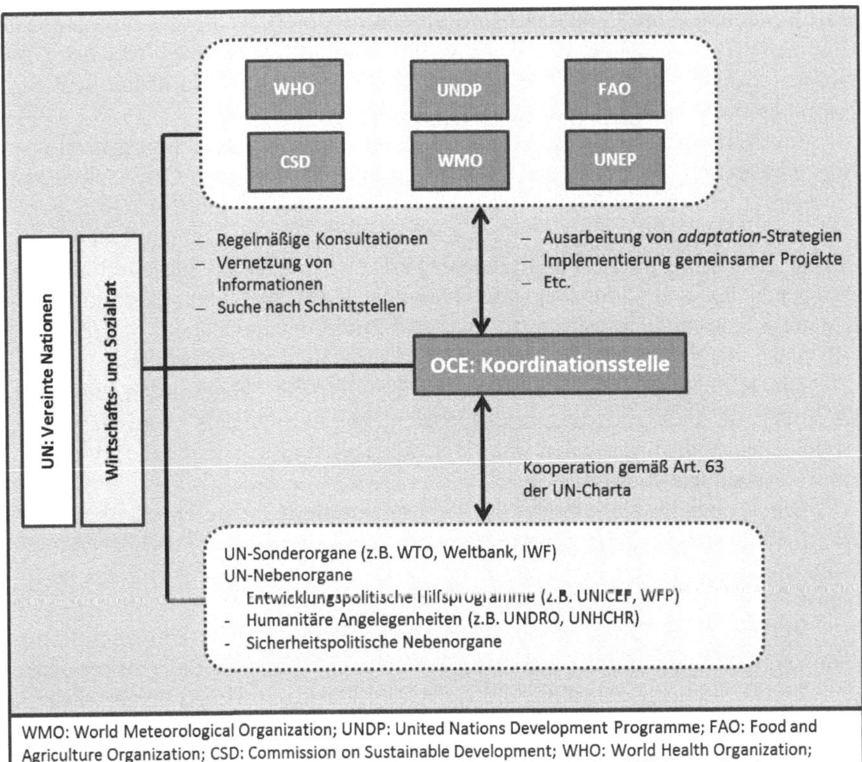

Abb. 10 Die OCE im UN-System

10.3.2 Die innere Struktur der OCE

Im Folgenden sollen Struktur und Aufgaben der *Organization for Climate and Environment* vorgestellt werden. Die OCE ist zwar nur ein theoretisches Konstrukt, doch wird ihre Realisierung im Zuge globaler Klimapolitik wahrscheinlich.

Der institutionelle Aufbau der OCE besteht aus vier Säulen:

Die erste Säule soll die fachliche Kompetenz der Organisation gewährleisten und wissenschaftliche Beratung und Bewertung ermöglichen. Hierzu wird die Einrichtung einer Klima- und Umweltkommission (Climate and Environment Commission) vorgesehen, die sich aus Wissenschaftlern unterschiedlicher Disziplinen zusammensetzt. Ihr untergeordnet ist der IPCC, der in seiner heutigen Form bestehend bleibt.

Im Zentrum der OCE steht die Klimaorganisation (Climate Organization). Sie repräsentiert die politische Säule und setzt sich aus dem OCE-Sekretariat (Secretary), einem dem Sekretariat vorstehenden Generaldirektor (Chief Executive), und der Koordinationsstelle (Coordination Center) zusammen. Des Weiteren ist ein Forum für Nichtregierungsorganisationen und Zivilgesellschaft (Forum for NGOs and Civil Society) vorgesehen. Kern der Klimaorganisation bilden der Klima- und Umweltrat (Climate and Environment Council) und die jährlich stattfindenden UN-Klimakonferenzen (Conference of the Parties).

Die Klimabank (Climate Bank) repräsentiert die ökonomische Säule der OCE und soll die Etablierung eines globalen Emissionshandels koordinieren. Ihr ist die Agentur für Emissionen (Emission Agency) zugeordnet, die die nationalen Emissionsbudgets kontrolliert.

Die finanzielle Säule bildet das Klima-Funding (Climate Funding). Darunter gliedern sich die vier Finanzierungsmechanismen Forest Fund, Technolgy Fund, Natural Desaster Fund und Fund for Preventive Measures. Bereits bestehende Fonds sollen in die Organisation integriert werden.

Vereint unter dem Dach der OCE werden Strukturen der Klimapolitik zusammengeführt, um auf die Herausforderungen des Klimawandels zu reagieren und Verpflichtungen gegenüber heutigen und künftigen Generationen nachzukommen. Mit der Ratifizierung eines Weltklimavertrages sollte die oben dargestellte Struktur ins Leben gerufen werden. Auch sind weitere Unterorganisationen nicht ausgeschlossen, sondern sogar notwendig, zum Beispiel um CO_2-Emissionen im internationale Flug- und Schiffsverkehr zu regeln.

Die Größe der OCE rechtfertigt sich durch das weitverzweigte Aufgabenspektrum. Durch die vielen Unterorganisationen bleibt die Verteilung der Zuständigkeit nach außen hin transparent. Ansprechpartner lassen sich so leichter finden und auch nach innen wird die Überschneidung von Kompetenzen und Ressourcen vermieden. Darüber hinaus werden bereits bestehende Organisationsformen in die Struktur der OCE integriert.

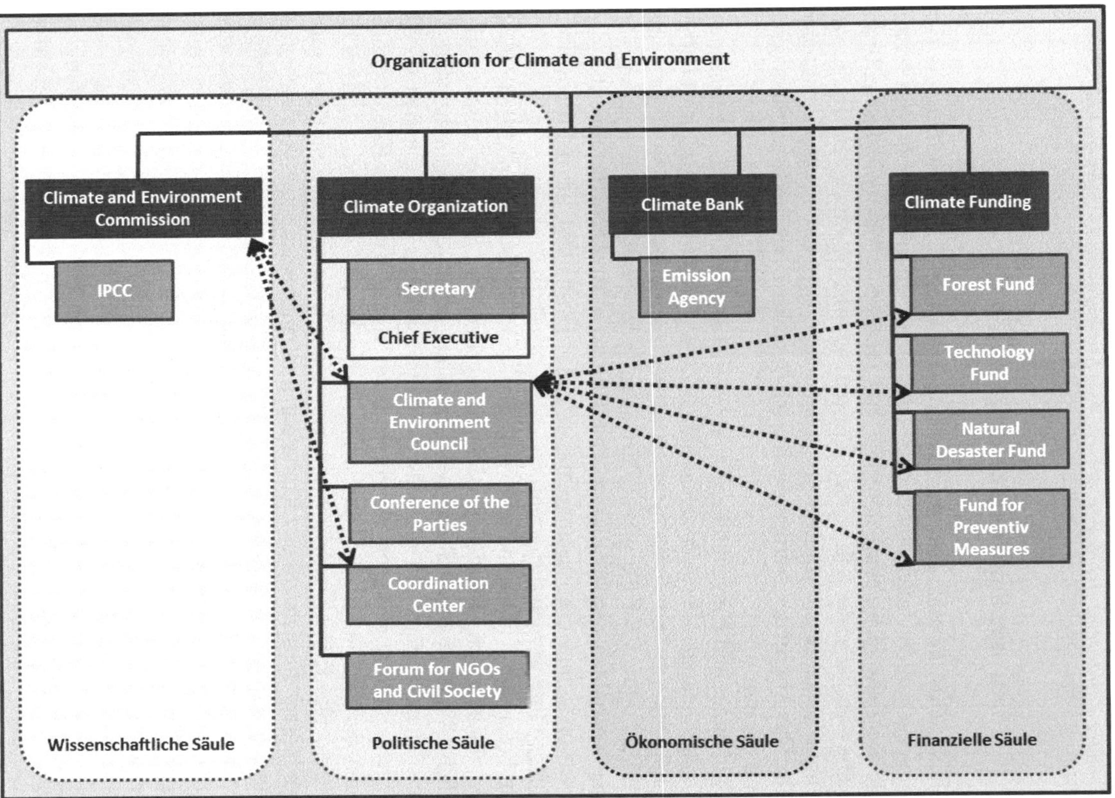

Abb. 11 Die Organisationsstruktur der OCE

10.3.3 Die Unterorganisationen der OCE – Funktion und Querverbindungen

10.3.3.1 Climate and Environment Comission

Die Klima- und Umweltkommission ist eine unabhängige Organisation, die sich aus Wissenschaftlern unterschiedlicher Disziplinen zusammensetzt. Sie garantiert die fachliche Kompetenz der OCE und repräsentiert die wissenschaftliche Säule. Die Mitglieder der Klima- und Umweltkommission werden zur Hälfte von den Mitgliedsstaaten, zur Hälfte von Universitäten und Forschungseinrichtungen gewählt. Die Mitglieder werden auch nach Aspekten wie der geographischen Herkunft ernannt.

Die Klima- und Umweltkommission arbeitet eng mit dem IPCC zusammen, der in seiner heutigen Form bestehen bleibt. Zu seinen Aufgaben zählt weiterhin die Dokumentation und Zusammenfassung der internationalen Klimaforschung. Neue Erkenntnisse über die globale Erwärmung sollen wie bisher in Form von Sachstandsberichten regelmäßig veröffentlicht werden. Auch die Einteilung in Arbeitsgruppen und die Zusammenfassung der Ergebnisse für politische Entscheidungsträger werden fortgeführt.

Im Fokus der Klima- und Umweltkommission stehen klimapolitische Maßnahmen, die über den Emissionshandel hinausgehen. Ihre Funktion besteht darin, zusätzliche Vermeidungsoptionen auszuloten und *adaptation* gegenüber *mitigation* zu stärken. Ergänzend zur zweiten Arbeitsgruppe des IPCC sammelt sie die weltweiten Forschungsergebnisse über die sozialen Folgen des Klimawandels und kann darüber hinaus auch selbst Forschungsinvestitionen beim Umweltrat beantragen. Die Klima- und Umweltkommission kann interdisziplinäre Untergruppen bilden, die sich mit den Klimafolgen in einer bestimmten Region befassen und Vorschläge zur Erhöhung der Anpassungsfähigkeit der dort lebenden Menschen erarbeiten. Sie ist für die Entwicklung von Maßnahmenkatalogen zuständig, auf deren Grundlage der Umweltrat über die Verteilung der Hilfsfonds aus Climate Funding entscheidet. Sie wird damit zum Bindeglied zwischen globaler Klimapolitik und regionalen Klimaschutzmaßnahmen. Sie untersucht weltweit Projekte auf ihre Wirksamkeit und fördert die Durchführung von Maßnahmen, die sich als besonders effizient bewiesen haben. Nicht zuletzt fungiert sie auch als Sprachrohr der Wissenschaft und kann beispielsweise vor Dürren oder vor Wasserknappheit warnen. Die Arbeit der Klima- und Umweltkommission konzentriert sich auf die Eingrenzung des Risikos von Menschenrechtsverletzung künftiger Generationen und den Abbau armutsbedingter Vulnerabilität. Aus diesem Grund ist eine enge Koordination und Kooperation mit anderen UN-Akteuren notwendig. Die Mitglieder der Kommission sitzen deshalb auch in der

Koordinationsstelle der OCE, um einen schnellen Austausch von Ergebnissen zu gewährleisten.

10.3.3.2 Climate Organization

Die Klimaorganisation bildet den organisatorischen Kern der OCE und repräsentiert die politische Säule. Sie ist in fünf Unterorganisationen aufgeteilt:

Das Sekretariat (Secretary) ist ein Verwaltungsorgan und wird vom Generaldirektor (Chief Director) geleitet. Es ist u.a. zuständig für Finanzen, allgemeine Angelegenheiten und Informationen sowie die Organisation von Konferenzen und Tagungen. Des Weiteren repräsentiert es die OCE nach außen und unterhält zu diesem Zweck die Pressestelle der Sonderorganisation.

Das Sekretariat organisiert die jährlich stattfindende Versammlung der Mitgliedsstaaten, die in der heutigen Form der Conference of the Parties (COP) fortgesetzt wird. Die COP steht für eine institutionalisierte Form der zwischenstaatlichen Zusammenarbeit, dient der politischen Konsolidierung und stärkt das Thema Klimawandel nachhaltig auf der internationalen Agenda.

Auf den Konferenzen informiert der Klima- und Umweltrat die Mitglieder über Erfolge und Rückschläge der OCE sowie der internationalen Klimapolitik. Umgekehrt können die Mitglieder der Konferenz den Klima- und Umweltrat beauftragen, ergänzende Klimaabkommen oder Klimaschutzgesetze vorzubereiten. Die Mitglieder der COP stimmen darüber nicht nach dem gängigen *one state – one vote*-Prinzip ab. Stattdessen soll das Stimmgewicht der Staaten proportional zur Bevölkerung festgelegt werden, wobei vermieden werden muss, dass kleine Staaten ein zu geringes Stimmgewicht erhalten. Als Vorbild für die Stimmenstaffelung könnte das von Pogge entworfene Wurzelprinzip dienen, nachdem die Bevölkerung eines Staates in Millionen gemessen würde, um aus dieser Zahl die Quadratwurzel zu ziehen. Demnach würden die Niederlande 4, Deutschland 9, USA 16 und China 33 Stimmen erhalten. Staaten mit weniger als einer Million Einwohnern sollten bereits ab 250.000 Einwohner eine Stimme erhalten (Vgl. Pogge in Höffe 1999, S. 312-13). Des Weiteren sollte in den Abstimmungen vom Konsensprinzip Abstand genommen werden. Abkommen sollten durch Mehrheitsentscheide zustande kommen, um die Entscheidungsfähigkeit des Gremiums zu stärken. Die Beschlüsse werden den Mitgliedsstaaten zur Unterzeichnung vorgelegt (vgl. Schroeder 2005, S.292). Des Weiteren stimmt die COP über strukturelle Fragen ab und könnte beispielsweise eine Ausweitung der OCE auf andere umweltrelevante Themengebiete wie den Schutz der Meere beschließen.

Auf der Conference of the Parties werden alle sechs Jahre die Mitglieder des Klima- und Umweltrates (Climate and Environment Council) gewählt. Um die Unabhängigkeit des Gremiums zu gewährleisten ist eine Wiederwahl nicht möglich.

Der Rat soll die partikularen Interessen der Mitgliedstaaten ausgleichen und zu einem unabhängigen Entscheidungsgremium der OCE werden. Aus seiner Stellung geht eindeutig hervor, dass er nicht nur koordinierende Funktionen wahrnehmen soll, sondern wesentlich an der Rechtsentwicklung beteiligt ist. Der Rat ist dazu befähigt, den Mitgliedsstaaten aus eigener Initiative internationale Klimaschutzgesetze vorzuschlagen und auszuarbeiten. Zum Beispiel könnte er die verbindliche Einführung von Rußfiltern für Autos fordern. Er ist mit wesentlichen Kompetenzen hinsichtlich der Ausgestaltung von Klimaschutzmaßnahmen betraut und kann in Absprache mit der Klima- und Umweltkommission lokale, regionale und internationale Klimaschutzmaßnahmen veranlassen, wofür er die Hoheit über die Verteilung der Mittel aus den Fonds erhält. Alle Verpflichtungen die über die Reduzierung der nationalen Treibhausgasbudgets hinausgehen, sind vom Rat zu definieren und in ihrem Umfang festzulegen. So soll vermieden werden, dass Klimapolitik zu einem Abbild nationaler Interessen verkümmert und auf den kleinsten gemeinsamen Nenner reduziert wird.

Der Rat fungiert auch als Kommunikationsknoten der OCE und fördert Austausch und Zusammenarbeit der Unterorganisationen. Außerdem vergibt der Rat jährlich den internationalen Gaia-Preis[107], mit dem besonderes Engagement zum Schutz der Menschen vor den Folgen des Klimawandels gewürdigt werden soll.

Für eine verbesserte Zusammenarbeit der OCE mit anderen UN-Akteuren wird eine der Klimaorganisation untergeordnete Koordinationsstelle (Coordination Center) installiert. Sie ist der Interdisziplinarität des Forschungsfeldes Klimawandel geschuldet und soll zur Verknüpfung der politischen Handlungsfelder Entwicklung, Armut und Umwelt beitragen. Ziel ist es, den institutionellen Austausch zu fördern, um Klimapolitik effizient und vieldimensional zu gestalten.

Das Forum für Nichtregierungsorganisationen und Zivilgesellschaft (Forum for NGOs and Civil Society) soll die Zusammenarbeit zwischen politischen Entscheidungsträgern und zivilgesellschaftlichen Akteuren verbessern. Die Mitglieder des Forums werden von den NGOs ernannt und erhalten dauerhaft ein Büro im Gebäude der OCE. Sie dürfen als beratende Mitglieder an Sitzungen des Klima- und Umweltrates teilnehmen und in den jährlichen Berichten der Klima- und Umweltkommission Stellung zur internationalen Klimapolitik beziehen. Das

107 Benannt nach der Göttin der Erde in der griechischen Mythologie (Andreas Eschbach hat in seinen Roman „Eine Billion Dollar“ die Vergabe des Gaia-Preises vorgeschlagen, mit dem besonderes Umweltengagement ausgezeichnet werden sollte).

Forum nimmt eine Kontrollfunktion gegenüber der OCE ein, macht auf Problemstellungen, die von der OCE nicht oder zu wenig erfasst wurden, aufmerksam und verfügt über die Möglichkeit, neue Ideen oder Ansätze im Klimaschutz auf unbürokratischem Weg innerhalb der OCE zu kommunizieren. Das Forum dient der Überwachung von klimapolitischen Standards und soll dazu beitragen, Verstöße gegen die Verordnungen der OCE aufzudecken. Langfristig ist durch das Forum eine Sensibilisierung der Weltöffentlichkeit zu erwarten.

10.3.3.3 Climate Bank

Die Schaffung einer Weltklimabank ist keine neue Idee, sondern Voraussetzung für einen globalen Emissionshandel. Sie wird von Forschern beispielsweise des Potsdam-Instituts für Klimafolgenforschung (PIK 2010, S. 17-18), des Wissenschaftlichen Beirats der Bundesregierung Globale Umweltveränderungen (WBGU 2009a, S. 35-36; WBGU) oder vom Leiter des Deutschen Instituts für Entwicklungspolitik Dirk Messner[108] vorgeschlagen. Die Klimabank innerhalb des OCE-Systems wird sich von den diskutierten Vorschlägen unterscheiden, da ihre Funktion auf den Emissionshandel begrenzt bleibt und sie durch die Arbeit einer Agentur für Emissionen unterstützt wird.

Die Emission Agency ist der Klimabank untergeordnet. Ihre Aufgabe besteht in der Dokumentation nationaler Treibhausgasemissionen mittels Monitoring. Die Nationalstaaten haben die Pflicht, die Agentur für Emissionen über das Ausmaß ihrer CO_2-eq-Emissionen zu unterrichten. Die Ergebnisse werden von der Agentur kontrolliert und an die Klimabank weitergeleitet. Durch die Einführung einer Agentur für Emissionen werden bereits bestehende Strukturen miteinander verschmolzen: Innerhalb des Rahmenübereinkommens der Vereinten Nationen über Klimaänderungen (United Nations Framework Convention on Climate Change, kurz UNFCCC)[109], haben sich die Vertragspartner zur Veröffentlichung ihres nationalen Emissionsumfangs verpflichtet[110]. Die Task Force on National Greenhouse Gas Inventories (kurz TFI) des IPCC ist bislang dafür zuständig, Methoden zur Berechnung der ausgestoßenen Treibhausgasemissionen festzulegen und die entsprechende Software bereitzustellen. Zukünftig wird die Agentur für Emissionen die Prinzipien und Durchführungsbedingungen (guidelines for reporting) für die Dokumentation nationaler CO_2-eq -Emissionen festlegen, so dass die Staaten ihrer Nachweispflicht einheitlich nachkommen

108 Deutschlandradio. URL: http://www.dradio.de/dkultur/sendungen/interview/1089443/

109 Weitere Funktionen des UNFCCC würden auf andere Unterorganisationen übertragen werden.

110 UNFCCC. URL: http://unfccc.int/national_reports/items/1408.php

können (vgl. PIK 2010, S. 17). Bei Beratungsbedarf können die Staaten auch auf die Unterstützung einer der Agentur für Emissionen zugehörigen Expertengruppe zurückgreifen. Die Agentur übernimmt ferner die Aufgabe des IPCC-National Greenhouse Gas Inventories Programme[111] und unterhält eine Datenbank über die jährlich ausgestoßenen Treibhausgasemissionen aller Mitgliedsstaaten. Die gesammelten Daten sollen jährlich in einem Emissionsbericht veröffentlicht werden.

Ziel und Zweck der Klimabank ist die Einhaltung des 2°C-Klimaziels durch die Überwachung und Regulierung des globalen Treibhausgasausstoßes. Sie soll die Einführung des globalen Emissionshandels leiten und Regelungen dafür festlegen.

Eine sofortige Verteilung aller Emissionsrechte würde einem nicht-regulierten Klimazertifikatsmarkt entsprechen und die Gefahr einer verzerrten Preisentwicklung mit sich bringen. Die Zertifikatspreise könnten hohen Schwankungen unterliegen und einen Ausgleich zwischen Angebot und Nachfrage erschweren. Des Weiteren bestünde ein Anreiz zur Hortung von Zertifikaten, die einer künstlichen Verknappung des Rohstoffes Atmosphäre gleichkäme. Um „wirtschaftliche Turbulenzen“ (PIK 2010, S. 14) und extrem hohe Transferzahlungen der Industriestaaten an emissionsarme Staaten zu vermeiden, sollte ein zwischenstaatlicher Transfermarkt eingerichtet werden. Demnach würde es je einen teilregulierten Zertifikatsmarkt für die anbietenden (Entwicklungsländer) und die nachfragenden (Industrieländer, später auch Schwellenländer) Marktteilnehmer geben. Der Austausch erfolgte über die Klimabank, deren Aufgaben darin bestünden, eine Unterschreitung des Preises für Treibhausgase unter eine bestimmte Schwelle zu verhindern, mit dem Mittel der Marktregulierung extremen Preis- und Mengenschwankungen vorzubeugen und die Entwicklungsländer zur Bereitstellung von Zertifikaten zur Vermeidung von Marktengen zu verpflichten (PIK 2010, p. 14-15).

Die Klimabank muss die nationalen Emissionen immer mit Blick auf das 2°C-Klimaziel und das globale Emissionsbudget überprüfen. Sie ist auch für die Anrechnung von Zertifikatgutschriften aus CDM- oder JI-Projekten zuständig (vgl. WBGU 2009a, S. 36). Projektanträge müssen von ihr kontrolliert und genehmigt und die Transfers überwacht werden. Hier ist insbesondere darauf zu achten, dass die bürokratischen Anforderungen für Projektgenehmigungen gering gehalten werden, bzw. auch hier Berater zur Verfügung stehen, die kleinen Unternehmen oder armen Staaten Hilfestellungen geben (vgl. Kap. 10.1).

111 Deutsche IPCC Koordinierungsstelle. URL: http://www.de-ipcc.de/_media/KurzInfo_IPCC-Organisation.pdf

Die Klimabank ist zudem zur Vergabe von Krediten berechtigt. Arme und unterwickelte Staaten können finanzielle Unterstützung bei der Einführung klimafreundlicher Technologien oder Investitionen in eine klimaschonende Infrastruktur beantragen (vgl. WBGU 2009a, S. 36). Um den Energiezugang der in Armut lebenden Menschen zu erleichtern, verfügt die Klimabank über die Möglichkeit, sogenannte Mikrokredite zu vergeben und die Entwicklung in armen Staaten direkt zu fördern.

Nicht zuletzt übernimmt die Klimabank eine wichtige Beratungsfunktion. Nach den Berechnungen des WBGU sollte der Umfang der jährlich ausgestoßenen CO_2-Emissionen noch vor 2020 seinen Höhepunkt erreichen. Bis 2050 muss der Umfang globaler Emissionen erheblich reduziert werden, wofür umfassende Dekarbonisierungsleistungen[112] zu erbringen sind. Dafür sind auf nationaler Ebene langfristige Planungen notwendig. Der WBGU schlägt vor, dass nationale „Dekarbonisierungsfahrpläne [...] von einer internationalen, unabhängigen und zentralen Institution regelmäßig auf Plausibilität und Umsetzbarkeit geprüft werden [müssten]“ (WBGU 2009a, S. 35). Die „Klimainsolvenz“ (ebd.) einzelner Staaten müsse verhindert werden, weshalb in Abstimmung mit der Klimabank nationale Meilensteine gesetzte werden sollten. Entgegen dem Vorschlag des WBGU soll die Klimabank der OCE nur beratende Dienstleistungen anbieten. Verbindliche Vorschriften, nach denen die Staaten die Umstellung ihrer Energiewirtschaft betreiben oder Vermeidungsoptionen nutzen sollten, sind nicht im Sinn einer funktionalen Klimabank, sondern stellten eine Einmischung in die inneren Angelegenheiten eines Staates dar. Internationale Klimapolitik kann und muss das 2°C-Klimaziel vorgeben – die Entscheidung, auf welchen Weg die Staaten dieses Ziel erreichen, muss diesen selbst überlassen bleiben. Davon abgesehen wird kein Staat einen Klimavertrag unterzeichnen, der ihm die Kontrolle über das eigene Wirtschaftssystem entzieht. Dagegen wird das Angebot von Beratungsleistungen seitens der Klimabank auf eine hohe Nachfrage stoßen. Die Klimabank könnte von Staaten individuell beauftragt werden, in gemeinsamer Arbeit nationale Dekarbonisierungsfahrpläne zu entwerfen oder bereits entwickelte Konzepte auf ihre Umsetzbarkeit zu überprüfen.

Zwei weitere Vorschläge von WBGU und PIK sind hinsichtlich einer Weltklimabank zurückzuweisen. Wie das PIK formuliert, sollte eine Weltklimabank die Einnahmen aus dem Handel mit CO_2-eq-Zertifikaten „auf die Treuhandkonten der Entwicklungsländer [transferieren] und [...] diese Beträge bei bzw. nach Durchführung der klimafreundlichen Entwicklungsmaßnahmen an diese Staaten weiter[leiten]“ (PIK 2010, S.18). Nach diesem Vorschlag könnten die Entwick-

112 Unter Dekarbonisierung versteht man die Umstellung der Energiesysteme durch die Reduzierung von CO2-Emissionen (Wechsel zu regenerative Energien, verbesserte Energieeffizienz, vgl. Kap. 8.3.3.2)

lungsstaaten nicht frei über die Einnahmen aus dem Emissionshandel verfügen, sondern diese würden nur dann ausgezahlt werden, wenn sie das Geld in kurz- oder langfristige Maßnahmen zur Emissionsreduktion investierten. Aus gerechtigkeitsethischen Gründen ist eine Zweckbindung der Gewinne zu verwerfen. Die Industriestaaten haben die Ressource Atmosphäre jahrzehntelang kostenlos genutzt, ohne dass die Gewinne mit irgendwelchen Verpflichtungen einhergegangen wären. In einem globalen System von Cap and Trade können die emissionsarmen Staaten ihren Anteil an der Atmosphäre künftig an die Industriestaaten verkaufen, wodurch letztere auch profitieren, da sie ihren Emissionsausstoß nicht nach wenigen Jahren einstellen müssen. Und im Gegenzug soll der Profit armer Staaten an Auflagen geknüpft werden? Damit würde man ihnen faktisch das Recht auf einen gerechten Anteil an der Atmosphäre entziehen.

Es gibt jedoch einen Ausnahmefall, nachdem die Klimabank das Guthaben aus dem Emissionshandel auf einen Treuhandkonto eingefrieren dürfte: Nämlich dann, wenn die Regierung eines Staates das Geld zur Finanzierung massiver Menschenrechtsverletzungen einsetzen würde. Ein gerechter Klimavertrag darf als Nebenprodukt keinen Völkermord hervorbringen oder unterstützen. Die Transferzahlungen sollten folglich gestoppt werden. Oder alle anderen Staaten würden indirekt einen Beitrag zu massivem Unrecht leisten. Dies kann einerseits mit Pogges Beispiel staatlicher Ressourcenprivilegien, andererseits durch die Hierarchie von Verpflichtungsgraden verdeutlicht werden. Die Entscheidung über einen Ausnahmefall könnte die Klimabank natürlich nicht alleine treffen, sondern bedürfte der Anweisung des Klima- und Umweltrates.

Absurd ist auch der zweite Vorschlag von WBGU und PIK, nachdem die Weltklimabank über die Fähigkeit verfügen sollte, Sanktionen bei der Überschreitung nationaler Emissionsbudgets auszusprechen (PIK 2010, S. 18; WBGU 2009a, S. 36). Welche Sanktionen sind hier gemeint? Strafzahlungen? Wer soll die Sanktionen bestimmen und wer ist für die Durchsetzung der Sanktionen verantwortlich? Die internationale Klimapolitik kommt nicht ohne funktionierende Strafmechanismen aus. Aber dafür ist die Klimabank völlig ungeeignet. Sie verfügt über keine politischen (oder militärischen) Druckmittel. Wenn ein Staat sich entschließen sollte aus dem Weltklimavertrag auszusteigen, wie kürzlich Kanada aus dem Kyoto-Protokoll, dann wird dieser Staat auch keine von der Klimabank verordneten Strafzahlungen oder ähnliche Maßnahmen akzeptieren. Für das gegenseitige Vertrauen der globalen Gemeinschaft und zur Realisierung und Durchsetzung eines Weltklimavertrages und den Regelungen eines globalen Emissionshandels muss ein internationaler Umweltgerichtshof geschaffen werden, der hohe Autorität und Legitimation genießt und auf die Unterstützung der Staaten bei der Umsetzung seiner Urteile zählen kann. Die Funktion der

Klimabank beschränkt sich lediglich auf die Überwachung nationaler und globaler Emissionsbudgets.

10.3.3.4 Climate Funding

Climate Funding steht für die finanzielle Säule im OCE-System. Die Organisation ist für die Verwaltung der Fonds zuständig, die der OCE zugeordnet sind. Aus dem Profitieren von Unrecht wurde bereits für die Gründung eines Fonds zum Erhalt des Regenwaldes (Forest Fund) sowie für einen weiterer Fonds zur Verbreitung emissionsarmer Technologien und zum Ausbau des Energiezugangs für in Armut lebende Menschen argumentiert (Technology Fund). Des Weiteren erfolgt aus dem direkten Beitrag der Industriestaaten zum Unrecht (Treibhausgasausstoß seit 1990) eine zweifache Verpflichtung: In den Entwicklungsstaaten sind erstens vorbeugende Strategien zu entwickeln und umzusetzen, um die Anpassungsfähigkeit der Menschen, speziell der armen Bevölkerungen an die veränderten Lebensbedingungen zu erhöhen, bzw. deren Vulnerabilität zu senken (Fund for Preventive Measures). Zweitens sollte ein Fonds eingerichtet werden, der als Reaktion auf Naturkatastrophen schnelle Hilfe für die Betroffenen gewährleisten kann (Natural Desaster Fund).

Climate Funding setzt sich folglich aus vier Unterorganisationen zusammen, die für die Verteilung der finanziellen Mittel verantwortlich sind. Jede Unterorganisation sollte zudem überprüfen, ob die vergebenen Mittel zweckgerecht eingesetzt werden und die Ergebnisse an den Mitarbeiterstab von Climate Funding übermitteln, der dann den Umweltrat (Environment Council) unterrichtet. Jeder Fonds sollte individuell mit einem jährlichen Budget ausgestattet werden, das vorwiegend die Industrie- und Schwellenländer finanzieren sollten. Darüber hinaus sind aber auch private Spenden zulässig. Weitere Einnahmen könnten im Rahmen des Emissionshandels generiert werden, indem zum Beispiel 1 % auf den Preis der Zertifikate aufgeschlagen wird, um die Erträge in die Fonds des Climate Funding einfließen zu lassen. Zusätzlich sollten Abgaben auf den Flug- und Schiffsverkehr, zum Beispiel in Form einer Pauschale auf Flugtickets, erhoben werden (vgl. WBGU 2009a, S. 38). Denn der Flug- und Schiffsverkehr trägt erheblich zum globalen Treibhausgasausstoß bei, ohne einem einzelnen Staat zugeordnet werden zu können.

Die Unterorganisationen von Climate Funding sind mit anderen Organisationen der OCE eng vernetzt. Über die Verteilung der Mittel bestimmt der Umweltrat. Die Klima- und Umweltkommission trägt mit ihrer wissenschaftlichen Expertise zur Qualität und zum Erfolg finanzierter Projekte bei. Die Koordinationsstelle ermöglicht Austausch und Zusammenarbeit mit bestehenden UN-Organisationen.

10.3.3.4.1 Natural Desaster Fund

Wetteranomalien sind komplexe Klimaeffekte, die sich nicht direkt auf den Anstieg der Treibhausgase in der Atmosphäre zurückführen lassen (vgl. Kap. 3.3). Der anthropogene Klimawandel kann nicht als einzige Ursache für Wetteranomalien identifiziert werden, da diese Phänomene bereits vor der Industrialisierung existierten. Jedoch lässt sich ein Zusammenhang zwischen den ansteigenden Temperaturen und der Intensivierung und Häufung von Naturkatastrophen nachweisen. Mit dem fortschreitenden Klimawandel ist mit einer Zunahme von Extremwetterereignissen wie Sturmfluten, Orkanen, Taifunen, Hurrikans, Starkregen, Hitzewellen, Dürren und Extremwintern sowie, als unmittelbare Folge davon, mit Überschwemmungen und Hochwasser zu rechnen.

Da sich der anthropogen verursachte Anteil an Naturkatastrophen nicht herausfiltern lässt, soll der Natural Desaster Fund schnelle Hilfe bei allen humanitären Notlagen leisten, deren Ursache klimatisch bedingt ist. Nicht darunter fallen (Natur-) Katastrophen, wie z.B. Erdbeben, Vulkanausbrüche oder Tsunamis.

Humanitäre Notlagen erfordern schnelle Hilfsmaßnahmen, um das menschliche Elend zu verringern. Innerhalb der Vereinten Nationen wurde das Amt für die Koordinierung humanitärer Angelegenheiten (Office for the Coordination of Humanitarian Affairs, kurz: OCHA) eingerichtet, um die Zusammenarbeit der verschiedenen UN-Organisationen zu steuern sowie effektiv und kohärent auf Notsituationen reagieren zu können. Auch mit nationalen und internationalen Akteuren, die nicht dem UN-System angehören, werden Kooperationen angestrebt[113]. Dem OCHA untergeordnet ist der Zentrale Fond für die Reaktion auf Notsituationen (Central Emergency Response Fund, kurz: CERF), der bei Naturkatastrophen Geldbeiträge an entsprechende Institutionen und Organisationen weiterleitet. Da das OCHA sich zu einem großen Teil aus freiwilligen Spenden finanziert, dient der CERF zur Überbrückung der Zeitspanne zwischen dem Eintreten einer Katastrophe und dem Eingang von Spenden. UN-Organisationen können beim CERF zinslose Darlehen aufnehmen, um schnelle Hilfe in Notsituationen zu gewährleisten[114].

Die Spenden für OCHA und CERF sind freiwilliger Natur und fallen in den Bereich der Armuts- und Entwicklungspolitik. Aus moralischer Sicht ist es gebo-

113 DGVN. URL: http://www.dgvn.de/767.html; UNOCHA. URL: http://www.unocha.org/what-we-do/coordination/overview

114 DGVN. URL: http://www.dgvn.de/767.html

ten, den Opfern von Naturkatastrophen zu helfen, sobald man über die Fähigkeit zu helfen verfügt. Hinsichtlich klimatisch bedingter Naturkatastrophen unterliegen speziell die Industriestaaten einer korrektiven Verpflichtung, die aus ihrem direkten Beitrag zum Unrecht resultiert. Sie sollten folglich dafür sorgen, dass der Natural Desaster Fund mit einem soliden Grundbudget für Soforthilfemaßnahmen ausgestattet ist.

Mit Blick auf die bestehenden Strukturen sollen in dem Natural Desaster Fund alle klimarelevanten Bereiche des OCHA und CERF integriert werden. Gleichzeitig wird aber eine enge Kooperation zwischen den alten und neuen UN-Akteuren über die Koordinationsstelle angestrebt. Das Geld des Hilfsfonds könnte bei akuten Notsituationen und in Absprache mit der UN-Nothilfekoordinatorin (derzeit Valerie Amos) an betroffene Staaten oder Hilfsorganisationen verteilt werden.

10.3.3.4.2 Forest Fund

Den Bestand der Regenwälder zu schützen ist das vorrangige Ziel von Forest Fund. Hierzu soll ein finanzieller Ausgleich zwischen Industriestaaten mit geringem Waldbestand und Entwicklungs- und Schwellenländer mit tropischen Wäldern stattfinden. Zahlungen aus dem Fonds sollen die waldreichen Staaten dafür kompensieren, dass sie auf den potentiellen Gewinn aus Plantagenanbau oder dem Verkauf von Tropenholz verzichten. Sie sollten aber auch den Wert der Wälder als Kohlenstoffdioxidspeicher wiederspiegeln. Die Unterorganisation arbeitet auf Anweisung des Klima- und Umweltrates. Dieser entwickelt in Zusammenarbeit mit der Klima- und Umweltkommission Kriterien, die den finanziellen Wert eines Waldes bestimmbar machen. Der Rat schließt Verträge mit den waldreichen Staaten, in denen die Auszahlungsmodi im Rahmen des Forest Fund festgelegt werden.

Staaten mit großen Flächen Tropenwald verpflichten sich im Gegenzug zum Schutz der Wälder vor illegalen Rodungen. Die Erstattung der Kosten können sie ebenfalls beim Forest Fund beantragen. Dieser ist außerdem dafür verantwortlich, die globalen Waldbestände zu kontrollieren und einen Bericht über deren Bestand für den Klima- und Umweltrat zu verfassen.

Des Weiteren sind aus dem Fonds Maßnahmen zu finanzieren, die auf den Schutz indigener Bevölkerungen abzielen. Auch hier wird eng mit den Wissenschaftlern der Klima- und Umweltkommission zusammengearbeitet. Diese sollten in Kooperation mit anderen UN-Organisationen (über die Koordinationsstelle) gefährdete Gruppen ausfindig machen und mit Genehmigung des Klima- und

Umweltrates Entwicklungsprojekte initiieren, deren Finanzierung vom Forest Fund getragen wird.

10.3.3.4.3 Technology Fund

Der Technology Fund soll mit Hilfe von Investitionen die Bilanz der *energy-intensity* und *carbon-intensity* weltweit verbessern.

Bei der Klimabank können Staaten Kredite für die Umstellung ihrer Energiesysteme beantragen, um die Reduzierung von Treibhausgasemissionen und den Ausbau regenerativer Energien zu beschleunigen. Der Technology Fund soll verhindern, dass sich arme Staaten mit hohen Emissionen durch Kredite weiter verschulden und die Einführung des globalen Emissionshandels die Situation von in Armut lebenden Menschen weiter verschlechtert. Darum sollen *mitigation*-Maßnahmen in armen Staaten finanziell unterstützt werden.

Des Weiteren dient der Technology Fund zur Förderung bezahlbarer Energie. Mit einem Budget von $48 Milliarden sollten bis 2030 auch die ärmsten Menschen Zugang zu Energie erhalten. Damit trägt der Technology Fund erheblich zur Entwicklung armer Regionen bei.

Auf globaler Ebene soll zudem die Gründung von Forschungsverbänden gefördert werden, um die Entwicklung emissionsarmer und energiesparender Technologien voranzutreiben (vgl. WBGU 2009a, S. 46). Der Transfer neuer Technologien in sich entwickelnde Staaten würde dort die *energy-intensity* und *carbon-intensity* verbessern und dem Recht auf Entwicklung entgegenkommen. Darüber hinaus soll auch die Energiegewinnung aus erneuerbaren Energien sowie der Einsatz emissionsarmer Technologien erleichtert werden, indem zum Beispiel Beraterteams eingesetzt werden, um Staaten bei dem Umbau ihrer Energiesysteme zu unterstützen. Mit Hilfe des Fonds könnten außerdem neue Erfindungen honoriert werden, um sie dann kostenlos für alle Staaten zur Verfügung zu stellen.

10.3.3.4.4 Fund for Preventive Measures

Der Fund for Preventive Measures sollte innerhalb Climate Funding das größte Budget umfassen und präventive Maßnahmen in armen Staaten finanzieren. Denn von den Folgen des Klimawandels werden vor allem die armen Regionen der Erde betroffen sein. Investitionen aus dem Hilfsfonds sollen in fünf Arbeitsbereichen eingesetzt werden. Der Klimawandel verursacht einen Anstieg der Temperaturen und einen Rückgang der Niederschläge in Gebieten, die bereits heute von Trockenheit geprägt sind. Um die Versorgung mit Wasser und Nahrung weiterhin zu gewährleisten, sollen Investitionen in neue Produktionstechnik fließen. Beispielsweise sollen die einfachen und künstlichen Bewässerungssysteme verbessert und an der Entwicklung von widerstandsfähigerem Saatgut geforscht werden. Die in Armut lebenden Menschen müssen über die Folgen des Klimawandels durch Aufklärungskampagnen und hinsichtlich veränderter Anbauzeiten und –techniken informiert werden. Wasser und Nahrung bilden folglich zwei Bereiche des Hilfsfonds. Daneben soll in die Entwicklung und Verbreitung von Medikamenten investiert werden, da mit dem Klimawandel auch das Risiko von Krankheiten steigt. Ein vierter Bereich deckt die Bewahrung von Ökosystemen ab, indem zum Beispiel der Anbau von Mangroven und Korallenriffen erforscht und gefördert wird. Ein anderes Projekt könnte Aufforstungsmaßnahmen steigern, um gegen Erosionen und Desertifikation vorzugehen. Aus dem Fund for Preventive Measures sind außerdem Mittel für Umweltflüchtlinge bereitzustellen. Damit könnte die Situation in den Flüchtlingslagern verbessert und langfristige Lösungsstrategien gefunden werden.

In Kooperation mit anderen UN-Organisationen (über die Koordinationsstelle) erarbeitet die Klima- und Umweltkommission Vorschläge für die Finanzierung vorbeugender Maßnahmen in den fünf Arbeitsbereichen des Hilfsfonds. Der Klima- und Umweltrat trifft die Auswahl über vorgeschlagene Projekte und entscheidet, welche davon über den Fund for Preventive Measures finanziert werden sollen. Auswahlkriterien sind neben den zu erwartenden Ergebnissen auch die Existenz von Armut und das Risiko von Menschenrechtsverletzungen durch ausbleibende *mitigation*-Maßnahmen. Staaten können sich außerdem direkt beim Umweltrat bewerben und um finanzielle Unterstützung bei vorbeugenden Klimaschutzmaßnahmen bitten.

Im Rahmen des Fund for Preventive Measures gibt es außerdem die Möglichkeit für private oder staatliche Patenschaften. Interessenten können die Patenschaft für eine bestimmte Gruppe, Region oder ein Gebiet übernehmen und dort zusätzliche Projekte finanzieren.

In vorangegangenen Kapiteln wurden die vier Säulen der OCE in ihrer Funktion beschrieben. Struktur und Arbeitsteilung der Organization for Climate and Environment bilden eine Antwort auf die vielfältigen Herausforderungen des Klimawandels. Die OCE vermag das duale Konzept umzusetzen, ohne dass die normativen Gerechtigkeitsansprüche an den ungleichen Machtverhältnissen auf dem internationalem Paket scheitern. Doch ohne einen Globalen Umweltgerichtshof wird auch die OCE keine Gerechtigkeit garantieren können.

10.4 Der GEC: Global Environmental Court

Die OCE würde zu einem wichtigen und mächtigen Akteur auf dem internationalen Parkett und zum Zentrum internationaler Klimapolitik werden. An ihrer Seite sollte ein Globaler Umweltgerichtshof (Global Environmental Court, kurz GEC) etabliert werden. Erstens sollte die OCE selbst einer Kontrolle unterzogen werden. Zweitens bedarf es der Sanktionsfunktion des Gerichtes, damit die vom OCE verfolgte Politik umgesetzt wird. Denn wie bereits gezeigt wurde, bestehen gerade im Bereich des Klimaschutzes erhebliche Anreize zum Trittbrettfahren, die durch das Fehlen sanktionsfähiger Institutionen noch verstärkt werden. Um das gegenseitige Misstrauen zu begrenzen und Klimapolitik nicht länger der freiwilligen und kurzweiligen Zustimmung der Staaten auszusetzen, ist es notwendig, einen internationalen Gerichtshof zu installieren.

10.4.1 Juridische Rechte

Aus der normativen Relevanz des Klimawandels lassen sich vollkommene Rechte und Pflichten ableiten, die in einklagbare Rechte transformiert werden sollten. Dieser Schluss ist nicht zwingend, da vollkommene Rechte nicht per definitionem einklagbare Rechte sind. In einer kantischen Auslegung können vollkommene Pflichten mit einem inneren Selbstzwang (Tugendpflicht) oder äußerem Zwang (Rechtspflicht) verbunden sein. Sie sind entweder der Moralität oder der Legalität zuzuordnen (vgl. Gosepath 2009, S. 217-219).

Mit Hilfe der juridischen Rechte sollte ein Staat die Bedingungen für die Verwirklichung der Menschenrechte schaffen. Menschenrechte sind nach Pogge Ansprüche an Institutionen. Dieser Anspruch existiert nicht nur zwischen den Bürgern und dem zugehörigem Staat, sondern ist auf die internationale Gemeinschaft zu übertragen, weshalb Staaten oder zwischenstaatliche Organisationen generell keine Menschenrechtsverletzungen verursachen dürfen, unabhängig davon ob die gefährdeten Bürger Teil des Staates oder der Organisation sind.

Ausgehend von der weltweiten existentiellen Bedrohung zahlreicher Menschen durch den Klimawandel, ist die internationale Gemeinschaft dazu angehalten, das Risiko eines gefährlichen Klimawandels zu verhindern und mit präventiven und adaptiven Leistungen künftigen Menschenrechtsverletzungen vorzubeugen. Der einzelne Staat bleibt angesichts der globalen und zeitlichen Dimension des Klimawandels machtlos und kann nicht garantieren, dass die Rechte seiner Bürger unverletzt bleiben. Stattdessen sind alle Staaten auf eine internationale Kooperation angewiesen. Diese kann nur dann gelingen, wenn die im dualen Konzept aufgeführten Pflichtenträger bei Nichterfüllung ihrer vollkommenen

Pflichten durch einen internationalen Umweltgerichtshof bestraft werden. Allein durch den äußeren Zwang können Trittbrettfahrer sanktioniert und dadurch arme wie zukünftige Menschen vor den Folgen des Klimawandels geschützt werden.

Wenn aber korrektive Gerechtigkeitsansprüche die Verpflichtung der heutigen Generation zum Klimaschutz begründen und sich aus moralischen (das Recht auf Leben) und korrektiven (direkter Beitrag der industrialisierten Staaten zum Unrecht) Gründen das Recht gegenwärtiger und künftiger Generationen auf Klimaschutzmaßnahmen ableitet, dann muss es auch ein moralisches Recht darauf geben, dass eine gemeinsame Instanz zur Durchsetzung eben jener Pflichten und Rechte geschaffen wird[115]. Aus diesem Grund sind globale Rechtsnormen zu etablieren.

Daneben sprechen auch zweckrationale Gründe für eine rechtliche Instanz im Klimaschutz: Durch eine Transformation in positive Rechte wird die Teilnahme am internationalen Klimaschutz insgesamt fairer, da sie nach transparenten Regeln gestaltet wird. Mit der Installierung einer rechtssprechenden Institution wird zudem die Abstraktheit des theoretischen Konzepts *Indiko* während eines Prozesses der Interpretation und Konkretisierung aufgehoben. Die Pflichten gegenwärtiger Generationen müssen durch die OCE ausbuchstabiert und in ihrem Umfang genau bestimmt werden. Nur wenn Rechte und Pflichten genau definiert werden, kann nach einem Rechtsbruch auch eine Anklage erfolgen. Juridische Rechte sind gegenüber moralischen Rechten nicht zuletzt deshalb vorzuziehen, da ohne diesen Schritt es den Staaten überlassen bleibt, ob sie den von der OCE vorgegeben Verpflichtungsumfang anerkennen oder sich nach eigenen Kriterien richten. In strittigen Fällen muss es eine Instanz geben, die ein Urteil in einem ordentlichen Verfahren fällen kann, das von allen beteiligten Parteien anerkannt wird (vgl. Lohmann 1998, S. 90-91; vgl. Alexy 1998, S. 254-258).

10.4.2 Organisationsstruktur des GEC

Der internationale Umweltgerichtshof soll nach dem Vorbild des Internationalen Strafgerichtshofs (ICC) aufgebaut sein. Wie der ICC soll er aus den drei Hauptorganen Richterschaft, Anklagebehörde und Kanzlei bestehen.

Die Nominierung der Richter erfolgt durch den Klima- und Umweltrat. Die Richter sollten höchste Qualifikationen mitbringen und für Unparteilichkeit und Integrität stehen. Sie sollten sich dem Klimaschutz und dem Schutz der Men-

115 Die Begründung ist angelehnt an Alexys Ausführungen über die Notwenigkeit zur Transformation der Menschenrechte in positives Recht (Alexy 1998, S. 255).

schenrechte als oberste Ziele verpflichten und dies zum Beispiel durch einen Schwur auf eine Klimaschutz-Präambel bekunden. Zur Wahl der Richter berechtigt sind die Vertreter der Mitgliedsstaaten in der Conference of the Parties.

Die organisatorische Unabhängigkeit der Richter gewährleistet ein übergeordnetes Präsidium, in dessen Aufgabenbereich Verwaltungsaufgaben sowie die Koordination zwischen Richterschaft und Anklagebehörde fallen.

Das zweite Hauptorgan bildet die Anklagebehörde unter der Leitung eines Chefanklägers. Ihre Funktion besteht in der Einleitung von Ermittlungsverfahren und der Sammlung und Bereitstellung von belastendem und entlastendem Material. Die Anklagebehörde ist der Wahrheitsfindung verpflichtet und dementsprechend neutral.

Richterschaft und Anklagebehörde können Experten einladen, um die Entscheidungsfindung zu erleichtern oder Unterstützung bei der Durchführung von Ermittlungen zu erhalten. Beide Organisationen arbeiten eng mit der Klima- und Umweltkommission zusammen.

Ein drittes Hauptorgan besteht aus der Kanzlei, die neben allgemeinen Verwaltungsaufgaben die Verteidigung koordiniert und deren Einsicht in Akten und Beweismaterialien sicherstellt sowie dem Kanzler, der für die Personalverwaltung zuständig ist (vgl. Nitsche 2006, S. 136-140).

10.4.3 Die Funktionen des GEC

Die Organisation für Klima und Umwelt, der Klima- und Umweltrat sowie die Klima- und Umweltkommission verweisen in ihren Namen auf die strukturelle Vernetzung von umweltpolitischen und klimapolitischen Aufgaben. Der Globale Umweltgerichtshof soll sich mit Fragen des Umwelt- und Menschenrechtsschutz in der internationalen Klimapolitik befassen und die Einhaltung völkerrechtlich bindender Klimaabkommen überwachen. Sein Name soll erstens die grundsätzliche Möglichkeit zur Ausweitung seines Zuständigkeitsbereiches auf weitere globale Umweltbereiche signalisieren – ein Schritt, der als sinnvoll und wünschenswert erachtet wird[116]. Zweitens soll seine Funktion von vornherein nicht auf Fragestellungen beschränkt bleiben, die eng mit dem Klimawandel verknüpft

---

116 Als Reaktion auf die Tschernobyl-Katastrophe wurden bereits 1988 Rufe nach der Schaffung eines Internationalen Umweltgerichtshof laut, die auf eine Initiative von Umweltjuristen, Richtern und Umweltverbänden zurückzuführen waren. Zur Entwicklung des Umweltvölkerrechts und der Notwendigkeit eines Umweltgerichtshofes s. Albus 2000 und Rest 1998. Die Forderung nach einem internationalen Umweltgerichtshof wurde ebenso vom Europäischen Parlament erhoben (Entschließung vom 29.09.11 (vgl. Europäisches Parlament. URL: http://www.europarl.europa.eu/sides/getDoc.do?type=TA&reference=P7-TA-2011-0430&language=DE).

sind. Zwar entscheidet er auf Grundlage der im OCE beschlossenen Klimaabkommen, doch werden seine Entscheidungen wesentlich zur Durchsetzung der Menschenrechte beitragen. Völkerrechtssubjekt des Gerichtes sind nicht mehr nur Staaten, sondern die globale Weltgemeinschaft, weshalb ein globales (und nicht internationales) Gericht installiert wird (vgl. Kap. 10.5).

Der GEC fungiert in der internationalen Klimapolitik als ein Sanktions-, Kontroll-, und Konfliktlösungsorgan. Seine hohe Legitimation leitet sich aus seiner (politischen und finanziellen) Unabhängigkeit und Unparteilichkeit ab. Die internationalen Richter unterliegen keinem politischen Druck, sondern garantieren ein hohes Maß an Rechtssicherheit sowie Kontinuität und Einheitlichkeit in der Rechtsprechung. Im Kern befasst sich das Gericht mit folgenden Aufgaben:

Der GEC übernimmt eine Kontrollfunktion gegenüber der OCE. Staaten, die sich ungerecht behandelt fühlen oder berechtigte Zweifel an dem Umfang ihrer Verpflichtung im Bereich Prävention und Adaption hervorbringen, dürfen beim GEC Einspruch erheben. Diese Möglichkeit steht auch internationalen Organisationen offen, die damit auf eine drohende Verletzung der Menschenrechte durch die Politik der OCE aufmerksam machen können. Gerade die Verteilung der Gelder aus dem Climate Funding bedarf angesichts des finanziellen Umfangs und der Anzahl an Brandherden einer zusätzlichen Kontrolle. So können beispielsweise NGOs die Lage in den Flüchtlingslagern besser beobachten und, falls sie bei der OCE kein Gehör finden, beim GEC auf die dort herrschenden unmenschlichen Zustände aufmerksam machen. Das Gericht kann selbst entscheiden, welche Beschwerden es annimmt und weiterverfolgt. Auch hat es die Möglichkeit aus eigenem Anlass Ermittlungen gegenüber der OCE einzuleiten. Die Entscheidungen des GEC sind in jedem Fall rechtlich verbindlich.

Mit seiner Sanktionsfunktion unterstützt das Gericht die OCE bei der Durchsetzung und Umsetzung von Klimaschutzmaßnahmen. Die Mitgliedsstaaten verpflichten sich im Rahmen des Weltklimavertrages zur Einhaltung ihrer nationalen Emissionsbudgets. Sollten sie diese überschreiten, falsche Angaben über ihren jährlichen CO_2-eq-Ausstoß machen oder sich nicht an die von der Klimabank vorgegebenen Regelungen im Emissionshandel halten, kann das Gericht die Mitgliedstaaten dafür bestrafen. Die Verbindlichkeit des Weltklimavertrages steht außerdem einem Ausstieg aus dem Abkommen entgegen. Sonst könnten beispielsweise einzelne Staaten Emissionszertifikate an andere Marktteilnehmer verkaufen und sobald ihr Budget aufgebraucht ist, aus dem Vertrag aussteigen (vgl. den Ausstieg Kanadas aus dem Kyoto-Protokoll). Sollte sich jedoch ein Staat der dauerhaften Teilnahme am Emissionshandel verweigern, ist das Umweltgericht dazu berechtigt, politische oder wirtschaftliche Sanktionen von den Mitgliedsstaaten gegenüber der vertragsbrechenden Partei einzufordern.

Das Gericht kann auch aus Gründen der Veruntreuung und Zweckentfremdung von Geldern aus den Fonds des Climate Funding angerufen werden – wenn beispielsweise Regenwälder illegal und entgegen den vereinbarten Ausgleichszahlungen abgeholzt oder Aufträge zur Klimafolgenprävention nicht oder nur mangelhaft ausgeführt wurden. Folglich können Staaten, internationale Organisationen, Individuen und Privatunternehmen nicht nur Anklage beim Gericht stellen, sondern auch selbst angeklagt werden.

Der GEC ist nicht zuletzt ein Konfliktlösungsinstrument und trägt als solches zur internationalen Sicherheit und zur Erhaltung des Weltfriedens bei. In Streitfällen vermittelt er zwischen Staaten, aber auch zwischen Staaten und ihren eigenen Bürgern. So sollen Individuen oder Gruppen mit besonders hoher Vulnerabilität bei dem Gericht Einspruch erheben können, wenn ihnen die Mittel aus den Hilfsfonds nur teilweise weitergeleitet werden oder sie, wie im Fall von Bauern und Fischern, die besonders stark unter den Folgen des Klimawandels zu leiden haben, bei der Problembewältigung keine Unterstützung durch ihre Regierungen finden.

Als Konfliktlösungsorgan stärkt das Gericht den Individualrechtsschutz bei Konflikten zwischen Staaten und Bürgern fremder Staaten. Letztere haben gerade bei grenzübergreifenden Umweltverschmutzungen keine Chance, gegen den fremden Staaten auf nationaler Ebene zu klagen.

Der globale Umweltgerichtshof bildet außerdem eine Anlaufstelle für Klimaflüchtlinge, die Asyl in einem fremden Staat beantragen müssen. Das Recht auf Asyl sollte in jenen Fällen gewährleistet sein, in dem sich ein unmittelbarer Zusammenhang zwischen dem Klimawandel und der Existenzbedrohung der Asylantragssteller nachweisen lässt. Als Beispiel dienen hier die vom ansteigenden Meeresspiegel bedrohten Inseln wie Tuvalu. Deren Bewohner haben das Recht auf Asyl und können nicht mit der Begründung abgelehnt werden, dass sie zu jung, zu alt, zu krank oder arbeitsunfähig sind.

Bezüglich der Streitschlichtung zwischen Staaten hängen die friedensstiftenden Fähigkeiten des Gerichtes von der ihm zugestandenen Zuständigkeit ab. Der Klimawandel stellt für viele Staaten eine sicherheitspolitische Gefahr dar. So kann es beispielsweise in der Grenzregion zwischen China und Indien vermehrt zu Konflikten kommen, wenn weniger Gletscherwasser die versorgungswichtigen Flüsse speist. China könnte die im Himalaya entspringenden Flüsse umleiten, um seinen eigenen Bedarf zu decken, damit aber zugleich Indien von einer wichtigen Lebensquelle abschneiden[117]. Das Gericht könnte zu einer friedlichen Lösung beitragen. Allerdings müssten sich dafür beide Staaten mit der Zustän-

117 Vgl. Hein 2011; WiWo. URL: http://www.wiwo.de/technologie/umwelt/klimaschutz-geopolitik/5861100-10.html; ZDF. URL: http://machtfaktorerde.zdf.de/himalaya#schmelzende-vorraete

digkeit des Umweltgerichtshofs in Form eines Schiedsgerichtes einverstanden erklären, damit die nationalstaatlichen Souveränitätsrechte weiterhin gewahrt bleiben. Mit der institutionalisierten Form der Streitschlichtung ist von einer stabilisierenden Wirkung des Umweltgerichtshofes auszugehen.

Als Sanktions-, Kontroll-, und Konfliktlösungsorgan bildet der Globale Umweltgerichtshof einen unverzichtbaren Baustein internationaler Klimaschutzpolitik. Nur so lassen sich Anreize zum Trittbrettfahren verhindern und die Rechte heutiger und künftiger Generationen vor einer kurzfristigen partikularistischen Interessenspolitik der Nationalstaaten schützen.

10.5 OCE und GEC im Völkerrecht

Der globale Umweltgerichtshof würde das völkerrechtliche System der Streitschlichtung grundlegend verändern. Neben internationalen Schiedsgerichten, die keine ständigen Gerichte sind, sondern ad hoc gebildet werden, existieren derzeit mit dem Internationalen Gerichtshof, dem internationalen Seegericht und dem internationalen Strafgerichtshof drei ständige internationale Gerichte. Da es keine generelle Verpflichtung der Staaten zur Unterwerfung unter einer gerichtlichen Instanz gibt, ist die Zuständigkeit internationaler Gerichte eingeschränkt. Die Streitparteien können sich der ad-hoc-Anerkennung des Gerichtshofes verwehren sofern keine spezielle Zuständigkeitsklausel in einem völkerrechtlichen Vertrag unterzeichnet wurde. Zudem können internationale Gerichte nur über Fragen des Völkerrechts urteilen. Darüber hinaus gehende, in nationales Recht eingreifende Urteile sind rechtlich nicht bindend (Lorenzmeier 2012, S. 219-241).

Der globale Umweltgerichtshofes soll, ebenso wie die Organisation für Klima und Umwelt, eine supranationale Institution sein. Voraussetzung dafür ist die universelle Teilnahme aller Staaten, die sich mit dem Beitritt zur OCE automatisch der Zuständigkeit des GEC unterwerfen. Nur so lässt sich die notwendige Rechtssicherheit herstellen, die es zur dauerhaften Durchsetzung von Klimaschutzmaßnahmen bedarf. Sollte sich beispielsweise die Regierung eines Staates der weiteren Teilnahme am globalen Emissionshandel verwehren oder bewusst gegen die vom OCE beschlossenen Klimaschutzgesetze verstoßen, ist es nur konsequent, dass eben jene Regierung auch keinem internationalen Gerichtsverfahren zustimmen würde. Diese Möglichkeit würde den GEC zu einer Farce im Staatensystem werden lassen und weder Rechtssicherheit noch Rechtsdurchsetzung garantieren. Die generelle Zuständigkeit des GEC ist insofern Vorrausetzung für dessen Erfolg und Anerkennung.

Im Gegensatz zu bestehenden internationalen Gerichten hat die Rechtsprechung des GEC Auswirkungen auf national geltendes Recht. Der GEC urteilt auf Grundlage der vom OCE beschlossenen Abkommen und den allgemeinen völkerrechtlichen Abkommen zum Menschenrechtsschutz. Die *Conference of the Parties* ist dazu befähigt, über das Weltklimaabkommen hinaus Klimaschutzgesetze zu erlassen[118]. Während innerhalb der OCE die staatliche Souveränität durch die Kompetenzen des Klima- und Umweltrates und das in der COP geltende Mehrheitsprinzip nur begrenzt wird, kann der globale Umweltgerichtshof unabhängig entscheiden und durch seine Rechtsprechung den staatlichen Souveränitätsanspruch außer Kraft setzen. Dies wird besonders durch den im Gerichthof verankerten, gestärkten Individualrechtsschutz bei grenzüberschreitenden Umweltbeeinträchtigungen deutlich, wodurch auch Individuen und NGOs gegenüber Staaten Klage erheben können.

Die zwei supranationalen Institutionen OCE und GEC führen zu einer Neuordnung des internationalen Staatengefüges und zu einer Weiterentwicklung des klassischen Völkerrechts. Durch die Erfahrung der beiden Weltkriege und der zunehmenden Globalisierung wandelte sich das traditionelle Völkerrecht in den letzten Jahrzehnten von einem System der Koexistenz zu einem System der Kooperation. Zu den ursprünglichen Völkerrechtssubjekten zählen die Staaten, die noch immer die Hauptakteure auf zwischenstaatlicher Ebene sind. Historisch begründete oder traditionelle Völkerrechtssubjekte sind außerdem der Heilige Stuhl, der Malteserorden und das Internationale Komitee vom Roten Kreuz. Daneben existieren sogenannte gekorene Völkerrechtssubjekten, zu denen die internationalen Organisationen zählen. Auch natürliche und juridische Personen verfügen über eine reduzierte Völkerrechtssubjektivität und können bei bestimmten Straftaten (z.B. Verbrechen gegen die Menschlichkeit) vor dem Internationalen Strafgerichtshof angeklagt werden (Lorenzmeier 2012, S. 60-70).

---

118 An dieser Stelle sollte zwischen supranationalem Recht und zwischenstaatlichem Recht (Völkerrecht) unterschieden werden. „Nach der Lehre vom Monismus sind Völkerrecht und innerstaatliches Recht als eine zusammenhängende Rechtsordnung anzusehen" (Lorenzmeier 2012, S. 260). Nach Auffassung des Monismus mit Primat des Völkerrechts (im Gegensatz zum heute nicht mehr vertretenen Monismus mit Primat des staatlichen Rechts) ist das Völkerrecht „den Rechtsordnungen der Subjekte übergeordnet" (ebd. S. 260). Im Gegensatz zum Monismus können nach einem dualistischen Verständnis zwei Rechtsordnungen Gültigkeit besitzen. Staaten, die sich nicht an das Völkerrecht hielten, würden „völkerrechtswidrig handeln und wären den anderen Völkerrechtssubjekten gegenüber haftbar, die innerstaatliche Rechtsnorm wäre allerdings weiterhin uneingeschränkt gültig" (ebd. S. 261). Die Lehre des Dualismus ist heute vorherrschend. Im Gegensatz zum Völkerrecht gilt bei supranationalen Institutionen, dass gesprochenes Recht direkte Auswirkungen auf die juristischen Personen in den Mitgliedsstaaten haben, d.h. das dem supranationalem Recht ein Primat gegenüber nationalem Recht eingeräumt wird.

Mit der Gründung von OCE und GEC könnte dagegen ein neues Völkerrechtssubjekt Anerkennung finden: Denn der Fokus liegt hier nicht auf der Schlichtung zwischen Staaten oder der Verfolgung staatlicher Kollektivinteressen, sondern die neu zu schaffenden Institutionen sind Ausdruck eines grenzübergreifenden Interesses der Weltgemeinschaft. Der Internationale Gerichtshof hat bereits 1970 in seinem Barcelona-Traction-Urteil festgestellt, „dass es neben den Pflichten eines Staates gegenüber einem anderen Staat auch Pflichten eines Staates gegenüber der internationalen Gemeinschaft als ganzer gebe“ (Kornicker 1997, S. 39). Sobald Klimaschutz als „concern of all states“ oder „Common Heritage of Mankind“ definiert wird, stehen dahinter nicht mehr das gemeinsame Einzelinteresse von Staaten (Kollektivinteressen) sondern ein davon abgekoppeltes Interesse der Staatengemeinschaft, welches auch nur in Kooperation und Zusammenarbeit verwirklicht werden kann (Kornicker 1997, S. 36-45). Auf das Gemeinwohl der internationalen Gemeinschaft abzielend, findet die Weltgemeinschaft in den internationalen Klimaschutzmaßnahmen als Völkerrechtssubjekt Anerkennung, wobei zugleich Klimaschutz in die Nähe des im Völkerrecht verankerten ius cogens- und erga omnes-Konzept rückt.

Im Völkerrecht bilden fundamentale Menschenrechte wie das Recht auf Leben eine völkerrechtliche ius cogens und erga omnes Verpflichtung der Staaten. Nach dem Wiener Übereinkommen über das Recht der Verträge „ist eine zwingende Norm des allgemeinen Völkerrechts [ius cogens] eine Norm, die von der internationalen Staatengemeinschaft in ihrer Gesamtheit angenommen und anerkannt wird als eine Norm von der nicht abgewichen werden darf und die nur durch eine spätere Norm des allgemeinen Völkerrechts derselben Rechtsnatur geändert werden kann“[119] (Kokott 1999, S. 182). „Völkerrechtliche Pflichten erga omnes sind solche, die ein Staat nicht nur einem bestimmten anderen Rechtssubjekt, in erster Linie einem anderen Staat, gegenüber schuldet, sondern deren Einhaltung er der gesamten Staatengemeinschaft und wohl auch den sie konstituierenden einzelnen Staaten und den anderen Völkerrechtssubjekten […] [internationale Organisationen und einzelne Menschen] gegenüber schuldet“ (ebd. S. 182-183).

Ob man Klimaschutz künftig als ius cogens und erga omnes Verpflichtung der Staaten definiert, ist hier nicht abschließend zu diskutieren, sondern sollte in einer völkerrechtlichen Forschungsarbeit beantwortet werden (vgl. Kornicker 1997). Jedoch zeigt die generelle Anerkennung beider Konzepte, dass die Idee der Weltgemeinschaft als neues Völkerrechtssubjekt weder abwegig noch ohne Vorbilder in der rechtlichen Tradition ist. Der Klimawandel verleiht dieser Forderung weiter Nachdruck, da nur die globale Kooperation in Form der Organisa-

119 Art. 53 des Wiener Übereinkommens über das Recht der Verträge in Kokott 1999, S. 182.

tion für Klima und Umwelt sowie die Schaffung eines Globalen Umweltgerichtshofes politische Handlungsfähigkeit und wirksamen Rechtsschutz garantieren können – nur so lässt sich das Weltgemeinschaftsinteresse verwirklichen.

11 Auf dem Weg zu Höffes föderaler Weltrepublik?

Die Einschränkung nationalstaatlicher Souveränität und Integrität durch die umfangreichen Kompetenzen von OCE und GEC einerseits, sowie die Anerkennung der Weltgemeinschaft als neues Völkerrechtssubjekt andererseits führen weg von Kants Idee eines Völkerbundes hin zu der Vorstellung von einer Weltrepublik, die parallel zu der Weltgemeinschaft Weltbürgertum und Weltbürgerrechte einführt. Als Antwort auf die globalen Probleme des 21. Jahrhunderts „wird die auf der Souveränität der Einzelstaaten gebaute internationale Rechts- und Staatsordnung zunehmend als nicht hinreichend empfunden" (Merle, Gosepath 2002, S. 7).

Die Weltstaatsdebatte wird stets mit Bezug auf Kants Abhandlung *Zum ewigen Frieden* (Kant 1993) geführt, in der Kant das klassische Völkerrecht dahingehend kritisiert, dass die Souveränität der Staaten auch das Recht zur Kriegserklärung impliziere und damit die stabile Staatenordnung gefährdet sei. Dies würde dem obersten Ziel einer internationalen Friedensordnung wiedersprechen, dem sich die souveränen Staaten unterzuordnen hätten. Da in einem gesetzlosen Raum ständige Kriegsgefahr herrsche, sollten die Staaten freiwillig auf ihre („wilde") Freiheit verzichten (ebd. S. 16-17) und sich stattdessen einem globalen Weltzentralstaat anschließen. Dieser Weltstaat beinhalte freilich die Gefahr einer Zentralisierung in Macht und Gewalt, die in einen Despotismus und schließlich in Anarchie umschlagen könnte. Aus diesem Grund verwirft Kant seinen eigenen Vorschlag eines Weltzentralstaates zugunsten eines Völkerbundes (ebd. S. 18-20), indem die souveränen Staaten in gemeinsamer Verantwortung die Aufgabe der Friedenssicherung übernehmen (vgl. Menke, Pollmann 2008, S. 190-193).

Aus den von Kant angeführten Gründen verwirft auch Pogge die Idee einer Weltrepublik und spricht sich gegen eine Interpretation aus, die den moralischen Kosmopolitismus mit einem rechtlichen Kosmopolitismus gleichsetzt. Stattdessen müsse ein globaler Prozess der Entscheidungsfindung dezentral und demokratisch gestaltet sein, so dass sich insgesamt eine demokratiefördernde Struktur herausbilde (Pogge 2008/ S.174-178). Andererseits erkennt Pogge die Notwendigkeit globaler, sogar supranationaler Institutionen an. Diese sollten nicht nach den partikularen Interessen weniger Staaten handeln, sondern sich vor allem der Einhaltung der Menschenrechte verschreiben und das Individuum als „ultimate unit of moral concern" (Pogge 2008, S. 175) anerkennen. Doch ohne globale Rechtsprechung und Rechtsdurchsetzung sind ungerechte Institutionen kaum zu reformieren und es stellt sich die Frage, ob ein Weltstaat keine Gefahr sondern eine Chance zur Durchsetzung der Menschenrechte darstellt.

Eine positive Interpretation von Weltstaatlichkeit findet sich bei den deutschen Philosophen Jürgen Habermas und Otfried Höffe.

Habermas (Habermas 2004) geht davon aus, dass Kant (wie auch Pogge) die Idee eines Weltzentralstaates nach dem Vorbild des französischen Zentralstaates ausrichtet und dabei die Möglichkeit einer föderalen Staatengemeinschaft vernachlässigt. In Abgrenzung zu Kant konstruiert Habermas ein föderales Mehr-Ebenen-Modell, das sich in nationale, transnationale und supranationale Ebenen aufteilt. Die staatliche Souveränität bleibe durch die Eigenverantwortlichkeit der Staaten erhalten, während zur Lösung überstaatlicher Problemfelder regional organisierte Institutionen nach dem Vorbild der Europäischen Union errichtet werden sollten. Auf supranationaler Ebene würde keine Weltrepublik regieren, sondern „nur" eine reformierte UN, die allein die Aufgaben Friedenssicherung und Durchsetzung grundlegender Menschrechte übernähme (Menke, Pollmann 2008, S. 193-194).

Dagegen konzipiert Höffe eine föderale Weltrepublik, die zu einer rechtsförmigen Beziehung aller Staaten *und* aller Bürger führt. Er vertritt damit im akademischen Diskurs die radikalste Vorstellung von Weltstaatlichkeit. Im Folgenden soll Höffes Konzeption der Weltrepublik vorgestellt werden. Leitfragen sind erstens, welche Anschlussfähigkeit die neu zu schaffenden Institutionen OCE und GEC an die Idee der Weltrepublik besitzen und zweitens, ob sie vielleicht sogar unweigerlich auf eben jene, von Höffe proklamierte Weiterentwicklung der Staatenwelt zulaufen. Darf die Welt im Zuge internationaler Klimapolitik auf die Errichtung einer Weltrepublik hoffen, die zu einer verbesserten Durchsetzung der Menschenrechte führt? Oder negativ formuliert: Wird die Abgabe staatlicher Souveränität an supranationale Organisationen eine Entwicklung hin zu einer neuen weltbürgerlichen Ordnung auslösen, die den Nationalstaat letztendlich überflüssig macht, aber genau dadurch Demokratie und Menschenrechte gefährdet?

11.1 Das System der föderalen Weltrepublik

Höffe entwirft keinen zentralistischen Weltstaat, sondern eine demokratische Weltrepublik, deren System subsidiär und föderal ist.

Das *Prinzip des Föderalismus* verwirkliche sich in einer vertikalen Gewaltenteilung, die die horizontale Gewaltenteilung in Judikative, Exekutive und Legislative ergänzen sollte. Die Staaten blieben in ihrer heutigen Form erhalten, um sich nach dem Vorbild der Europäischen Union oder den Vereinigten Staaten von Amerika zu einer föderalen Weltrepublik zusammenzuschließen. Ihre Unabhängigkeit würde durch das staatliche *Recht auf Differenz* und dem originären *Recht der Staaten auf Selbstbestimmung* garantiert werden. Anstelle eines homogenen Weltstaates will Höffe die kulturelle und soziale Vielfalt der Staaten erhalten: Die Gliedstaaten der Weltrepublik sollten ihre eigenen Traditionen sowie ihre religiösen, sprachlichen und historischen Kontexte bewahren, um den verschiedenen Lebensformen weiterhin gerecht zu werden (Höffe 1999, S. 150-152).

Um die Aufgabenteilung zwischen Weltrepublik und Staaten zu erleichtern, sollten großregionale, kontinentale oder subkontinentale Zwischeneinheiten gegründet werden. Höffe schlägt beispielsweise die Gründung eines Pflichteuropas, eines Pflichtafrikas oder eines Pflichtamerikas vor, die durch ihre Zuständigkeit die Weltrepublik in Bezug auf großregionale (nicht globale) Probleme entlasten würden. Diese subkontinentalen Zwischeneinheiten könnten beispielsweise zur Lösung von Nachbarschaftsproblemen mit regionalen Besonderheiten beitragen. Das System der Weltrepublik soll dadurch an Effizienz und Regierungsfähigkeit gewinnen (ebd. S. 296-308).

Der Föderalismus soll sich nach Höffe auch in der Zusammensetzung der Legislative widerspiegeln. „Nach der (exklusiven) Bürgerlegitimation geht der Weltstaat aus dem Willen eines die gesamte Weltbevölkerung umfassenden, globalen Staatsvolkes hervor. Nach der (exklusiven) Staatenlegitimation entscheidet allein der Wille aller Einzelstaaten. Bei der zweiteiligen, bzw. kombinierten Legitimation kommt es schließlich auf den doppelten Willen, sowohl auf den aller Staaten als auch den der Weltbevölkerung, an“ (Höffe 1999, S. 309). Daraus erschließe sich die „föderalistische Zweiteilung des Gesetzgebers“ (ebd. S. 310). Das Weltparlament sollte aus zwei Kammern bestehen: Der Weltrat setze sich aus Vertretern der Staaten, der Welttag aus Vertretern der Weltbürger zusammen.

Die Kompetenzverteilung zwischen Weltrepublik, kontinentalen Zwischeneinheiten und Gliedstaaten erfolge nach dem *Prinzip der Subsidiarität*, mit dem Ziel, Machtakkumulation zu vermeiden. In dem vertikalen Aufbau der Weltrepublik gestalte sich Politik von unten: Zuständigkeit und Kompetenz würde grundsätzlich den niedrigeren Einheiten wie Kommunen, Einzelstaaten oder überregionalen Einheiten zugeschrieben werden (Höffe 1999, S. 136-141). Die jeweils höheren Stufen müssten einer Beweislastpflicht nachkommen, um ihre Zuständigkeit zu beanspruchen: „»In dubio pro individuo vel minore« (Im Zweifel für den einzelnen oder die untere Einheit)“ (ebd. S. 137). Damit verblieben wichtige Aufgaben wie das Zivil- und Strafrecht oder das Arbeits- und Sozialrecht bei den Staaten. Nur dort, wo diese die Aufgaben nicht mehr bewältigen könnten oder angesichts der Globalisierung, überfordert wären, sollten die Kompetenzen auf die Weltrepublik übertragen werden. Ihre Zuständigkeit wäre dann nicht originärer, sondern subsidiärer Natur (Höffe 2002, S. 25-26).

In der „subsidiären und föderalen Weltrepublik sind die Menschen Weltbürger, aber nicht im exklusiven, sondern komplementären Verständnis“ (Höffe 2002, S. 31). Entgegen einem globalistischen Verständnis von Weltstaatlichkeit sind die Bürger in Höffes Weltrepublik nicht ausschließlich Weltbürger sondern vorrangig Staatsbürger. Erst komplementär, also ergänzend trete die Weltbürgerschaft hinzu. Dadurch entstünde ein gestufter Bürgerstatus: Der Einzelne sei primär Staatsbürger, sekundär Bürger einer großregionale Einheit und tertiär Weltbürger. Nach Höffe könne nur eine Weltrepublik den doppelten Restnaturzustand überwinden, da sie die Rechtslosigkeit des völkerrechtlichen Naturzustandes, der zwischen den Staaten herrsche, sowie des weltbürgerlichen Naturzustandes, der zwischen Staaten und Bürger dritter Staaten, bzw. zwischen Bürger verschiedener Staaten herrsche, beendet (Höffe 1999, S. 305 und 336-337).

„Wie der Einzelstaat, so muß auch die Weltrepublik zum Zweck von Frieden und Recht eine überragende Macht sein. Sie darf aber nicht schlechthin überragend sein, sondern lediglich für ihre eng begrenzten Aufgaben“ (ebd. S. 315). Die föderale, subsidiäre und komplementäre Beschaffenheit der Weltrepublik würde nach Höffe der Gefahr des Machtmissbrauchs vorbeugen.

11.2 Aufgaben der föderalen Weltrepublik

Das System der von Höffe konstruierten Weltrepublik lässt auf den ersten Blick wenige Gemeinsamkeiten mit den Institutionen OCE und GEC erkennen. Doch bevor ein genauer Vergleich gezogen werden soll, lohnt es sich, die Aufgaben einer Weltrepublik näher zu beleuchten. Auch hier lassen sich erhebliche Unterschiede aufzeigen. Klimapolitik bildet in einem weltstaatlichen System nur eine von vielen Aufgaben der Staatengemeinschaft, so dass zurecht hinterfragt werden muss, ob die institutionalisierte Form globaler Klimapolitik bereits Ansätze einer Weltrepublik erkennen lässt.

Friede und Recht

Eine originäre Aufgabe der Weltrepublik bestünde in der Sicherung des Friedens und des Völkerrechts. Um die Aufgabe der Friedenssicherung auszuführen, sei die Übertragung des zwischenstaatlichen Gewaltmonopols auf die Weltrepublik notwendig. Anzustreben wäre ein weltweiter Prozess der Abrüstung sowie die Einführung einer ständigen Weltpolizei, die der Weltexekutive untergeordnet und an die Rechtsordnung gebunden wäre.

In die Zuständigkeit der Weltrepublik fiele darüber hinaus der weltweite Schutz der Menschenrechte und die Etablierung und Durchsetzung eines Weltbürgerrechts. Zudem müsse das Asylrecht vereinheitlicht werden. Eine subsidiäre Aufgabe würde der Weltrepublik hinsichtlich der Bekämpfung der internationalen Kriminalität zukommen. Die grenzüberschreitende und globalisierte Form des organisierten Verbrechens erfordere die Kooperation verschiedener Staaten, insbesondere mit Blick auf den Waffen- oder Menschenhandel (billige Arbeitskräfte, Prostitution), die Herstellung und Verbreitung von Kinderpornographie, Industriespionage, Geldwäsche oder terroristische Aktivitäten. Nicht zuletzt sei die Weltrepublik für die Durchsetzung eines internationalen Rechtsschutzes im World Wide Web zuständig, um zum Beispiel geistiges Eigentum vor Raubkopierern oder persönliche Daten vor Hackern zu schützen (Höffe 1999, S. 352-362).

Weltgerichte

Höffe plädiert für die Etablierung verschiedener internationaler Gerichte, um den Völkerrechtsschutz und den Bürgerrechtsschutz zu verwirklichen. „Weltgerichte im vollen Sinn“ zeichneten sich durch deren „weltweite und obligatorische“ Zuständigkeit, durch ihre „abschließende Entscheidungsbefugnis“ und ihre „wirksame Durchsetzungsfähigkeit“ (Höffe 1999, S. 363) aus. Vorausgesetzt würden ein „global gemeinsames Welt-Rechtsverständnis“ sowie ein global gemeinsames „Welt-Gerechtigkeitsverständnis“ (ebd. S. 364). Letzteres könne als richterlicher Weltrechtssinn bezeichnet werden, der sich aus universellen Rechtsprinzipien ableite (ebd. S. 364-365).

Beispielsweise sollte eine gerichtliche Instanz geschaffen werden, um bei Streitigkeiten zwischen Staaten und zwischen Staaten und der Weltrepublik zu vermitteln. Vor einer weiteren gerichtlichen Instanz sollten die Weltbürger gegen die Verletzung ihrer Menschenrechte oder gegen staatliche Diskriminierung klagen können (ebd. S. 362). Besonderen Wert legt Höffe auf die Schaffung eines Weltstrafgerichtshofes, vor dem Verbrechen gegen die Menschlichkeit, Folter, Sklaverei, (Bürger-) Kriegsverbrechen, ethnische Säuberungen, Terrorismus, etc. verhandelt werden sollten (ebd. S. 362-375).

Sezession und Humanitäre Intervention

Die Aufgabenteilung zwischen Weltrepublik und Staaten könne laut Höffe nicht immer eindeutig sein. So habe die Weltrepublik durchaus das Recht, sich in die inneren Angelegenheiten eines Staates einzumischen.

Problematisch seien zum Beispiel Autonomiebestrebungen einzelner Völker. Der Weltlegislative fiele die originäre Aufgabe zu, das Selbstbestimmungsrecht der Völker weiterzuentwickeln, während die Weltjudikative über die Zulässigkeit von Sezessionsforderungen zu urteilen habe (Höffe 1999, S. 376-393).

Ebenfalls müsse die Rechtmäßigkeit und Verhältnismäßigkeit von humanitären Interventionen[120] durch die Weltlegislative geprüft werden. Hinreichende Gründe für humanitäre Interventionen stellten Genozid, Menschenopfer, Sklaverei, Vertreibung in einem hohen Ausmaß und Folter dar (ebd. S. 393-398).

Der globale Weltmarkt

Die Weltrepublik sei des Weiteren für die Regulierung des globalen Weltmarktes zuständig. Zum einen sollte eine Welt-Wettbewerbsordnung eingeführt werden, die einen freien Markt garantiere. Nach dem Vorschlag von Höffe sollte ein Weltkartellrecht, eine Weltkartellbehörde und ein Weltkartellgericht gegründet werden. Ziel sei es beispielsweise, Wettbewerbsverzerrungen zu verhindern oder Steueroasen zu verbieten (Höffe 1999, S. 400-403). Zum anderen sollten im Rahmen einer Weltrepublik ein Weltwirtschaftsministerium, eine globale Notenbank und eine globale Bankenaufsicht geschaffen werden (ebd. S. 403-407).

Globale Gerechtigkeit und Generationengerechtigkeit

Die Höffesche Weltrepublik trage zur Herstellung globaler Gerechtigkeit bei. Als *moralisches Korrektiv* könne sie zum Beispiel Sozialstandards einführen und soziale Missstände beheben. Auch ließen sich Fortschritte in der Entwicklungspolitik leichter erzielen. Das globale System müsse im Rahmen einer Weltrepublik auf Ungerechtigkeit untersucht werden, um dann Reformen einzuleiten. Nach Höffe sollten insbesondere die von Pogge kritisierten Kredit- und Rohstoffprivilegien (vgl. Kap. 6.2.5) für autokratische Systeme abgeschafft werden (Höffe 1999, S. 407-412).

Darüber hinaus sei die Weltrepublik für die Verwirklichung intergenerationeller Gerechtigkeit zuständig: Die Politik der Weltrepublik müsse das Wohl zukünftiger Generationen im Blick haben. Dies zeige sich insbesondere im globalen Umweltschutz. Viele Umweltprobleme beschränkten sich nicht auf zwei Nachbarstaaten sondern nähmen großregionale oder globale Formen an. Hier würde die Verantwortung subsidiär auf die Weltrepublik übertragen, die kurzfristige Vorteile und Gewinne gegenüber langfristigen Schäden und Belastungen abwiegen müsse. Dafür gelten folgende Grundsätze: Der Abbau erneuerbarer Ressourcen dürfe nicht schneller als die Regenerationsfähigkeit eben dieser erfolgen. Für nichterneuerbare Ressourcen müsse ein äquivalenter Ersatz („Substitute“) erfolgen. In der Gesamtbetrachtung dürfe das Maß an Lebensrisiken nicht zunehmen. Treibhausgasemissionen sollten zum Beispiel keine bleibenden

120 „Als humanitäre Intervention bezeichnet man ein Vorgehen, das vier Kriterien erfüllt: Es handelt sich um eine Einmischung in die inneren Angelegenheiten eines Staates, die mit Zwangsmitteln, insbesondere militärischer Gewalt und ohne Zustimmung der Regierung erfolgt, sofern die Einmischung sich gegen massive Menschenrechtsverletzungen richtet“ (Höffe 1999, S. 393).

Schäden in der Natur oder in der Atmosphäre hinterlassen. Und die globale Bevölkerungsentwicklung sollte mit den angeführten Grundsätzen vereinbar sein.

Höffe schlägt vor, zum Schutz der Umwelt den Anspruch der Generationengerechtigkeit in die Verfassung aufzunehmen, um sie mit einer völkerrechtlichen Verbindlichkeit auszustatten. Andererseits könnten Generationen für nicht nachhaltiges Handeln bestraft werden, indem beispielsweise die Renten gekürzt würden.

Intergenerationelle Gerechtigkeit sollte auch auf anderen Politikfeldern hergestellt werden. Aufgabe der Weltrepublik sei es, das kulturelle Erbe (z.B. Kunst, Sprachen, Architektur) zu schützen und Errungenschaften der Zivilisation (z.B. Infrastruktur, Gesundheitssystem) und des Fortschritts (z.B. in Medizin, Wissenschaft oder Technik) zu erhalten. Die Zukunft nachfolgender Generationen dürfe nicht ärmer an Ressourcen oder Erfahrungen sein (ebd. S. 418-421).

11.3 Von der globalen Klimapolitik zu einer Weltinnenpolitik?

Der Klimawandel stellt eine globale Herausforderung für die internationale Staatengemeinschaft dar. Nur in gemeinsamer Kooperation aller Staaten lassen sich die notwendigen und ethisch gebotenen Klimaschutzmaßnahmen langfristig umsetzen. Dafür sollten neue Institutionen geschaffen werden (vgl. Kap. 10), die durch ihre supranationale Struktur jedoch unweigerlich Assoziationen an eine neue Stufe von *Global Government* hervorrufen und damit konträr zu einer multilateralen Entwicklung im Sinne von „Governance without Government" (Rosenau; Czempiel 1992) stehen.

Das von Höffe konstruierte Modell einer Weltrepublik konkretisiert die Vorstellung von einer Weltregierung, indem es sowohl das institutionelle System wie auch das originäre und subsidiäre Aufgabenspektrum einer Weltrepublik skizziert. Im Folgenden sollen Gemeinsamkeiten und Unterschiede zwischen Weltrepublik und den vorgeschlagenen Institutionen OCE und GEC herausgearbeitet werden, um einerseits den Nutzen einer Weltrepublik für die Umsetzung von Klimaschutz zu analysieren und um andererseits der Frage nachzugehen, ob die Aufgabe nationalstaatlicher Souveränitätsansprüche im Zuge institutioneller Klimapolitik zu einer Transformation der Staatengemeinschaft entsprechend Höffes Vorschlag einer Weltrepublik führen wird.

Institutionelle Klimapolitik ist von einer Weltrepublik hinsichtlich der institutionellen Strukturen zu unterscheiden. Im Gegensatz zu einer Weltrepublik bilden die internationale Organisation für Klima und Umwelt (OCE) und der Globale Umweltgerichtshof (GEC) kein Regierungssystem, wenngleich sich Parallelen zu einer horizontalen Gewaltenteilung ziehen lassen.

In Höffes Weltrepublik ist das Weltparlament die gesetzgebende Gewalt. Die Legislative wird durch die zwei Kammern Weltrat und Welttag ausgeübt, so dass nicht nur die einzelnen Staaten, sondern auch die Weltbürger Vertreter in das Weltparlament entsenden dürfen.

Dagegen ist die OCE mit keinem Weltparlament vergleichbar. Zwar gibt es zwei Entscheidungsgremien innerhalb der OCE, diese sind jedoch in ihrer Funktion nur auf Klimaschutz begrenzt. In der *Conference of the Parties* sitzen die Vertreter der Mitgliedsstaaten, um über neue Klimaschutzabkommen zu entscheiden. Die COP hat allein zwischenstaatlichen Charakter, weshalb eine direkte Mitbestimmung durch die Bürger der Mitgliedsstaaten nicht vorgehsehen ist. Ein zweites Entscheidungsgremium bildet der Klima- und Umweltrat, der zum Beispiel über die Mittel aus dem Hilfsfonds entscheidet und eigene Klimaschutzgesetze vorschlagen kann. Doch auch dieser ist nicht auf den umfassenden Schutz eines Weltbürgertums oder auf die Einführung und Ausweitung von Weltbürgerrechte ausgerichtet.

Im Gegensatz zur Legislative findet man bei Höffe wenige Anhaltspunkte über eine mögliche Ausgestaltung der Exekutive. Die ausführende Gewalt sollte in jedem Fall das Gewaltmonopol innehaben und eine Weltpolizei einführen.

Institutionelle Klimapolitik erfordert keine vergleichbar drastischen Maßnahmen. Weder Weltregierung noch Weltpolizei sind notwendig, um die Anreize zum Trittbrettfahren in der internationalen Klimapolitik einzugrenzen. Die OCE wird in ihrer Arbeit durch die Sanktionsfähigkeit des GEC unterstützt. Das Gericht kann entweder Geldstrafen verhängen oder aber politische oder wirtschaftliche Sanktionen von den Mitgliedsstaaten gegenüber einem vertragsbrechenden Staat einfordern. Militärische Maßnahmen können nur von dem Sicherheitsrat der Vereinten Nationen bewilligt werden.

Die Judikative bildet die dritte Gewalt der Weltrepublik. Neben einem Weltstrafgerichtshof sollten in der Weltrepublik von Höffe noch weitere Weltgerichte zur Durchsetzung von Völkerrecht und Bürgerrecht etabliert werden.

Auch die institutionelle Klimapolitik erfordert eine rechtssprechende Gewalt. Der Globale Umweltgerichtshof ist aber auf Streitigkeiten über Auslegung, Anwendung und Umsetzung eines künftigen Weltklimavertrages oder auf von der OCE beschlossenen Klimaschutzabkommen begrenzt. Der Handlungsrahmen des GEC reduziert sich auf klimapolitische Problemfelder, so dass das Gericht nicht angerufen werden kann, um zum Beispiel über den Einsatz humanitärer Interventionen zu entscheiden.

Die Gründung von OCE und GEC darf folglich nicht mit der Errichtung einer Weltrepublik verglichen werden. Dies zeigt sich insbesondere an den unterschiedlichen Anforderungen. Eine Weltrepublik hätte vielfältige Aufgaben zum Beispiel im Bereich der Wirtschafts- oder Sozialpolitik zu übernehmen. Für die

Umsetzung globaler Klimapolitik würde ein Weltumweltministerium gegründet werden, das neben dem Klimawandel sich mit weiteren globalen Umweltproblemen befasste.

Gründungszweck von OCE und GEC ist dagegen allein die Umsetzung von Klimaschutzmaßnahmen nach den Vorgaben des dualen Konzeptes *Indiko*. Ihre Kompetenzen sind auf die Herausforderungen im Klimaschutz zugeschnitten: Die wissenschaftliche, politische, ökonomische und finanzielle Säule der OCE sowie die Kontroll-, Sanktions- und Konfliktlösungsfunktion des GEC entsprechen dem Anforderungsprofil globaler Klimapolitik. Folglich ist nicht davon auszugehen, dass Klimaschutz im Rahmen einer Weltrepublik erfolgreicher wäre. Im Gegenteil: Der Klimawandel erfordert ein schnelles Handeln der Weltgemeinschaft, weshalb die Institutionen OCE und GEC zeitnah etabliert werden müssen.

Für die Schaffung einer Höffeschen Weltrepublik ist dagegen eine Vielzahl an Voraussetzungen zu erfüllen. Höffe spricht etwa von einem Prozess der qualifizierten Demokratisierung, den alle (nicht-demokratischen) Staaten durchlaufen müssten, bevor eine Weltrepublik gegründet werden könnte. „Weil das gesamte Beziehungsgeflecht der Menschheit, die Weltgesellschaft, sich dem Recht zu unterwerfen, das Recht an die Staatlichkeit zu binden und die Staatlichkeit auf die qualifizierte Demokratie zu verpflichten hat, ist eine demokratische Weltrechtsordnung geboten, deren krönenden Abschluß eine Weltrepublik bildet" (Höffe 1999, S. 422). Ferner bleibt Höffe im Unklaren, wie sich das Recht der Staaten auf Differenz mit einem universalistischen Menschenrechtsverständnis vereinen lässt. Der Menschenrechtsdiskurs stagniert durch Konflikte zwischen westlichen Industriestaaten einerseits und asiatischen, afrikanischen und arabischen Ländern andererseits. Konfliktthemen sind zum Beispiel das Recht der Frauen auf Gleichberechtigung oder die Unvereinbarkeit des westlichen Individualismus mit dem asiatischen Kollektivismus (vgl. Schubert 1999; Berg-Schlosser 2000). Angesichts weiterer Differenzen ist eine Einigung in der Menschenrechtsdebatte weder kurz- noch mittelfristig zu erwarten.

Ohne an dieser Stelle einen Diskurs über die Umsetzbarkeit einer Weltrepublik eröffnen zu wollen, zeigen die beiden aufgezeigten Problemfelder Demokratisierung und Menschenrechte, dass eine Weltrepublik mit Blick auf die nächsten Jahrzehnte allenfalls eine ferne Utopie darstellen kann. Der Klimawandel ist dagegen ein Problem, für das bereits heute dringend eine Lösung gefunden werden muss. Die vorgeschlagenen Institutionen OCE und GEC sind deshalb einer Weltrepublik vorzuziehen.

Der „Prozess der Relativierung einzelstaatlicher Autonomie und der Überlagerung nationalstaatlichen Regierens durch inter- und supranationale Institutionen" ist aus der Zunahme grenzübergreifender Probleme abzuleiten, die „Handlungsdefizite des Nationalstaates“ offenlegen und „staatenübergreifende politische Institutionen“ (Neyer, Beyer, S. 173-174) notwendig machen. *Regieren jenseits des Staates* oder *postnationales Regieren* (vgl. ebd. S. 174) gewinnt durch globale Politikfelder an Bedeutung, ohne zwangsläufig politische Herrschaftssysteme in einen Weltstaat zu transformieren. Vielmehr ist von einer vertikalen und horizontalen Ausdifferenzierung internationaler Politik auszugehen. Institutionalisierte Klimapolitik könnte zum Impulsgeber heranwachsen und positive Anreize auf internationale Kooperationen ausüben. OCE und GEC könnten weltweit einen hohen Zustimmungsgrad erreichen, wenn es gelingen sollte, Klimaschutz nach gerechtigkeitsethischen Maßstäben zu gestalten und die Rechte heutiger und künftiger Generationen zu verwirklichen.

12 Schlussbemerkungen

„Der Mensch ist keine Eintagsfliege. Nichts anderes bedeutet das. Wir leben nicht nur im Heute. Wir leben in der Kette der Generationen. Wir haben eine besondere Verantwortung vor denen, die nach uns kommen werden. Das ist etwas grundsätzlich Menschliches. Wenn man nur das Heute herrschen lässt, wird man der Vergangenheit nicht gerecht und droht die Zukunft zu verspielen“[121].

Die Zeit wird knapp: Die Rettung des Klimas erduldet keinen weiteren Aufschub, oder das Leben auf unserer Erde wird sich irreversibel verändern. Trotz der nachgewiesenen Dringlichkeit einer konsequenten internationalen Klimapolitik, hat der politische Stellenwert des Klimaschutzes in den letzten Jahren stetig an Bedeutung verloren. Zögerlich und ohne nennenswerte Ergebnisse verliefen die UN-Klimakonferenzen, seit man sich 2005 auf das Kyoto-Protokoll einigte.

Auf der 21. UN-Klimakonferenz im Jahr 2015 soll nun gerichtet werden, was zu lange aufgeschoben wurde. Es ist mithin die letzte Chance für die internationale Gemeinschaft, sich auf einen Weltklimavertrag zu einigen. Zwei Ziele müssen dabei umgesetzt werden: Die Reduzierung des globalen Emissionsausstoßes bleibt alternativlos, da sich nur so das Risiko eines gefährlichen und unkontrollierten Klimawandels eingrenzen lässt. Darum soll bis 2020 ein globaler Emissionshandel eingeführt und der Zugang zur Ressource Atmosphäre stark begrenzt werden. Darüber hinaus sind präventive und adaptive Maßnahmen zu etablieren, da durch die nicht mehr vermeidbaren Folgen des Klimawandels zahlreiche Menschen in ihrem Recht auf Leben, ihrem Recht auf Existenz und ihrem Recht auf Subsistenz gefährdet sind.

Die Forschungsarbeit hat gezeigt, dass Klimaschutz aus moralischen Gründen geboten ist. *Mitigation* und *adaptation* bilden die beiden Grundpfeiler der internationalen Klimapolitik. Um dem Anspruch an Klimagerechtigkeit zu genügen, sollte eine Verteilung der Kosten im internationalen Klimaschutz angestrebt werden, die gerechtigkeitsethischen Maßstäben entspricht. Dafür mussten zunächst die ethischen Dimensionen des Klimawandels dargestellt werden: Sowohl der unterschiedliche Beitrag der Staaten zum anthropogenen Klimawandel, als auch die ungleiche Verteilung jener Kosten, die durch die Folgen des Klima-

121 Präses Nikolaus Schneider, Ratsvorsitzender der Evangelischen Kirche, zum Thema Nachhaltigkeit (Schneider 2012).

wandels entstehen würden, sollten in die normative Betrachtung einbezogen werden.

Darüber hinaus sollte das Thema Klimawandel in den Kontext um globale Gerechtigkeit eingeordnet werden. Mit Hilfe eines ideengeschichtlichen Vergleichs gelang es, grundlegende Fragen nach der Entstehung von Rechten und Pflichten von Staaten zu beantworten. Im Gegensatz zum Tenor politikwissenschaftlicher Debatten wurden in dieser Forschungsarbeit korrektive Gerechtigkeitsansprüche grundlegend stärker gewichtet als egalitäre Distributionsforderungen. Aus dem Vergleich zwischen Singer und Pogge wurde das Konzept der abgestuften Verantwortung entwickelt, dass verschiedene Grade der Verpflichtung unterscheidet – je nachdem ob ein Staat direkt zur Ungerechtigkeit beigetragen hat, einen indirekten Beitrag zum Unrecht geleistet hat oder von Unrecht profitiert. Armut an sich begründet dagegen nur eine moralische Hilfspflicht (unvollkommen), weshalb Klimapolitik getrennt von Armutspolitik betrachtet werden sollte.

Die Hierarchie von Verpflichtungsgraden wurde schließlich auf die in der Klimadebatte hervorgebrachten Prinzipien angewendet. Weder distributive Prinzipen wie das Pro-Kopf-Prinzip, noch korrektive Ansätze wie das Prinzip „the-polluter-pays" konnten aus gerechtigkeitsethischer Perspektive überzeugen.

Darum wurde schließlich ein eigener Ansatz entworfen: Das duale Konzept *Indiko* kombiniert das Pro-Kopf-Prinzip mit korrektiven Gerechtigkeitsansprüchen. Diese lassen sich aus dem „Profitieren vom Unrecht" der Bürger der Industriestaaten ableiten, die sich aufgrund des überproportionalen CO_2-Ausstoßes ihrer Vorfahren in einer vorteilhaften Lage befinden. Diesen unrechtmäßig erworbenen Vorteil sollten die Industriestaaten zur Finanzierung von Maßnahmen einsetzen, die zu einer Reduzierung des globalen Emissionsausstoßes beitragen könnten(z.B. Schutz der Waldbestände, Technologietransfer). Des Weiteren sind vollkommene Pflichten der Industriestaaten aus ihrem „direkten Beitrag zum Unrecht" abzuleiten, da sie bis heute zu viele Treibhausgase emittieren. Rechtsträger sind zukünftige Generationen, so dass sich die Kompensationsanstrengungen auf die nächsten Jahrzehnte ausrichten; nicht mehr *mitigation*, sondern *adaptation* wird fokussiert.

Indiko bildet die Grundlage für einen Weltklimavertrag, der das Prädikat „gerecht" für sich in Anspruch nehmen darf und deshalb Chancen auf einen zwischenstaatlichen Konsens in der internationalen Klimapolitik eröffnet. Statt bloßer Absichtserklärungen sollten klimapolitische Ziele genau definiert und hinsichtlich ihrer Umsetzung kontrolliert werden. Dafür bedarf es erstens einer internationalen Organisation für Klima und Umwelt sowie zweitens eines Globalen Umweltgerichtshofes. Beide Institutionen sind Voraussetzung für die langfristige Realisierung eines Weltklimavertrages, da sich nur so die Anreize zum Trittbrettfahren auf zwischenstaatlicher Ebene begrenzen lassen.

Die Forschungsarbeit hat dargelegt, dass die neu zu schaffenden Institutionen OCE und GEC nicht mit der Gründung einer föderalen Weltrepublik vergleichbar sind. Trotzdem wird man auf die Forderung nach der Transformation des internationalen Institutionengefüges mit Skepsis reagieren. Womöglich wird sich diese Arbeit mit dem Vorwurf konfrontiert sehen, dass solch umfassende Forderungen sogar den vorzeitigen Abbruch der Klimaverhandlungen provozieren könnten. Schließlich haben die USA weder das Kyoto-Protokoll, noch den Internationalen Strafgerichtshof ratifiziert. Auch in der Klimapolitik spricht sich das Land mit dem global zweitgrößten Emissionsausstoß gegen rechtlich verbindliche Regelungen zur Reduzierung seiner Treibhausgase aus.

Doch die vorgeschlagenen Institutionen sollten nicht als Hindernis, sondern als Chance für die Realisierung einer internationalen Klimapolitik betrachtet werden. Unter dem Dach der OCE sollen verschiedene Strukturen der internationalen Klimapolitik zusammengeführt werden. Einige der untergliederten Institutionen existieren bereits oder sind zumindest in Planung. Dazu zählen die jährlich stattfindenden UN-Klimakonferenzen, die als Entscheidungsgremium gefestigt werden sollen. Ebenfalls darunter fallen die verschiedenen Fonds des Climate Funding. Andere Unterorganisationen der OCE sind Voraussetzung für die Umsetzung des Klimaschutzes auf internationaler Ebene. Die vorgeschlagene Klimabank ist zum Beispiel für die Einführung und Koordination eines globalen Emissionshandels zuständig. Ohne die Schaffung einer vergleichbaren Institution können zentrale *mitigation*-Ziele nicht realisiert werden. In ihrer Funktion trägt die OCE zur Bündelung, Koordinierung und transparenten Gestaltung internationaler Klimapolitik bei.

Der Globale Umweltgerichtshof verringert das gegenseitige Misstrauen der Staaten. Durch seine Sanktionsfunktion garantiert der GEC die langfristige Umsetzung von Klimaschutzmaßnahmen. Staaten müssen die vorgegebenen Regelungen im Emissionshandel einhalten und dürfen ihre nationalen Emissionsbudgets nicht überschreiten, ohne im Gegenzug Emissionszertifikate zu erwerben. Andernfalls werden sie vor dem GEC angeklagt. Das Gericht steht für die nachhaltige Durchsetzung des Weltklimavertrages.

Die beiden vorgeschlagenen Institutionen sollten eine vertrauensfördernde Wirkung auf die Verhandlungen für einen neues Klimaabkommen ausüben, da sie für Beständigkeit, Sicherheit und Transparenz in der globalen Klimapolitik stehen.

Doch auch wenn man diesen Vorschlag als überzogen und unrealistisch abwerten will, so muss zumindest der davon ausgehende Impuls positiv bewertet werden. Klimapolitik hat in den letzten Jahren einer Suche nach dem kleinsten gemeinsamen Nenner geglichen. Stattdessen sollte das Motto lauten: *Think Big*. Schließlich steht nichts Geringeres als das Leben auf unserer Erde auf dem Spiel. Diese Forschungsarbeit will Raum für neue Diskussionen eröffnen, die nicht nur realistisch, sondern auch idealistisch geführt werden. Sie steht für den Glauben an eine globale Politik, die nicht allein interessengeleitet ist, sondern sich höheren, nämlich moralischen Ansprüchen verpflichtet sieht. Wir alle tragen eine Verantwortung für die Zukunft und jetzt ist der Zeitpunkt, sich dieser Verantwortung zu stellen. Warum es also nicht gleich richtig machen? Ich hoffe mit dieser Forschungsarbeit zu mehr Mut und Entschlossenheit in der internationalen Klimapolitik beizutragen.

Abbildungsverzeichnis

Tabellenverzeichnis

Literaturverzeichnis

Agarwal, Anil; Narain, Sunita: Globale Erwärmung in einer ungleichen Welt. Ein Fall von Öko-Kolonialismus. Herrsching 1991.

Aikens, William; LaFollette, Hugh (Hrsg.): World Hunger and Morality. Second Edition. New Jersey 1996.

Albus, Martin R.: Zur Notwendigkeit eines Internationalen Umweltgerichtshofs. Zugleich eine Analyse der Staatenpraxis zum Internationalen Umwelthaftungsrecht und der Rechtsschutzmöglichkeiten bei grenzüberschreitenden Umweltbeeinträchtigungen. Frankfurt/M. 2000.

Alexy, Robert: Die Institutionalisierung der Menschenrechte im demokratischen Verfassungsstaat. In: Gosepath, Stefan; Lohmann, Georg (Hrsg.): Philosophie der Menschenrechte. Frankfurt/M. 1998. S. 244-264.

Anderson, Benedict: Imagined Communities: Reflections on the Origin and Spread of Nationalism. London 1991.

Anwander, Norbert; Bleisch, Barbara: Beitragen und Profitieren. Ungerechte Weltordnung und individuelle Verstrickung. In: Bleisch, Barbara; Schaber, Peter (Hrsg.): Weltarmut und Ethik. Paderborn 2009. S. 171-194.

Appiah, Kwame A.: Der Kosmopolit. Philosophie des Weltbürgertums. München 2007.

Archebuigi, Daniele; Held, David: Cosmopolitan Democracy: An Agenda for a New World Order. Cambridge 1995.

Arens, Christof: Ein Problem, viele Verursacher. Bundeszentrale für Politische Bildung, 02.03.2009. URL: http://www.bpb.de/themen/03JW0O,0,0,Ein_Problem_viele_Verursacher.html

Arnold, Denis: The Ethics of Global Climate Change. Cambridge 2011.

Arthur, John: Rights and the Duty to Bring Aid. In: Aikens, William; LaFollette, Hugh (Hrsg.): World Hunger and Morality. Second Edition. New Jersey 1996. S. 39-50.

Athanasiou, Tom; Baer, Paul: Dead Heat. Global Justice and Global Warming. New York 2002.

Attfield, Robin: The Ethics of the Environment. Farnham/ Surrey 2008.

Baer, Paul; Athanasiou, Tom; Kartha, Sivan; Kemp-Benedict, Eric: Greenhouse Development Rights: A Framework for Climate Protection that is ′More Fair′ than Equal Per Capita Emissions Rights. In: Caney, Simon; Gardiner, Stephen; Jamieson, Dale (Hrsg.): Climate Ethics: Essential Readings. Oxford 2010. S. 215-230.

Baer, Paul: Adaptation to Climate Change: Who Pays Whom? In: Caney, Simon; Gardiner, Stephen; Jamieson, Dale (Hrsg.): Climate Ethics: Essential Readings. Oxford 2010. S. 247-262.

-,: Equity, Greenhouse Gas Emissions, and Global Common Resources. In: Schneider, Stephen H.; Rosencranz, Armin; Niles, John O.: Climate Change Policy: A Survey. Washington D.C. 2002. S. 393-408.

Balser, Markus: Klimawandel im Wohnzimmer. In: Süddeutsche Zeitung, Nr. 289, 14.12.2010, S. 19.

Barnes, Peter: Who Owns the Sky? Our Common Assets and the Future of Capitalism. Washington 2001.

Barnett, Jon: Human Rights and Vulnerability to Climate Change. In: Humphreys, Stephen (Hrsg.): Human Rights and Climate Change. Cambridge 2010. S. 257-271.

Barry, Brian: Culture and Equality: An Egalitarian Critique of Multiculturalism. Cambridge 2001.

-,: Statism and Nationalism: A Cosmopolitan Critique. In: Ian Shapiro (Hrsg.): Global Justice. New York 1999. S. 14-66.

Barry, John: Foreword. In: Vanderheiden, Steve (Hrsg.): Political Theory and Global Climate Change. Cambridge 2008. S. vii-x.

Bauchmüller, Michael: Absichten: gut. Lage: schlecht. In: Süddeutsche Zeitung, Nr. 139, 19.06.2012, S. 6.

Baumert, Kevin; Herzog, Timothy; Pershing, Jonathan: Navigating the Numbers. Greenhouse Gas Data and International Climate Policy. World Resources Institute 2005. URL: http://pdf.wri.org/navigating_numbers.pdf

Baxter, Brian: A Theory of Ecological Justice. London 2005.

Beck, Silke: Vertrauen geschmolzen? Zur Glaubwürdigkeit der Klimaforschung. In: Aus Politik und Zeitgeschichte, 32-33, 2010. S. 12-21.

Beck, Ulrich: Klima des Wandels oder Wie wird die grüne Moderne möglich? In: Welzer, Harald; Soeffner, Hans-Georg; Giesecke, Dana (Hrsg.): Klimakulturen. Soziale Wirklichkeiten im Klimawandel. Frankfurt/M. 2010. S. 33-48.

Benhabib, Seyla: Die Rechte der Anderen. Frankfurt 2008.

-,: Ein anderer Universalismus. Einheit und Vielheit der Menschenrechte. In: Deutsche Zeitschrift für Philosophie, 55, 4, 2007. S. 501-519.

Berg-Schlosser, Dirk: Zur Universalität der Menschenrechte – Probleme und Grenzen. In: Frietzsche, Peter K.; Lohmann, Georg (Hrsg.): Menschenrechte zwischen Anspruch und Wirklichkeit. Würzburg 2000. S. 25-37.

Berz, Gerhard: Klimawandel: Kleine Erwärmung – dramatische Folgen. In: Münchner Rück (Hrsg.): Wetterkatastrophen und Klimawandel. München 2004. S. 89-105.

Birnbacher, Dieter: Klimaverantwortung als Verteilungsproblem. In: Welzer, Harald; Soeffner, Hans-Georg; Giesecke, Dana (Hrsg.): Klimakulturen. Soziale Wirklichkeiten im Klimawandel. Frankfurt/M. 2010. S. 111-127.

Bleisch, Barbara; Schaber, Peter (Hrsg.): Weltarmut und Ethik. Paderborn 2009.

Bleisch, Barbara; Schaber, Peter: Einleitung. In: Bleisch, Barbara; Schaber, Peter (Hrsg.):Weltarmut und Ethik. Paderborn 2009. S. 9-36.

Böttiger Helmut: Klimawandel. Gewissheit oder politische Machenschaft? Petersberg 2008.

Bovens, Luc: A Lockean Defense of Grandfathering Emission Rights. In: Arnold, Denis: The Ethics of Global Climate Change. Cambridge 2011.

Breitmeier, Helmut: Klimawandel und Gewaltkonflikte. Georgsmarienhütte 2009.

Brocker, Manfred; Bentz-Hölzl, Janine M.: Climate Change and Global Justice. In: Kals, Elisabeth; Maes, Jürgen: Justice and Conflicts. Theoretical and Empirical Contributions. Heidelberg 2012. S. 251-268.

Brooks, Thom: The Global Justice Reader. Malden 2008.

Brunkhorst, Hauke; Köhler, Wolfgang R.; Lutz-Bachmann, Matthias (Hrsg.): Recht auf Menschenrechte. Menschenrechte, Demokratie und internationale Politik. Frankfurt 1999.

Bullard, Robert D.: The Quest for Environmental Justice. Human Rights and the Politics of Pollution. San Francisco 2005.

Callan, Eamonn: Creating Citizens: Political Education and Liberal Democracy. Oxford 1997.

Caney, Simon; Gardiner, Stephen; Jamieson, Dale (Hrsg.): Climate Ethics: Essential Readings. Oxford 2010.

Caney, Simon (a): Cosmopolitan Justice, Responsibility and Global Climate Change. In: Caney, Simon; Gardiner, Stephen; Jamieson, Dale (Hrsg.): Climate Ethics: Essential Readings. Oxford 2010. S. 122-145.

-, (b): Climate Change, Human Rights and Moral Thresholds. In: Humphreys, Stephen (Hrsg.): Human Rights and Climate Change. Cambridge 2010. S. 69-90.

-,: Justice Beyond Borders. A Global Political Theory. Oxford 2005.

-,: Cosmopolitan Justice and Cultural Diversitiy. In: Global Society, 14, 2000. S. 525-551.

Carter, Alan: A Radical Green Political Theory. London 1999.

Das, Ramon; Eng, David; Weijers, Dan: Sharing the Responsibility of Dealing with Climate Change: Interpreting the Principle of Common but Differentiated Responsibility. In: Boston, Jonathan;

Bradstock, Andrew; Eng, David: Public Policy: Why Ethics Matters. Canberra 2010. S. 141-158.

Deutsche IPCC-Koordinierungsstelle: Klimaänderung 2007. Synthesebericht. Berlin 2008.

Deutsche Welthungerhilfe, terre des hommes (hrsg.): Die Wirklichkeit der Entwicklungshilfe. Eine kritische Bestandsaufnahme der deutschen Entwicklungspolitik. Achtzehnter Bericht 2010. Meckenheim 2010.

Dietrich, Frank: Die moralische Bedeutung politischer Grenzen. In: Analyse und Kritik. Zeitschrift für Sozialtheorie, 2, 2003. S. 248-258.

Dobson, Andrew: Green Political Thought. Third Edition. London 2000.

-,: The politics of nature. Explorations in Green Political Theory. London 1993.

Edenhofer, Ottmar; Wallacher, Johannes; Reder, Michael; Lotze-Campen, Hermann: Global aber gerecht. Klimawandel bekämpfen, Entwicklung ermöglichen. Ein Report des Potsdam-Instituts für Klimafolgenforschung und des Instituts für Gesellschaftspolitik München im Auftrag von Misereor und der Münchener Rück-Stiftung. München 2010.

Edenhofer, Ottmar; Flachsland, Christian; Luderer, Gunnar: Global Deal: Eckpunkte einer globalen Klimaschutzpolitik. In: Wallacher, Johannes; Scharpenseel, Karoline: Klimawandel und globale Armut. Stuttgart 2009. S. 109-140.

Eichler, Daniel; Görlich, Ingrid: Armut, Gerechtigkeit und soziale Grundsicherung. Einführung in eine komplexe Problematik. Wiesbaden 2001.

Endres, Alexandra: Deutschland knausert mit Klima-Hilfsgeld. In: DIE ZEIT, 03.12.2009. URL: http://www.zeit.de/wirtschaft/2009-12/klima-hilfen-entwicklung

Fabian, Peter: Leben im Treibhaus: Unser Klimasystem und was wir daraus machen. Berlin 2002.

Fansa, Mamoun; Ritzau, Carsten: Klimawandel – globale Herausforderung des 21. Jahrhunderts. Darmstadt 2009.

Fassbender, Bardo: Idee und Anspruch der Menschenrechte im Völkerrecht. In: Aus Politik und Zeitgeschichte 46, 2008. S. 3-8.

Gardiner, Stephen (a): Preface. In: Caney, Simon; Gardiner, Stephen; Jamieson, Dale (Hrsg.): Climate Ethics: Essential Readings. Oxford 2010. S. ix-x.

-, (b): Ethics and Global Climate Change. In: Caney, Simon; Gardiner, Stephen; Jamieson, Dale (Hrsg.): Climate Ethics: Essential Readings. Oxford 2010. S. 3-35.

-, (c): A Perfect Moral Storm: Climate Change, Intergenerational Ethics, and the Problem of Moral Corruption. In: Caney, Simon; Gardiner, Stephen; Jamieson, Dale (Hrsg.): Climate Ethics: Essential Readings. Oxford 2010. S. 87-98.

Garvey, James: Geistiger Klimawandel. Wie uns die Erderwärmung zum Umdenken zwingt. Darmstadt 2010.

Gesang, Bernward: Klimaethik. Berlin 2011.

-,: Eine Verteidigung des Utilitarismus. Stuttgart 2003.

Gosepath, Stefan; Merle, Jean-Christophe: Weltrepublik, Globalisierung und Demokratie. München 2002.

Gosepath, Stefan; Lohmann, Georg (Hrsg.): Philosophie der Menschenrechte. Frankfurt/M. 1998. S. 244-264.

Gosepath,Stefan: Notlagen und institutionell basierte Hilfspflichten. In: Bleisch, Barbara; Schaber, Peter (Hrsg.): Weltarmut und Ethik. Paderborn 2009. S. 213-246.

-; Zu Begründungen sozialer Menschenrechte. In: Gosepath, Stefan; Lohmann, Georg (Hrsg.): Philosophie der Menschenrechte. Frankfurt/M. 1998. S. 146-188.

Gosseries, Axel; Meyer, Lukas H. (Hrsg.): Intergenerational Justice. Oxford 2009.

Gosseriies, Axel: Cosmopolitan Luck Egalitarianism and Climate Change. In: Canadian Journal of Philosophy. Supplementary Volume 31, 2007. S. 279-309.

Goswami, Urmi A.: India in Durban to Find Solution to Climate Change: Natarajan. In: The Economic Times, 12.12.2011. URL: http://articles.economictimes.indiatimes.com/2011-12-12/news/30507639_1_climate-change-binding-deal-countries

Götze, Susanne: Industrieländer setzen Klimaschutz aufs Spiel. UN-Gipfel in Kopenhagen: Entwicklungsländer empört über Entwurf der dänischen Gastgeber. AG Friedensforschung, 10.12.2009. URL: http://www.ag-friedensforschung.de/themen/Klima/kopenhagen.html

Grill, Bartholomäus: Südafrika will Kohlestrom statt Klimaschutz. In: DIE ZEIT, 28.11.2011. URL: http://www.zeit.de/wirtschaft/2011-11/suedafrika-steinkohle-klimagipfel

Habermas, Jürgen: Hat die Konstitutionalisierung des Völkerrechts noch eine Chance? In: Habermas, Jürgen: Der gespaltene Westen. Kleine Politische Schriften X. Frankfurt/M. 2004. S. 113-193.

Hahn, Henning (a): Globale Gerechtigkeit. Eine philosophische Einführung. Frankfurt 2009.

-, (b): Review: Building the International Criminal Court. In: Development in Practice 19, 2009. S. 266-267.

-,: Kosmopolitismus ohne Grenzen? Neuere Literatur zur globalen Gerechtigkeit. In: Zeitschrift für philosophische Forschung, 2008, Vol. 62, 4, S. 584-597.

Hansen, Sven: Die Reichen zuerst. In: Le Monde diplomatique. 11/2009. URL: http://www.monde-diplomatique.de/pm/.dossier/klima_artikel.id,20091113a0045

Harris, Paul G.: World ethics and climate change. Edinburgh 2010.

Heidbrink, Ludger: Kultureller Wandel: Zur kulturellen Bewältigung des Klimawandels. In: Welzer, Harald; Soeffner, Hans-Georg; Giesecke, Dana: Klimakulturen. Soziale Wirklichkeiten im Klimawandel. Frankfurt/M. 2010. S. 49-64.

Hein, Matthias v.: Konfliktrisiko Wasser. In: Deutsche Welle, 21.08.2011. URL: http://www.dw.de/dw/article/0,,15311125,00.html

Heinrich-Böll-Stiftung; Oxfam Deutschland: Klima schützen Armut verhindern. Berlin 2010. URL: http://www.boell.de/downloads/201011_Klima_Schuetzen_Armut_Verhindern.pdf

Heinrich-Böll-Stiftung: Afrikas Stimme gegen den Klimawandel. Berlin/Nairobi 2007. URL: http://www.boell.de/downloads/worldwide/afrikas_stimme_gegen_klimawandel.pdf

Held, David: The Global Transformations Reader. Cambridge 2007.

-,: Globalization Theory. Cambridge 2007.

Hoff, Holger; Kundzewicz, Zbigniew W.: Süßwasservorräte und Klimawandel. In: Aus Politik und Zeitgeschichte, 25, 2006, S. 14-19.

Höffe, Otfried: Einführung in die utilitaristische Ethik. Tübingen 2008.

-,: Globalität statt Globalismus. Über eine subsidiäre und föderale Weltrepublik. In: Lutz-Bachmann, Matthias; Bohman, James: Weltstaat oder Staatenwelt. Für und wider die Idee einer Weltrepublik. Frankfurt/M. 2002. S. 8-31.

-,: Demokratie im Zeitalter der Globalisierung. München 1999.

-,: Aristoteles. München 1996.

-,: Politische Gerechtigkeit. Frankfurt 1989.

Horn, Christoph; Scarano, Nico: Philosophie der Gerechtigkeit. Texte von der Antike bis zur Gegenwart. Frankfurt/M. 2002.

Hüffner, Klaus: Das System der Vereinten Nationen. In: Aus Politik und Zeitgeschichte, 22, 2005, S. 10-18.

Hügli, Anton; Lübcke, Poul (Hrsg.): Philosophielexikon. Personen und Begriffe der abendländischen Philosophie von der Antike bis zur Gegenwart. Reinbek 1991.

Hulme, Mike: Why We Disagree about Climate Change: Understanding Controversy, Inaction and Opportunity. Cambridge 2009.

Humphreys, Stephen: Human Rights and Climate Change. Cambridge 2010.

Hunt, Paul; Khosla, Rajat: Climate Change and the Right to the Highest Attainable Standard of Health. In: Humphreys, Stephen: Human Rights and Climate Change. Cambridge 2010. S. 238-256.

Hütz-Adams, Friedel; Haakonsson, Stine J.: Klimawandel und Technologietransfer. Arbeitspapier herausgegeben von DanChurch und Evangelischer Entwicklungsdienst, 09/2008. URL: http://www.eed.de/fix/files/doc/eed_klimawandel_technologietransfer_08_de.3.pdf

IEA (International Energy Agency): World Energy Outlook. Zusammenfassung (German Translation). Paris 2011.

IEA (International Energy Agency): World Energy Outlook. Zusammenfassung (German Translation). Paris 2010.

IPCC (Intergovernmental Panel on Climate Change): Climate Change 2007. Fourth Assessment Report (AR4) of the Intergovernmental Panel on Climate Change. Contributions of Working Groups I, II, III and Synthesis Report. Cambridge: 2007.

IPCC: Zusammenfassung für politische Entscheidungsträger. In: Klimaänderung 2007: Wissenschaftliche Grundlagen. Beitrag der Arbeitsgruppe I zum Vierten Sachstandsbericht des Zwischenstaatlichen Ausschusses für Klimaänderung (IPCC). Deutsche Übersetzung durch ProClim-, österreichisches Umweltbundesamt, deutsche IPCC-Koordinationsstelle. Bern/Wien/Berlin 2007.

IPCC: Zusammenfassung für politische Entscheidungsträger. In: Klimaänderung 2007: Auswirkungen, Anpassung, Verwundbarkeiten. Beitrag der Arbeitsgruppe II zum Vierten Sachstandsbericht des Zwischenstaatlichen Ausschusses für Klimaänderung (IPCC). Deutsche Übersetzung durch ProClim-, österreichisches Umweltbundesamt, deutsche IPCC-Koordinationsstelle. Bern/Wien/Berlin 2007.

IPCC: Land-use, Land-use Change and Forestry. Summary for Policymakers. A Special Report of the Intergovernmental Panel on Climate Change. Cambridge 2000.

Ivanova, Maria: Assessing UNEP as Anchor Institution for the Global Environment: Lessons for the UNEO Debate. Yale 2005. URL: http://www.unep.org/environmentalgovernance/Portals/8/AnchorInstitutionGlobalEnvironment .pdf

Jamieson, Dale (a): Ethics, Public Policy, and Global Warming. In: Caney, Simon; Gardiner, Stephen; Jamieson, Dale (Hrsg.): Climate Ethics: Essential Readings. Oxford 2010. S. 77-86.

-, (b): Adaptation, Mitigation, and Justice. In: Caney, Simon; Gardiner, Stephen; Jamieson, Dale (Hrsg.): Climate Ethics: Essential Readings. Oxford 2010. S. 263-283.

-, (c): When Utilitarians Should Be Virtue Theorists. In: Caney, Simon; Gardiner, Stephen; Jamieson, Dale (Hrsg.): Climate Ethics: Essential Readings. Oxford 2010. S. 315-332.

Jasanoff, Sheila; Martello, Marybeth L.: Earthly Politics. Local and Global in Environmental Governance. Cambridge 2004.

Joób, Mark: Globale Gerechtigkeit. Im Spiegel zeitgenössischer Theorien der Politischen Philosophie. Ödenburg 2008.

Kant, Immanuel: Zum ewigen Frieden. Stuttgart 1993.

,: Die Metaphysik der Sitten. Stuttgart 1990.

Kappas, Martin. Klimatologie. Klimaforschung im 21. Jahrhundert – Herausforderung für Natur- und Sozialwissenschaften. Heidelberg 2009.

Kersting, Wolfgang: Herrschaftslegitimation, politische Gerechtigkeit und transzendentaler Tausch. Eine kritische Einführung in das politische Denken Otfried Höffes. In: Kersting, Wolfgang (Hrsg.): Gerechtigkeit als Tausch? Auseinandersetzung mit der politischen Philosophie Otfried Höffes. Frankfurt/M. 1997.

-,: Pflichten, unvollkommene und vollkommene. In: Historisches Wörterbuch der Philosophie. Basel 1989, Vol. 7: P-Q, S. 434.

Kesselring, Thomas (a): Ethik der Entwicklungspolitik. Gerechtigkeit im Zeitalter der Globalisierung. München 2003.

-, (b): Utilitarismus, Menschenrechte und Nichtregierungs-Organisationen. In: Analyse und Kritik, 2, 2003. S. 259-274.

-,: Weltarmut und Ressourcen-Zugang. Kommentar zu Thomas Pogge: Eine globale Rohstoffdividende. In: Analyse und Kritik, 19, 1997. S. 183-208.

Kiyar, Dagmar: Internationale Klimapolitik: Ein komplexes Feld mit vielschichtigen Akteuren. Bonn 2009. URL: http://www.bpb.de/themen/6N9GLL,0,Internationale_Klimapolitik.html

Kokott, Juliane: Der Schutz der Menschenrechte im Völkerrecht. In: Brunkhorst, Hauke; Köhler, Wolfgang R.; Lutz-Bachmann, Matthias (Hrsg.): Recht auf Menschenrechte. Menschenrechte, Demokratie und internationale Politik. Frankfurt 1999. S. 176-198.

Koller, Peter (Hrsg.): Gerechtigkeit im politischen Diskurs der Gegenwart. Wien 2001.

Kornicker, Eva: Ius cogens und Umweltvölkerrecht. Kriterien, Quellen und Rechtsfolgen zwingender Völkerrechtsnormen und deren Anwendung auf das Umweltvölkerrecht. Basel/ Franfurt/M. 1997.

Krebs, Angelika: Naturehtik. Grundtexte der gegenwärtigen tier- und ökoethischen Diskussion. Dritte Auflage. Frankfurt 2007.

-,: Gleichheit oder Gerechtigkeit. In: Nagl-Docekal, Herta; Pauer-Studer, Herlinde: (Hrsg.): Freiheit, Gleichheit und Autonomie. Wien: 2002. S. 49-93.

Kreide, Regina: Soziale Menschenrechte und Verpflichtungen. In: Anderheiden, Michael; Huster, Stefan; Kirste, Stephan: Globalisierung als Problem von Gerechtigkeit und Steuerungsfähigkeit des Rechts. Stuttgart 2001.

LaFollette, Hugh: Pogge, Thomas W. World Hunger and Human Rights: Cosmopolitan Responsibilities and Reforms. Book Review. In: Ethics 2002, 113, 4, S. 907-911.

LaFollette, Hugh; May, Larry: Suffer the Little Children. In: Aikens, William; LaFollette, Hugh: World Hunger and Morality. Second Edition. New Jersey 1996. S. 70-84.

Langbehn, Claus: Recht, Gerechtigkeit und Freiheit. Aufsätze zur politischen Philosophie der Gegenwart. Paderborn 2006.

Lasars, Wolfgang: Die klassisch-utilitaristische Begründung der Gerechtigkeit. Berlin 1982.

Latif, Mojib: Klimawandel und Klimadynamik. Stuttgart: 2009.

Lawrence, Mark: Falsche Sicherheit, die in die Katastrophe führt. In: Süddeutsche Zeitung, 14.12.2011. URL: http://www.sueddeutsche.de/wissen/klimawandel-falsche-sicherheit-die-in-die-katastrophe-fuehrt-1.1234148

Leggewie, Claus; Münch, Richard: Politik im 21. Jahrhundert. Frankfuhrt/M. 2001.

Leggewie, Claus : Globalisierung und ihre Gegner. München 2003.

Leist, Anton: Ökologische Gerechtigkeit als bessere Nachhaltigkeit. In: Aus Politik und Zeitgeschichte, 24, 2007. S. 3-10

Lemke, Peter: Das Schmelzen geht weiter. In: Süddeutsche Zeitung, Nr. 289, 14.12.2010. URL: http://www.sueddeutsche.de/wissen/klimawandel-das-schmelzen-geht-weiter-1.1036053

Lienkamp, Andreas: Klimawandel und Gerechtigkeit: Eine Ethik der Nachhaltigkeit in christlicher Perspektive. Paderborn 2009.

Lohmann, Georg: Menschenrechte zwischen Moral und Recht. In: Gosepath, Stefan; Lohmann, Georg (Hrsg.): Philosophie der Menschenrechte. Frankfurt 1998. S. 62-95.

Lomborg, Bjorn: Cool it! Warum wir trotz Klimawandels einen kühlen Kopf bewahren sollten. München 2008.

-,: Apocalypse No! Wie sich die menschlichen Lebensgrundlagen wirklich entwickeln. Lüneburg 2002.

Lorenzmeier, Stefan: Völkerrecht schnell erfasst. Berlin/Heidelberg 2012.

Lotze-Campen, Hermann: Wasserknappheit und Ernährungssicherung. In: Aus Politik und Zeitgeschichte 25, 2006, S. 8-13.

Lutz-Bachmann, Matthias; Bohman, James: Weltstaat oder Staatenwelt. Für und wider die Idee einer Weltrepublik. Frankfurt/M. 2002.

Mearns, Robin; Norton, Andrew: Social Dimension of Climate Change. Equity and Vulnerability in a Warming World. Washington 2010.

Menke, Christoph; Pollmann, Arnd: Philosophie der Menschenrechte zur Einführung. Hamburg 2008.

Methmann, Chris; Haack, Alexander; Eisgruber, Jesko: Wem gehört der Himmel? Das Klima in der Globalisierungsfalle. Hamburg 2007.

Meyer, Aubrey: Contraction & Convergence. The Global Solution to Climate Change. Foxhole 2000.

Meyer, Lukas H.: Intergenerationelle Gerechtigkeit. Die Bedeutung von zukünftigen Klimaschäden für die heutige Klimapolitik. Bern: 2007.

-,: Historische Gerechtigkeit: Berlin/ New York 2005.

-,: Justice in Time. Responding to Historical Injustice. Baden-Baden 2004.

Meyer, Lukas H.; Roser, Dominic: Distributive Justice and Climate Change: The Allocation of Emission Rights. In: Analyse und Kritik 28, 2006. S. 223-249.

Mies, Maria: Globalisierung von unten. Der Kampf gegen die Herrschaft der Konzerne. Hamburg 2002.

Mihm, Andreas: Schachern ums Klima. In: Frankfurter Allgemeine Zeitung, 01.12.2010. URL: http://www.faz.net/aktuell/wissen/klima/klimakonferenz-in-cancun-schachern-ums-klima-1643296.html

Miller, David: Wer ist für globale Armut verantwortlich? In: Bleisch, Barbara; Schaber, Peter (Hrsg.): Weltarmut und Ethik. Paderborn 2009. S. 153-170.

-,: National Responsibility and Global Justice. Oxford 2007.

Mittendorf, Marcus: Ökonomie der internationalen Klimapolitik. Die besondere Herausforderung durch den Clean Development Mechanism. München 2004.

Modi, Vijay; McDade, Susan; Lallement, Dominique; Saghir, Jamal: Energy Services for the Millennium Development Goals. Energy Sector Management Assistance Programme, United Nations Development Programme, UN Millennium Project, and World Bank. New York 2006.

Moellendorf, Darrel: Common Atmospheric Ownership and Equal Emissions Entitlements. In: Arnold, Denis: The Ethics of Global Climate Change. Cambridge 2011. S. 104-123.

Müller, Johannes: Entwicklungspolitik als globale Herausforderung. Methodische und ethische Grundlegung. Stuttgart 1997

Müller, Johannes: Die Entwicklungsländer vor der Herausforderung des Klimawandels am Beispiel Indonesiens. In: Wallacher, Johannes; Scharpenseel, Karoline: Klimawandel und globale Armut. Stuttgart 2009. S. 31-42.

Müller, Michael; Fuentes, Ursula; Kohl, Harald (Hrsg.): Der UN-Weltklimareport. Bericht über eine aufhaltsame Katastrophe. Köln 2007.

Neumayer, Eric: In Defense of Historical Accountability for Greenhouse Gas Emissions. In: Ecological Economics, 33, 2, 2000. S. 185-192.

Newell, Peter: Climate for Change: Non-State Actors and the Global Politics of the Greenhouse. Cambridge 2000.

Nielsen, Kai: World Government, Security and Global Justice. In: Luper-Foy, Steven (Hrsg.): Problems of International Justice. Boulder/Col. 1988. S. 263-282.

Niles, John O.: Tropical Forests and Climate Change. In: Schneider, Stephen H. (Hrsg.): Climate Change Policy: A Survey. Washington 2002. S. 337-374.

Nitsche, Dennis: Der Internationale Strafgerichtshof ICC und der Frieden. Eine vergleichende Analyse der Befriedungsfunktion internationaler Straftribunale. Baden-Baden 2007.

Notz, Dirk: Arktis und Antarktis im Klimawandel. Aus Politik und Zeitgeschichte, 47, 2007. S. 27-32.

Nussbaum, Martha: Gerechtigkeit oder das Gute Leben. Frankfurt/M. 2007.

Oberthür Sebastian; Ott, Hermann E.: Das Kyoto-Protokoll. Internationale Klimapolitik für das 21. Jahrhundert. Opladen 2000.

Page, Edward A.: Climate Change, Justice and Future Generations. Cheltenham 2006.

-,: Distributing the Burdens of Climate Change. In: Environmental Politics, 17, 4, 2008. S. 556–575.

Parfit, Derek: Energy Policy and the Further Future: The Identity Problem. In: Caney, Simon; Gardiner, Stephen; Jamieson, Dale (Hrsg.): Climate Ethics: Essential Readings. Oxford 2010. S. 112-121.

PIK (Potsdam Institut für Klimafolgenforschung): PIK Report. No. 116. Nach Kopenhagen: Neue Strategie zur Realisierung des 2°max-Klimazieles. Potsdam 2010.

Piller, Tobias: Die Kuh als Sparkasse. In: Frankfurter Allgemeine Zeitung, 05.03.2010. URL: http://www.faz.net/s/RubB8DFB31915A443D98590B0D538FC0BEC/Doc~EBF848A36A35C4CC2AAE26C036B62E96C~ATpl~Ekom~SKom.html#353868

Plöger, Sven: Wetter und Klimawandel. In: Aus Politik und Zeitgeschichte, 47, 2007. S.3-6.

Pogge, Thomas; Möllendorf, Darrel (Hrsg.): Global Ethics: Seminal Essays: Global Responsibilities I. Minnesota 2008.

Pogge, Thomas; Horton, Keith (Hrsg.): Global Ethics: Seminal Essays II. Minnesota 2008.

Pogge, Thomas: Gerechtigkeit in der Einen Welt. Essen 2009.

-,: World Poverty and Human Rights. Second Edition. Cambridge 2008.

-,: Weltarmut als Problem globaler Gerechtigkeit. Interviewt von Kreide, Regina und Gabriëls, René. In: Deutsche Zeitschrift für Philosophie 55, 6, 2007. S. 967-979.

-,: Armenhilfe ins Ausland. In: Analyse und Kritik. Zeitschrift für Sozialtheorie, 2, 2003. S. 220-247.

-,: Cosmopolitanism: a Defense. Critical Review of International Social and Political Philosophy 5, 3, 2003. S. 86-91.

-,: Patriotismus und Kosmopolitanismus: Inwieweit ist Politik den eigenen Bürgern oder globaler Gerechtigkeit verpflichtet? Zeitschrift für philosophische Forschung 53, 2, 2002. S. 426-448.

-,: Global Justice. Malden 2001.

Posner, Derik A.; Weisbach, David: Climate Change Justice. Princeton 2010.

Posner, Derik A.; Sunstein, Cass R.: Justice and Climate Change: The Unpersuasive Case for Per Capita Allocations of Emissions Rights. In: Aldy, Joseph E.; Stavins, Robert N. (Hrsg.): Post-Kyoto International Climate Policy. Implementing Architectures for Agreement. Cambridge 2010.

Priddat, Birger P.: Klimawandel: Das Ende der geotopologischen Identität. In: Welzer, Harald; Soeffner, Hans-Georg; Giesecke, Dana: Klimakulturen. Soziale Wirklichkeiten im Klimawandel. Frankfurt/M. 2010. S. 81-96.

Rahmstorf, Stefan; Schellnhuber, Hans-Joachim: Der Klimawandel: Diagnose, Prognose, Therapie. München 2007.

Rahmstorf, Stefan: Klimawandel – einige Fakten. Aus Politik und Zeitgeschichte, 47, 2007. S. 7-13.

Raymond, Leigh: Allocating the Global Commons: Theory and Practice. In: Vanderheiden, Steve (Hrsg.): Political Theory and Global Climate Change. Cambridge 2008. S. 3-24.

Rechkemmer, Andreas: Globale Umweltpolitik 2005. Perspektiven im Kontext der Reform der Vereinten Nationen. Berlin 2004.

Reichel, Richard: Internationaler Handel, Tauschgerechtigkeit und die globale Rohstoffdividende. Kommentar zu Thomas Pogge: Eine globale Rohstoffdividende. In: Analyse und Kritik 19, 1997. S. 229-241.

Rest, Alfred: Friedliche Streitbeilegung internationaler Umweltkonflikte durch den Ständigen Schiedshof. Seine zukünftige Rolle als Internationaler Umweltgerichtshof. In: Dörr, Dieter; Fink, Udo; Hillgruber, Christian; Kempen, Bernhard; Murswiek, Dietrich: Die Macht des Geistes. Festschrift für Hartmund Schiedermair. Heidelberg 2001. S. 969-997.

-,: Zur Notwendigkeit eines Internationalen Umweltgerichtshofes. In: Liber Amicorum. Professor Ignaz Seidl-Hohenveldern in honour of his 80th birthday. Den Haag 1998. S. 575-591.

Ricken, Friedo: Allgemeine Ethik. Dritte Auflage. Stuttgart 1998.

Rosenau, James N.; Czempiel, Ernst-Otto: Governance without Government: Order and Change in World Politics. Cambridge 1992.

Sagoff, Mark: The Economy of the Earth. Philosophy, Law, and the Environment. Second Edition. Cambridge 2008.

Santarius , Tilman: Klimawandel und globale Gerechtigkeit. In: Aus Politik und Zeitgeschichte, 24, 2007, S. 18-24.

Schaber, Peter: Globale Hilfspflichten. In: Bleisch, Barbara; Schaber, Peter (Hrsg.): Weltarmut und Ethik. Paderborn 2009. S. 139-151.

Schefczyk, Michael: Four Charges against the WTO. In: Analyse und Kritik. Zeitschrift für Sozialtheorie, 2, 2003. S. 275-284.
Schmidt-Bleek, Friedrich: Nutzen wir die Erde richtig? Die Leistungen der Natur und die Arbeit des Menschen. Franfurt/M. 2007.
Schmücker, Reinold; Steinvorth, Ulrich (Hrsg.): Gerechtigkeit und Politik. Philosophische Perspektiven. Berlin 2002.
Schneider, Nikolaus: Eine Ethik des Genug. Interviewt von Michael Bauchmüller. In: Süddeutsche Zeitung, Nr. 139, 19.06.2012, S. 7.
Schneider, Stephen H. (Hrsg.): Climate Change Policy: A Survey. Washington 2002.
Schrader, Christopher: Keine Manipulation. In: Süddeutsche Zeitung, 07.07.2010. URL: http://www.sueddeutsche.de/wissen/klimawandel-das-ende-der-klima-affaeren-1.971449
Schroeder, Marcus: Die Koordinierung der internationalen Bemühungen zum Schutz der Umwelt. Berlin 2005.
Schubert, Gunter (Hrsg.): Menschenrechte in Ostasien. Zum Streit einer Universalität einer Idee II. Tübingen 1999.
Schuh, Hans: Deutscher Ethikwall. In: DIE ZEIT, 16, 12.04.1996. URL: http://www.zeit.de/1996/16/Deutscher_Ethikwall
Schumann, Harald: Der globale Countdown. Gerechtigkeit oder Selbstzerstörung – die Zukunft der Globalisierung. Köln 2008.
Schüssler, Rudolf: Kooperation unter Egoisten. München/Wien 1990.
Shue, Henry (a): Global Environment and the International Inequality. In: Caney, Simon; Gardiner, Stephen; Jamieson, Dale (Hrsg.): Climate Ethics: Essential Readings. Oxford 2010. S. 101-111.
-, (b): Deadly Delays, Saving Opportunities: Creating a More Dangerous World? In: Caney, Simon; Gardiner, Stephen; Jamieson, Dale (Hrsg.): Climate Ethics: Essential Readings. Oxford 2010. S. 146-163.
-, (c): Subsistence Emissions and Luxury Emissions. In: Caney, Simon; Gardiner, Stephen; Jamieson, Dale (Hrsg.): Climate Ethics: Essential Readings. Oxford 2010. S. 200-214.
Singer, Peter: One World. The Ethics of Globalization. Second Edition. New Haven/London 2004.
-,: One World. A Response to my Critics. In: Analyse und Kritik. Zeitschrift für Sozialtheorie, 2, 2003. S. 285-293.
-,: Praktische Ethik. Auflage 2. Stuttgart 1994.
Sinnott-Armstrong, Walter: It´s Not My Fault: Global Warming and Individual Moral Obligations. In: Caney, Simon; Gardiner, Stephen; Jamieson, Dale (Hrsg.): Climate Ethics: Essential Readings. Oxford 2010. S. 332-346.
Smith, Mark D.: Just One Planet. Poverty, Justice and Climate Change. Warwickshire 2006.
Socolow, Robert H.; English, Mary R.: Living Ethically in a Greenhouse. In: Arnold, Denis: The Ethics of Global Climate Change. Cambridge 2011. S. 170-191.
Steinvorth, Ulrich: Globalisierung – Arm und Reich. In: Wetz, Franz J.: Kolleg praktische Philosophie 4: Recht auf Rechte. Stuttgart 2008. S. 97-117.
Stern, Nicolas: Der Global Deal. München 2009.
-,: Economics of Climate Change: The Stern Review. Cambridge 2007.
Storbeck, Olaf: Die Sünden-Weltmeister. In: Handelsblatt, 18.01.2010. URL: http://www.handelsblatt.com/politik/oekonomie/wissenswert/die-suenden-weltmeister/3348072.html
Taconni, Luca: Fires in Indonesia: Causes, Costs and Policy Implications. Jakarta 2003.
Tremmel, Jörg: Generationen-Gerechtigkeit in der Verfassung. In: Aus Politik und Zeitgeschichte 8, 2005. S. 18-28.
Umweltbundesamt: Kosten- und Modellvergleich langfristiger Klimaschutzpfade (bis 2050). Kernthesen zum 2. Zwischenbericht des Forschungs- und Entwicklungsvorhabens (FKZ 3708 49 104) im Auftrag des Umweltbundesamtes. Dessau-Roßlau 2010.

-,: Klimaänderung. Festhalten an der vorgefassten Meinung? Wie stichhaltig sind die Argumente der Skeptiker? Berlin 2004. URL: http://www.umweltbundesamt.de/klimaschutz/klimaaenderungen/faq/index.htm

Vanderheiden, Steve (Hrsg.) (a): Political Theory and Global Climate Change. Cambridge 2008.

Vanderheiden, Steve (b): Atmospheric Justice: A Political Theory of Climate Change. Oxford 2008.

Van der Straaten, Jan; Nelissen, Nico; Klinkers, Leon (Hrsg.): Classics in Evironmental Studies: An Overview of Classic Texts in Environmental Studies. Utrecht 1997.

Wallacher, Johannes; Scharpenseel, Karoline: Klimawandel und globale Armut. Stuttgart 2009.

Wallacher, Johannes; Reder, Michael; Kowarsch, Martin: Klimawandel, weltweite Armut und Gerechtigkeit. Begründung und Gestaltung einer integrierten Klima- und Entwicklungspolitik. In: Umweltpsychologie 13, 1, S. 52-67.

Watanabe, Rie: Who Should Pay for Climate Protection? Another Side of the Same Coin of Burden Sharing. Wuppertal 2008.

Weltbank: Weltentwicklungsbericht 2010. Entwicklung und Klimawandel. Düsseldorf 2010.

Welzer, Harald: Klimakriege. Wofür im 21. Jahrhundert getötet wird. Frankfurt/M. 2008.

Welzer, Harald; Soeffner, Hans-Georg; Giesecke, Dana (Hrsg.): Klimakulturen. Soziale Wirklichkeiten im Klimawandel. Frankfurt/M. 2010.

Welzer, Harald; Soeffner, Hans-Georg; Giesecke, Dana: KlimaKulturen. In: Welzer, Harald; Soeffner, Hans-Georg; Giesecke, Dana (Hrsg.): Klimakulturen. Soziale Wirklichkeiten im Klimawandel. Frankfurt/M. 2010. S. 7-20.

WBGU (Wissenschaftliche Beirat der Bundesregierung Globale Umweltveränderungen) (a): Kassensturz für den Klimavertrag – der Budgetansatz. Sondergutachten. Berlin 2009.

-, (b): Der Budgetansatz, Factsheet Nr. 3. Berlin 2009.

-,: Welt im Wandel: Sicherheitsrisiko Klimawandel. Berlin 2007.

-,: Welt im Wandel: Energiewende zur Nachhaltigkeit. Berlin 2003.

-,: Welt im Wandel: Wege zu einem nachhaltigen Umgang mit Süßwasser. Hamburg 1997.

Wilke, Nicole: Wie geht es weiter mit dem Kyoto-Protokoll? Das Klimaschutzregime nach 2012. In: Müller, Michael; Fuentes, Ursula; Kohl, Harald (Hrsg.): Der UN-Weltklimareport. Bericht über eine aufhaltsame Katastrophe. Köln 2007.

Wuppertal Institut für Klima, Umwelt, Energie (Hrsg.): Klimawirksame Emissionen des PKW-Verkehrs und Bewertung von Minderungsstrategien. Wuppertal 2006.

-,: Fair Future. Begrenzte Ressourcen und globale Gerechtigkeit. Ein Report des Wuppertal Instituts. München 2005.

WWF (World Wide Fund for Nature) (Hrsg.): Wälder in Flammen. Ursachen und Folgen der weltweiten Waldbrände. Frankfurt/M. 2009.

Zheng, Siqi; Wang, Rui; Glaeser, Edward L.; Kahn, Matthew E.: The Greenness of China: Household Carbon Dioxide Emissions and Urban Development. Cambridge 2009.

Verzeichnis der Internetquellen

350: We're Building a Global Movement to Solve the Climate Crisis. URL: http://www.350.org/ (zuletzt aufgerufen am 24.08.2012).

Auswärtiges Amt: Norwegen/ Wirtschaft. URL: http://www.auswaertiges-amt.de/DE/Aussenpolitik/Laender/Laenderinfos/Norwegen/Wirtschaft_node.html (zuletzt aufgerufen am 17.01.2012).

BAFU (Bundesamt für Umwelt): Die Bali-Roadmap: Themen und Fahrplan. URL: http://www.bafu.admin.ch/dokumentation/fokus/05968/06000/index.html?lang=de (zuletzt aufgerufen am 04.07.2012).

BMU (Bundesministerium für Umwelt, Naturschutz und Reaktorsicherheit): Internationaler Klimaschutz für die Zeit nach 2012. Stand 03/2012. URL: http://www.bmu.de/klimaschutz/internationale_klimapolitik/klimaschutz_nach_2012/doc/45900.php.

-,: Die klimapolitische Dimension der Außenpolitik der Bundesrepublik Deutschland. Rede von Bundesumweltminister Dr. Norbert Röttgen auf der IX. KAS-Völkerrechtskonferenz „Umweltschutz als Aufgabe der Völkergemeinschaft". Bonn 12.01.2012. URL: http://www.bmu.de/presse/reden/archiv/doc/48345.php

-,: Klimarahmenkonvention – United Nations Framework Convention on Climate Change (UNFCCC). Stand 08/2011. URL: http://www.bmu.de/klimaschutz/internationale_klimapolitik/klimarahmenkonvention/doc/44134.php

BMZ (Bundesministerium für wirtschaftliche Zusammenarbeit und Entwicklung): Anpassungsfonds des Kyoto-Protokolls. URL: http://www.bmz.de/de/was_wir_machen/themen/klimaschutz/finanzierung/anpassungsfonds/index.html (zuletzt aufgerufen am 04.07.2012).

-,: Deutsche-Netto-ODA 2005-2010. Stand 24.06.2011. URL: http://www.bmz.de/de/ministerium/zahlen_fakten/Deutsche_Netto-ODA_2005-2010.pdf

-,: Klimarahmenkonvention. Stand 08/2011. URL: http://www.bmu.de/klimaschutz/internationale_klimapolitik/klimarahmenkonvention/doc/44134.php

-,: REDD+: Chance für Klima, Biodiversität und Entwicklung. URL: http://www.bmz.de/de/was_wir_machen/themen/klimaschutz/minderung/REDD/index.htm(zuletzt aufgerufen am 07.06.2012).

BPB (Bundeszentrale für politische Bildung): Sonderorganisationen der Vereinten Nationen. Stand 02.02.2011. URL: http://www.bpb.de/themen/EZM94E,0,Sonderorganisationen_der_Vereinten_Nationen.html

Bundesregierung: Deutschland wirbt um neuen Klimafonds. Stand 08.12.2011. URL: http://www.bundesregierung.de/Content/DE/Artikel/2011/12/2011-12-08-Klimafonds.html

Climate Analysis Indicators Tool (CAIT). Version 8.0. World Resources Institute. URL: http://cait.wri.org/ (zuletzt aufgerufen am 03.11.11).

DEHSt (Deutsche Emissionshandelsstelle): Grundlagen des Emissionshandels. URL: http://www.dehst.de/DE/Emissionshandel/Grundlagen/grundlagen_node.html (zuletzt aufgerufen am 21.10.2011).

DGVN (Deutsche Gesellschaft für die Vereinten Nationen e.v.): REDD+ und die Klimaschutzkonferenz von Cancún. URL: http://www.dgvn.de/812.html (zuletzt aufgerufen am 24.01.2012).

-,: Grüner Klimafonds nimmt Arbeit auf. 11.01.2012. URL: http://www.klimawandel-bekaempfen.de/news0.html?&no_cache=1&tx_ttnews(tt_news)=971

-,: Themenschwerpunkt Humanitäre Hilfe. URL: http://www.dgvn.de/767.html (zuletzt aufgerufen am 28.02.2012).

Deutsche IPCC Koordinierungsstelle: Über IPCC. URL: http://www.de-ipcc.de/de/119.php#Die_IPCC-Arbeitsgruppen_und_Task_Forces (zuletzt aufgerufen am 08.12.2011).

-,: Kurzinformation. Der Wissenschaftliche Ausschuss für Klimaänderungen –IPCC. Organisation. URL: http://www.de-ipcc.de/_media/KurzInfo_IPCC-Organisation.pdf (zuletzt aufgerufen am 23.08.2012).

Deutsche UNESCO-Kommission e.v.: Erklärung über die Verantwortung der heutigen Generation gegenüber den künftigen Generationen. Stand: 30.01.2012. URL: http://www.unesco.de/446.html

Deutschlandradio: Klimaexperte schlägt Weltklimabank vor. Interview mit Dirk Messner. URL: http://www.dradio.de/dkultur/sendungen/interview/1089443/ (zuletzt aufgerufen am 24.02.2012).

Die Zeit: Obama stoppt Pipeline-Bau. 11.11.2011. URL: http://www.zeit.de/politik/ausland/2011-11/pipeline-usa-kanada

Duden: Kaufkraft. URL: http://www.duden.de/rechtschreibung/Kaufkraft (zuletzt aufgerufen am 21.08.2012).

-,:Kaufkraftparität. URL: http://www.duden.de/rechtschreibung/Kaufkraftparitaet (zuletzt aufgerufen am 21.08.2012).

Europäisches Parlament: Entschließung des Europäischen Parlaments vom 29. September 2011 zur Festlegung eines gemeinsamen Standpunkts der Union vor der Konferenz der Vereinten Nationen über nachhaltige Entwicklung (Rio+20). Nr. 101, 29.09.2011. URL: http://www.europarl.europa.eu/sides/getDoc.do?type=TA&reference=P7-TA-2011-0430&language=DE

FAZ (Frankfurter Allgemeine Zeitung): Hurrikan-Kategorien: Windgeschwindigkeiten und Zerstörungskraft. 29.08.2005. URL: http://www.faz.net/aktuell/gesellschaft/hurrikan-kategorien-windgeschwindigkeit-und-zerstoerungskraft-1256256.html

Germanwatch: Internationale Klimagerechtigkeit. URL: http://germanwatch.org/de/download/3080.pdf (zuletzt aufgerufen am 18.06.2012).

G77 (Gruppe der 77): Member States. URL: http://www.g77.org/doc/members.html (zuletzt aufgerufen am 18.06.2012).

Handelsblatt: Ausgerechnet Japan blockiert. 10.12.2010. URL: http://www.handelsblatt.com/politik/international/ausgerechnet-japan-blockiert/3671188.html

IOM (International Organization for Migration): Migration, Climate Change and the Environment. A Complex Nexus. URL: http://www.iom.int/jahia/Jahia/complex-nexus#nearfar (zuletzt aufgerufen am 12.03.11).

Lexikon der Nachhaltigkeit: CO2 Belastung. URL: http://www.nachhaltigkeit.info/artikel/regenwaelder_und_co2_1183.htm (zuletzt aufgerufen am 22.08.2012).

Oekonews.at: Dunkle Wolken über Durban: Klimakonferenz vor entscheidender Woche. 06.12.2011. URL: http://www.oekonews.at/index.php?mdoc_id=1065734

Pons: Mitigation. URL: http://de.pons.eu/englisch-deutsch/mitigation (zuletzt aufgerufen am 03.07.2012).

Rat für Nachhaltige Entwicklung: Kakao-Anbau und Schutz des Tropenwaldes gehen Hand in Hand. 10.12.2003. URL: http://www.nachhaltigkeitsrat.de/de/news-nachhaltigkeit/archiv/2003-12-10/kakao-anbau-und-schutz-des-tropenwaldes-gehen-hand-in-hand/?size=ouomytjhs

SOS Kinderdörfer: Hungersnot in Ostafrika: SOS Kinderdörfer leisten Nothilfe. 18.07.2011. URL: http://www.sos-kinderdoerfer.de/Informationen/Aktuelles/News/Pages/Hunger-Duerre-Ostafrika.aspx?et_cid=2&et_lid=9&et_sub={d%FCrre%20somaliland}

Spiegel: China festigt seinen Platz als Klimasünder Nummer eins. 16.06.2008URL: http://www.spiegel.de/wissenschaft/mensch/0,1518,559908,00.html

Stern: EU und USA gratulieren. 12.10.2007. URL: http://www.stern.de/panorama/friedensnobelpreis-eu-und-usa-gratulieren-600036.html

SZ (Süddeutsche Zeitung): Kanada steigt offiziell aus dem Kyoto-Protokoll aus. 13.12.2011. URL: http://www.sueddeutsche.de/politik/klimaschutzabkommen-kanada-steigt-offiziell-aus-kyoto-protokoll-aus-1.1233232

-,: Ergebnisse des Klimagipfels in Durban. Meilenstein oder Mogelpackung? 11.12.2011. URL: http://www.sueddeutsche.de/wissen/ergebnisse-des-klimagipfels-in-durban-meilenstein-oder-mogelpackung-1.1231504;

The New York Times: Winners and Losers in a Changing Climate. 02.04.2007. URL: http://www.nytimes.com/2007/04/02/us/20070402_CLIMATE_GRAPHIC.html

UBA (Umweltbundesamt): Antworten des UBA auf populäre skeptische Argumente. Stand: 10.08.2010. URL: http://www.umweltbundesamt.de/klimaschutz/klimaaenderungen/faq/antworten_des_uba.htm

Umweltlexikon: Photosynthese. URL: http://www.umweltlexikon-online.de/RUBsonstiges/Photosynthese.php (zuletzt aufgerufen am 07.11.2011).

UN (United Nation): Treaty Collection: International Covenant on Civil and Political Rights. URL: http://treaties.un.org/Pages/ViewDetails.aspx?src=TREATY&mtdsg_no=IV-4&chapter=4&lang=en (zuletzt aufgerufen am 22.08.2012).

-,: Treaty Collection: International Covenant on Economic, Social and Cultural Rights. URL: http://treaties.un.org/Pages/ViewDetails.aspx?src=TREATY&mtdsg_no=IV-3&chapter=4&lang=en (zuletzt aufgerufen am 22.08.2012).

UNEP (United Nations Environment Programme): Legal Questions and Answers on IEG Reforms: WEO and UNEO? Issues Brief # 4. URL: http://www.unep.org/environmentalgovernance/Portals/8/InstitutionalFrameworkforSustainabledevPAPER4.pdf (zuletzt aufgerufen am 20.02.2012).

UNFCCC (United Nations Framework Convention on Climate Change): Green Climate Fund. URL: http://unfccc.int/cooperation_and_support/financial_mechanism/green_climate_fund/items/5869.php (zuletzt aufgerufen am 05.07.2012).

-,: Cancun Climate Change Conference – November 2010. URL: http://unfccc.int/meetings/cancun_nov_2010/meeting/6266.php (zuletzt aufgerufen am 03.07.2012).

-,: National Reports. URL: http://unfccc.int/national_reports/items/1408.php (zuletzt aufgerufen am 24.02.2012).

UNICEF (United Nations Children's Fund): UNICEF hilft den Kindern. Haiti zwei Jahre nach dem Erdbeben. 10.01.2012. URL: http://www.unicef.de/projekte/projektliste/haiti-erdbeben/

-,: Helfen und Spenden. UNICEF-Pate werden. URL: https://www.unicef.de/spenden-helfen/dauerhaft-helfen/foerdermitglied-plus1/plus1/?no_cache=1 (zuletzt aufgerufen am 23.09.2011)

UNOCHA (United Nations Office for the Coordination of Humanitarian Affairs): What We Do: Coordination. URL: http://www.unocha.org/what-we-do/coordination/overview (zuletzt aufgerufen am 28.02.2012).

Verband der Wirtschaft für Emissionshandel und Klimaschutz e.v.: Welthandelssystem Co_2nzept plus, URL: http://www.co2ncept-plus.de/emissionshandel/welthandelssystem/ (zuletzt aufgerufen am 21.08.2012).

Welthungerhilfe: Dürre in Ostafrika. URL: http://www.welthungerhilfe.de/duerre-ostafrika-spenden.html?wc=XXGOFM4000&gclid=CL-Hgo3F7KoCFYLwzAod1EvMPw (zuletzt aufgerufen am 26.03.2011).

WHO (World Health Organization): Indoor Air Pollution and Health. Fact sheet N°292, 09/2011. URL: http://www.who.int/mediacentre/factsheets/fs292/en/index.html

WiWo (WirtschaftsWoche): Geopolitik. Wasserknappheit, Rohstoffarmut und Kampf um Ackerflächen: Wo könnte der Klimawandel neue gefährliche Konflikte auslösen? URL: http://www.wiwo.de/technologie/umwelt/klimaschutz-geopolitik/5861100-10.html (zuletzt aufgerufen am 22.03.2012).

ZBW (Deutsche Zentralbibliothek für Wirtschaftswissenschaften): Dutch Disease. URL: http://zbw.eu/stw/versions/8.04/descriptor/19245-3/about.de (zuletzt aufgerufen am 22.02.2011).

ZDF: Machtfaktor Erde. URL: http://machtfaktorerde.zdf.de/himalaya#schmelzende-vorraete (zuletzt aufgerufen am 22.08.2012). [Text und Video]